U0279564

国家出版基金项目
NATIONAL PUBLICATION FOUNDATION

中国草原保护与牧场利用丛书

（汉蒙双语版）

名誉主编　任继周

北方退化草原改良技术

辛晓平　徐丽君　聂莹莹

—— 著 ——

上海科学技术出版社

图书在版编目（CIP）数据

北方退化草原改良技术 / 辛晓平，徐丽君，聂莹莹著. -- 上海 : 上海科学技术出版社，2021.2
（中国草原保护与牧场利用丛书 : 汉蒙双语版）
ISBN 978-7-5478-5216-3

Ⅰ. ①北… Ⅱ. ①辛… ②徐… ③聂… Ⅲ. ①草原退化－草原改良－改良技术－北方地区－汉、蒙 Ⅳ. ①S812.8

中国版本图书馆CIP数据核字(2021)第026037号

中国草原保护与牧场利用丛书(汉蒙双语版)

北方退化草原改良技术

辛晓平　徐丽君　聂莹莹　著

上海世纪出版(集团)有限公司
上 海 科 学 技 术 出 版 社　出版、发行
(上海钦州南路71号　邮政编码200235　www.sstp.cn)
上海中华商务联合印刷有限公司印刷
开本 787×1092　1/16　印张 12
字数 190千字
2021年2月第1版　2021年2月第1次印刷
ISBN 978-7-5478-5216-3 / S・218
定价：80.00元

本书如有缺页、错装或坏损等严重质量问题，请向工厂联系调换

中国草原保护与牧场利用丛书（汉蒙双语版）

编 / 委 / 会

名誉主编

任继周

主　编

徐丽君　孙启忠　辛晓平

副主编

陶　雅　李　峰　那　亚

本书编著人员

（按照姓氏笔画顺序排列）

乌仁其其格　乌达巴拉　乌汗图

布　和　曲善民　肖燕子　何小娟　辛晓平

张饶雄　邵长亮　青格勒　聂莹莹　徐大伟

徐丽君　郭明英　庚　强　喜　娜　锡　林

特约编辑

陈布仁仓

序

“中国草原保护与牧场利用丛书（汉蒙双语版）”很有特色，令人眼前一亮。

这是一套朴实无华，尊重自然，贴近生产，心里装着牧民和草原生态系统的小智库。该套丛书采用汉蒙两种语言表达了编著者对草原的理解和关怀。这是我国新一代草地科学工作者的青春足迹，弥足珍贵。它记录了编著者的忠诚心志和科学素养，彰显了对草原生态系统整体关怀的现代农业伦理观。

我国是个草原大国，各类天然草原近4亿公顷，约占陆地面积的40%以上，为森林面积的2.5倍、耕地面积的3.2倍，是我国面积最大的陆地生态系统。草原不仅是我国陆地的生态屏障，也是草原与它所养育的牧业民族所共同铸造的草原文明的载体。这是无私的自然留给中华民族的宝贵遗产。我们应清醒地认知，内蒙古草原，尤其是呼伦贝尔草原是欧亚大草原仅存的一角，是自然的、历史的遗产。

这里原本是生草土发育良好，草地丰茂，畜群如云，居民硕壮，万古长青的草地生态系统，人类文明的重要组分，是中华民族获得新鲜活力的源头之一。但是由于农业伦理观缺失的历史背景，先后被农耕生态系统和工业生态系统长期、不断地入侵和干扰，草原生态系统的健康遭受破坏，变为“生态脆弱区”。

目前大国崛起的形势已经到来，我们对草原的科学保护、合理利用、复壮草原生态系统势在必行。党的十九届四中全会提出“坚持和完善生态文明制度体系，促进人与自然和谐共生”。保护好草原，建设好草原生态文明，就是关系边疆各族人民生产、生活和生态环境永续发展，维护草原文化摇篮的千年大计。必须坚持保护优先、自然恢复为主，科技先行、多种措施并举，坚定走生产发展、生活富裕、生态良好的草原发展道路。

目前，草原科学新理念、新技术、新成果多以汉文材料为主，草原牧民汉语识别能力较弱，增加了在少数民族牧民中推广的难度。为此，该套丛书采用汉蒙双语对照，图文并茂，以便牧区广大群众看得懂、学得会和用得上，广泛推广最新研究成果，促进农牧民对汉字的识别能力。

该套丛书涵盖了草原保护与利用、栽培草地建植与管理等实用技术与原理，贯彻最新中央精神，可满足全国高校院所、农业、林业和草业部门对草牧业教材和乡村振兴战略读本的迫切需求。该套丛书的出版，可为恢复“风吹草低见牛羊”的富饶壮美的草原画卷提供有力支撑。

侯向阳

序于涵虚草舍，2019年初冬

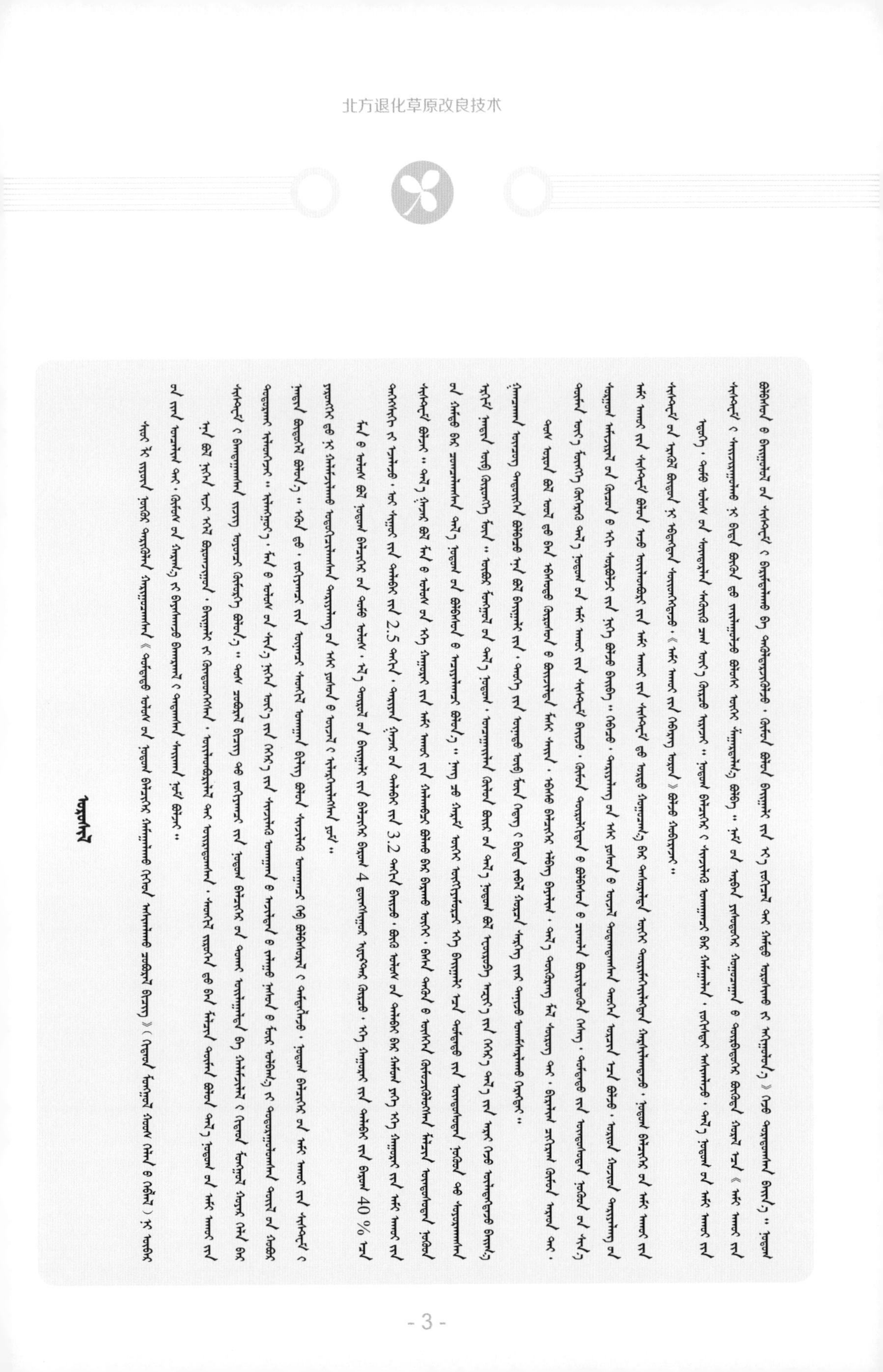

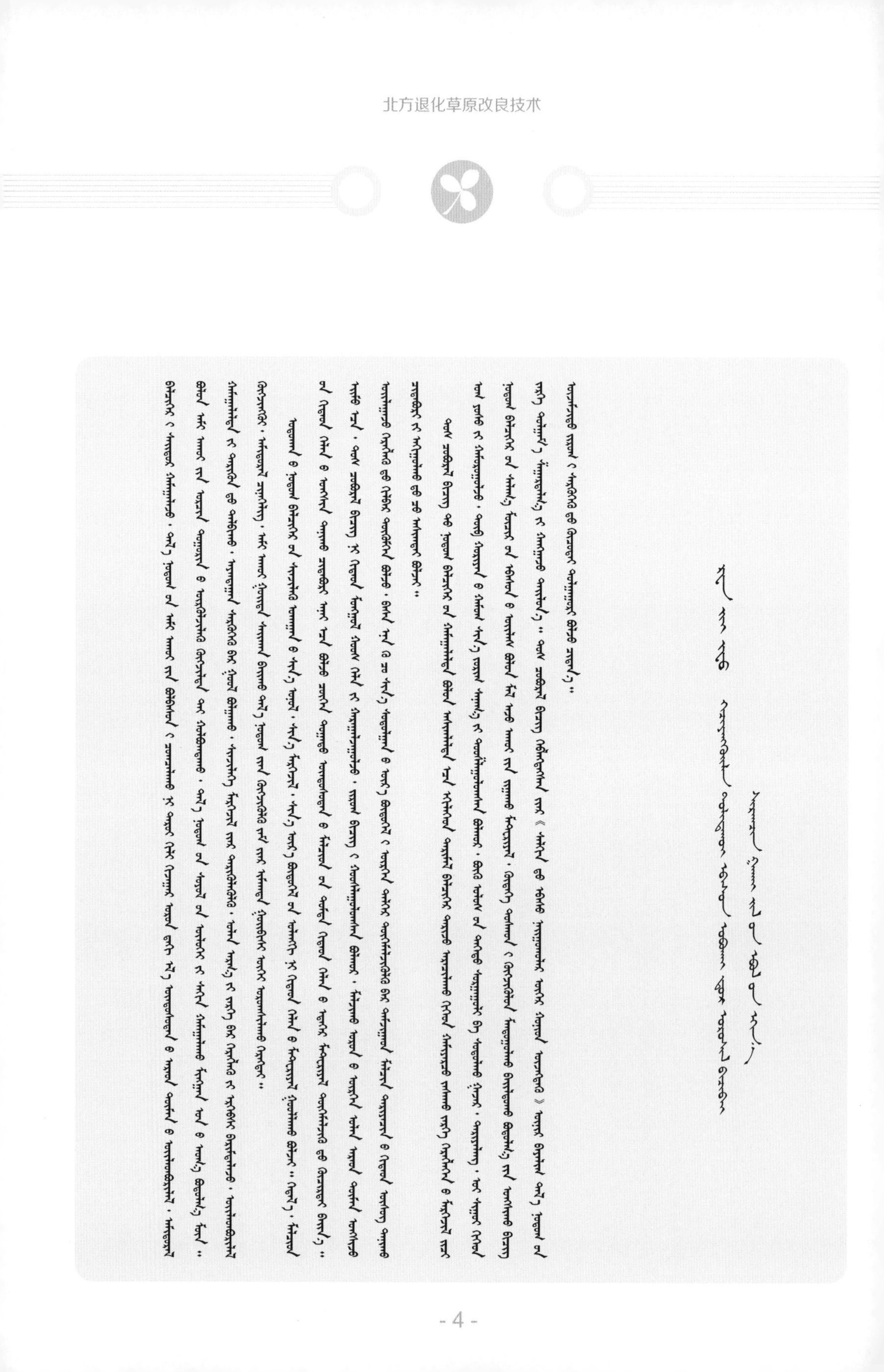

前 / 言

我国是一个草原大国，拥有各类草原3.928亿hm^2，约占全球草原总面积的12%。我国草原面积占国土面积的40.9%，是耕地面积的2.91倍、森林面积的1.89倍，因而是中国最大的陆地生态系统。其中，我国北方草原面积约为3亿hm^2，东起东北平原，向西经内蒙古高原和黄土高原，延伸至青藏高原和新疆山地，尤以内蒙古高原的草原为主体，构成了欧亚大陆草原的东翼。

北方草原不仅是我国传统的畜牧业基地，也是我国中原地区的绿色生态屏障，在调节气候、涵养水源、固持碳素和防止沙尘暴等方面发挥着极其重要的生态功能。同时，北方草原作为游牧文明的发祥地，孕育了灿烂的草原文化。

然而，由于特定的干旱半干旱气候，我国北方草原所能承受的人类活动的强度和反馈调节能力十分有限。近半个世纪以来，随着载畜量的不断攀升，加之全球气候变暖、开垦、滥采乱挖等因素的影响，北方大面积的草原发生了不同程度的退化，造成极其严重的后果。

草原是我国最重要的自然资源之一，也是群众最基础的生产生活资源。加强草原的保护及退化草原的改良，不仅是推进生态文明建设、实现绿色发展、保障国家生态安全的重要任务，也是精准扶贫、改善民生和建设美丽中国的重要举措。中华人民共和国成立初期，草原牧区承载力高于实际载畜量，草地利用强度较低。20世纪60年代以后，随着人口的增长，载畜量已达到或超过了天然草原的负荷能力。20世纪80年代，牧区开始实行牲畜承包责任制，极大地调动了农牧民养畜的积极性，但由于草原基本建设没能跟上，对“藏粮于草”的意义认识不足，重农轻草，没有把草原与耕地、草原与林地、牧草与牲畜放在同等重要的位置，草业在国民经济和生态建设中的重要地位没有被充分认识到。在草原放牧压力不断增加的同时，为了解决粮食问题，牧区多次兴起了开垦浪潮。每次开垦，总把地势平坦、植被生长好的草原称作宜农荒地，视作开垦对象。在这种不合理的利用下，草原生态系统逆行演替、生产力下降，主要表现为：植被的高度、覆盖度、产量和质量下降，土壤恶化，生态系统服务功能衰退。长时间、大范围的草原退化，引起的不仅仅是草地本身生产力的下降，还造成生态环境恶化，对人类生存与发展构成威胁。

本书主要针对退化草原改良过程中出现的问题和技术难点，通过对天然草原的现状、退化原因、退化分级，以及退化改良措施的介绍，解决生产当中的实际问题，提高草地利用效率，防止草地退化。全书采用汉语、蒙古语、照片等多种表现形式，图文并茂、通俗易懂，可供牧民、农民及牧区科技人员参考。

本书成果的积累得到了国家多项科研项目的资助，包括：科学技术部重点研发项目（2016YFC0500600、2017YFC0503805、2018YFF0213405）、国家自然基金青年项目（41703081）、中国农业科学院创新工程、农业农村部国家牧草产业技术体系经费（CARS-34）、科学技术部国家农业科学数据共享中心—草地与草业数据分中心和农业农村部呼伦贝尔国家野外台站运行经费等科研项目，研究过程中开展了大量试验与示范推广工作，取得丰硕的成果。本书也汇聚了中国农业科学院农业资源与区划研究所、中国农业科学院草原研究所、内蒙古农业大学、白城市畜牧科学研究院等单位多年的研究成果。在编写本书的过程中，上述单位的有关专家提供了文字材料和图片等，在此对提供项目资助的有关部门和上述单位表示衷心的感谢！

徐丽君

2020年8月

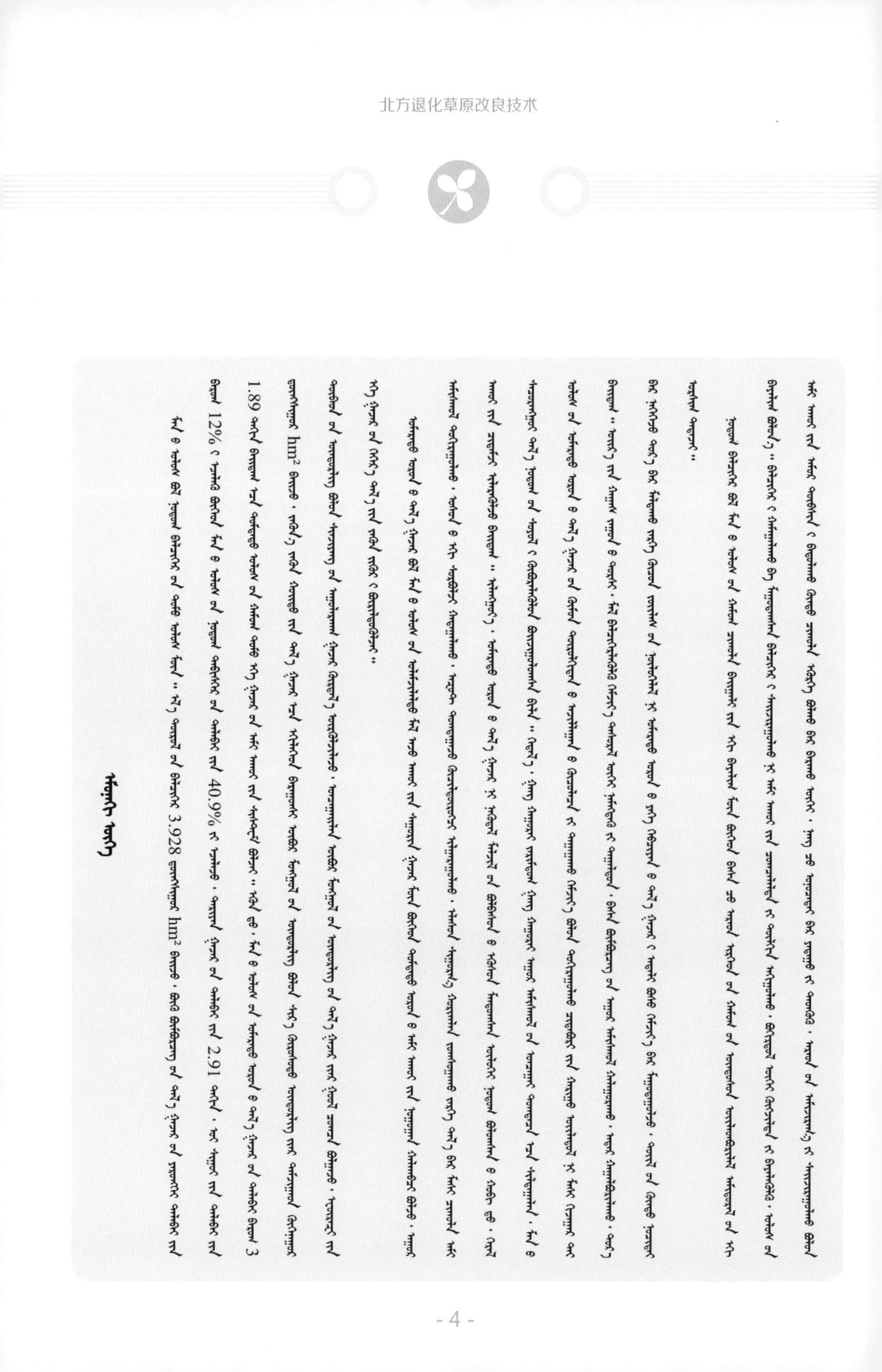

[illegible]

[illegible] 3.928 [illegible] hm² [illegible] 40.9% [illegible] 2.91 [illegible] 12% [illegible] 3 [illegible] 1.89 [illegible] hm² [illegible] ::

[illegible] ::

[illegible] ::

[illegible]

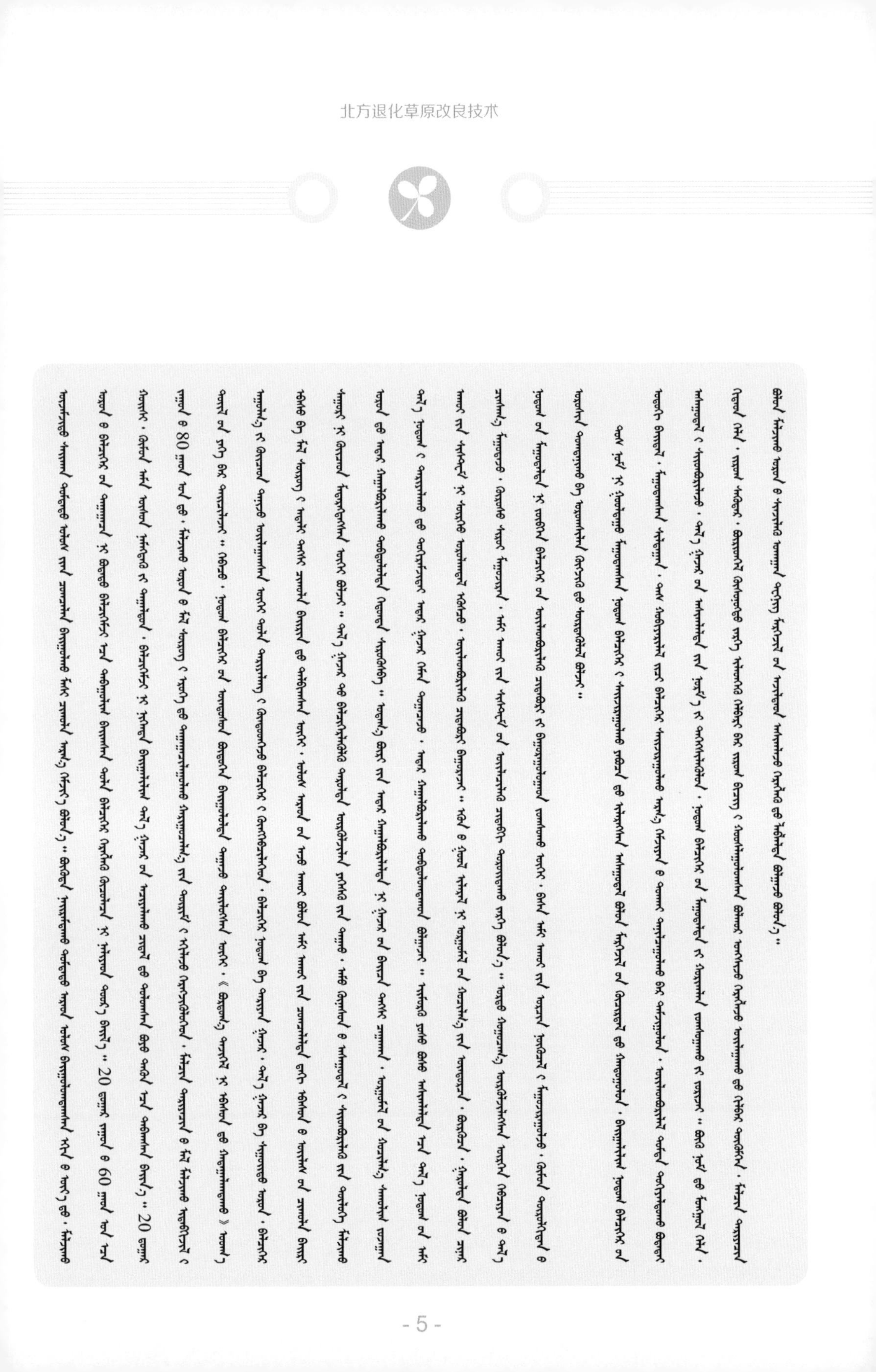

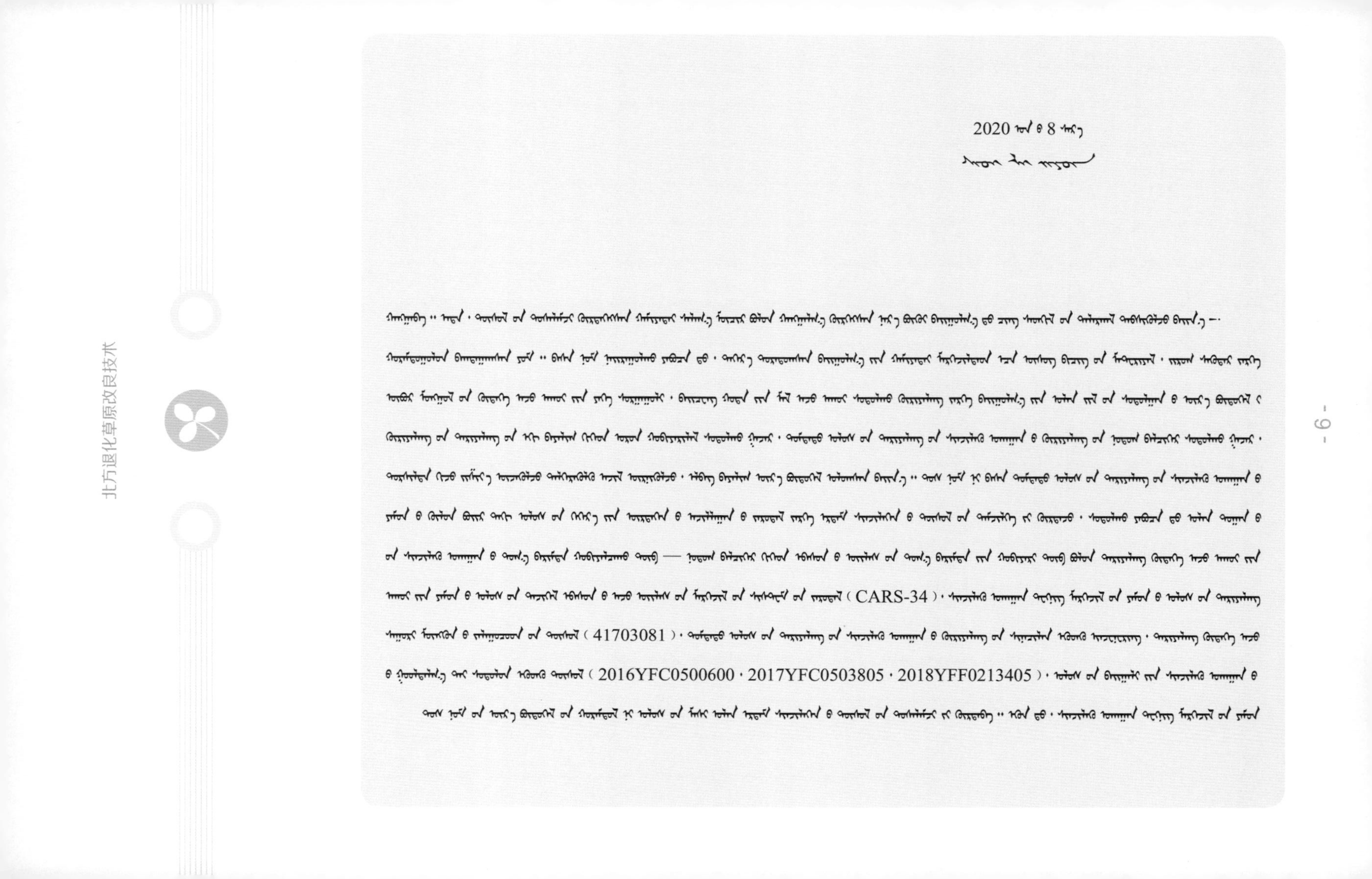

[illegible] (CARS-34) · [illegible] (41703081) · [illegible] (2016YFC0500600 · 2017YFC0503805 · 2018YFF0213405) · [illegible]

2020 [illegible] 8 [illegible]

[illegible]

目／录

ᠭᠠᠷᠴᠠᠭ

（汉蒙双语版）

北方退化草原改良技术

一、为什么要保护和建设草原

（一）草原是地球的“皮肤”

草原是我国陆地面积最大的绿色生态系统，也是我国面积最大的绿色生态屏障，对维护国家生态安全至关重要。草原不仅能够防风固沙、涵养水源、保持水土，而且具有吸尘降霾、固氮释氧的功能。

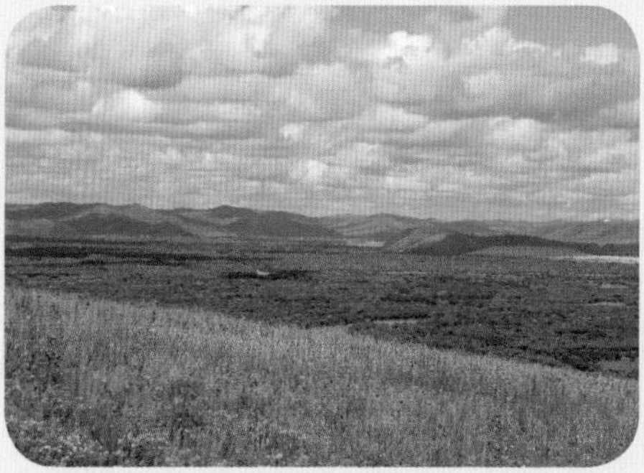

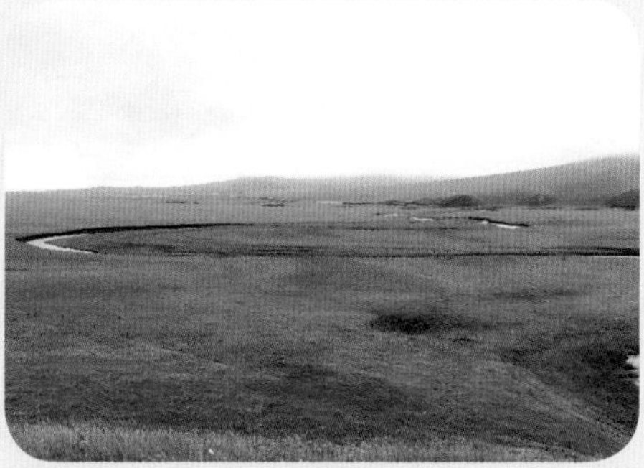

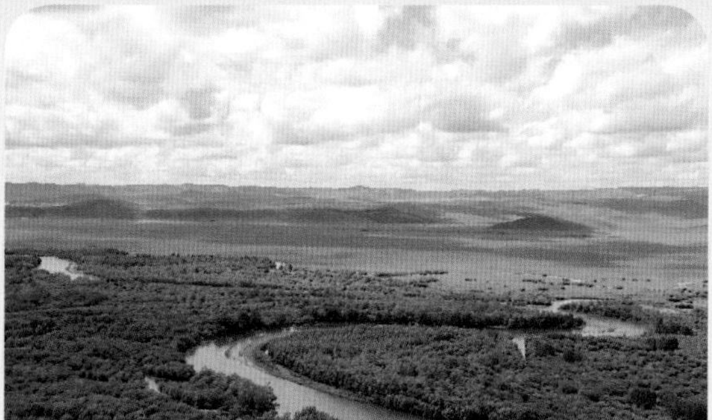

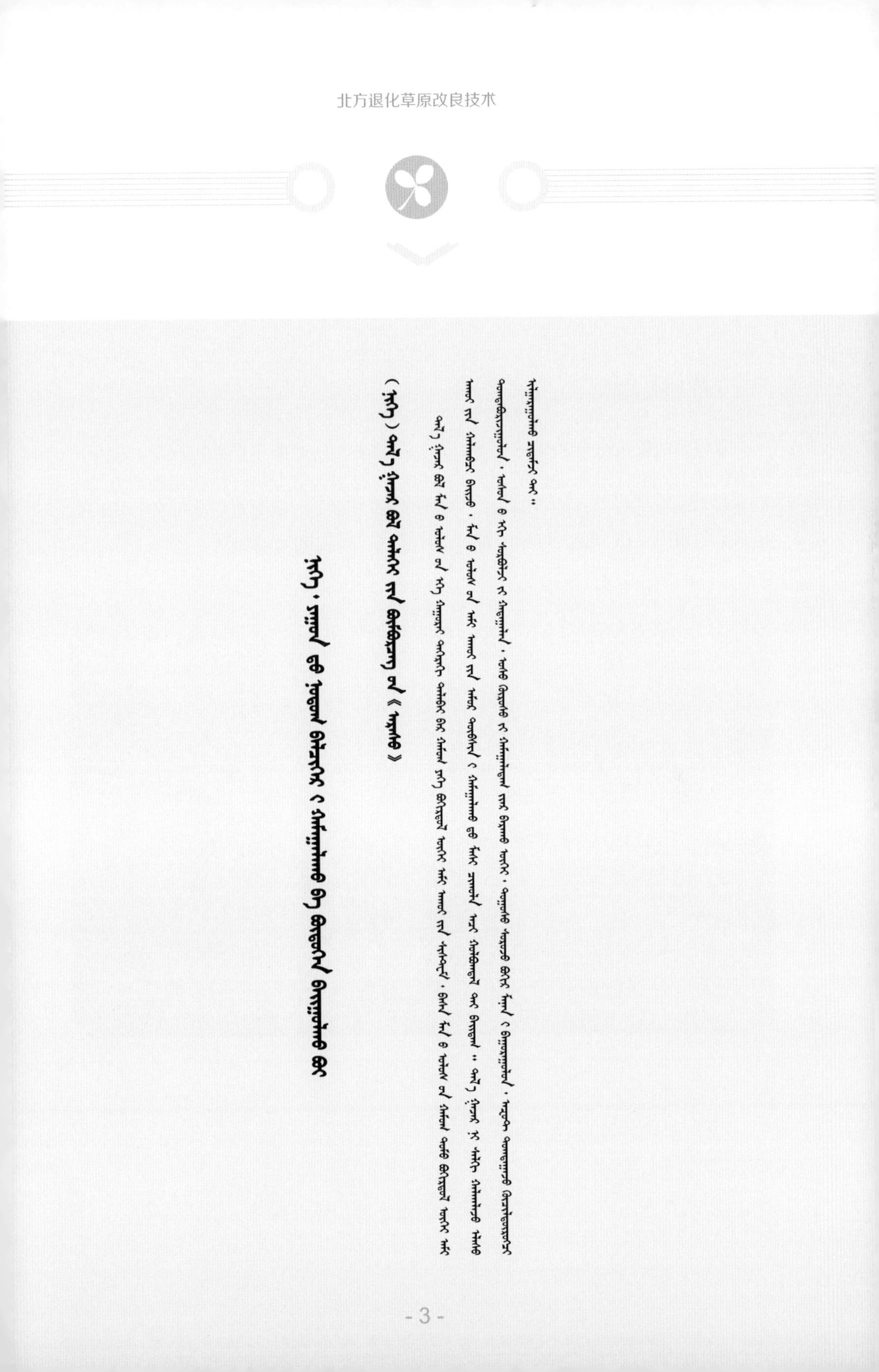

[illegible]

[illegible]

[illegible]

（二）草原是重要的生产资料

草原是牧民最基础的生产资源。草原畜牧业是传统的草原利用产业，也是比较有优势的产业。草原通过增加畜产品供给，已成为农业生产结构调整的重要内容和保障国家粮食安全的重要途径。如果实际生产能够增强草原的保护并达到发达国家的水平，那么我国草原的畜牧业产量将再增加10～20倍。

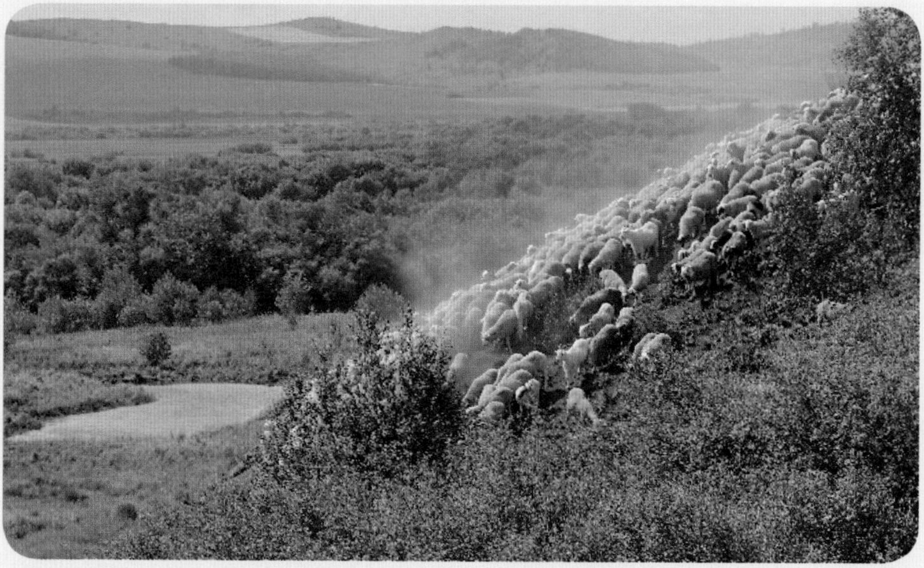

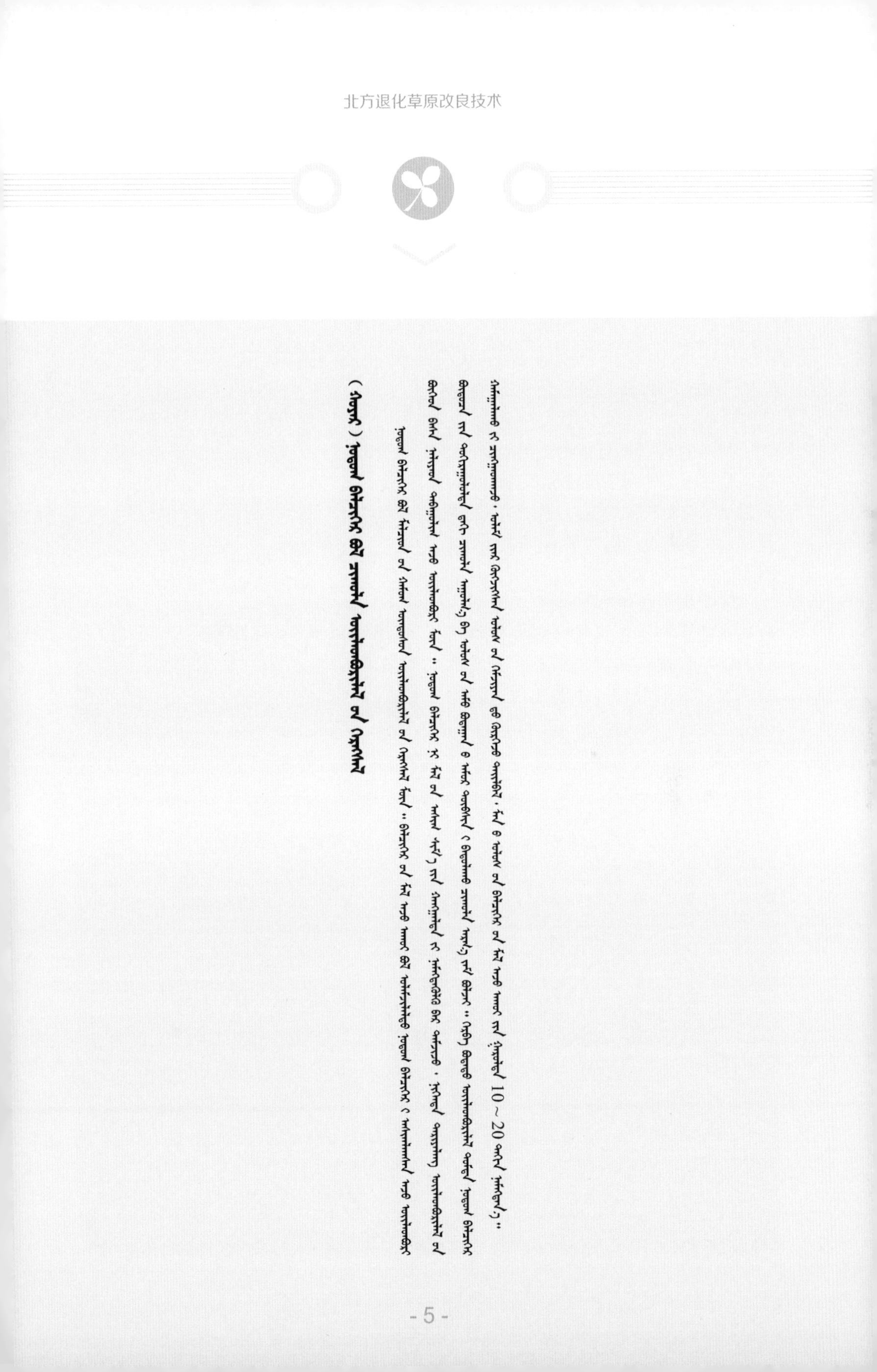

（三）草原是牧区社会发展的基础

我国的草原具有独特之处。首先，草原是我国重要的生态屏障。其次，大多数草原位于边远地区。再次草原是很多少数民族的聚居区。最后，草原是贫困人口相对集中的区域。

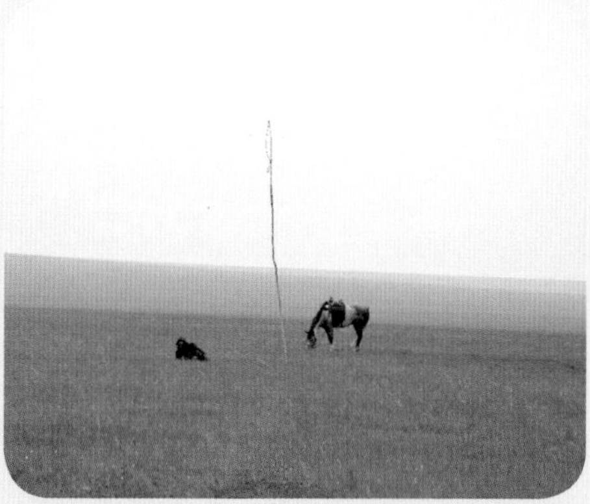

草原属于牧区人民生存和发展的最基本的生产资料，牧区需要依靠草原的特色发展获得经济效益。只有草原建设、保护得好，才能实现边疆的稳定，促进全社会的共同进步和发展。

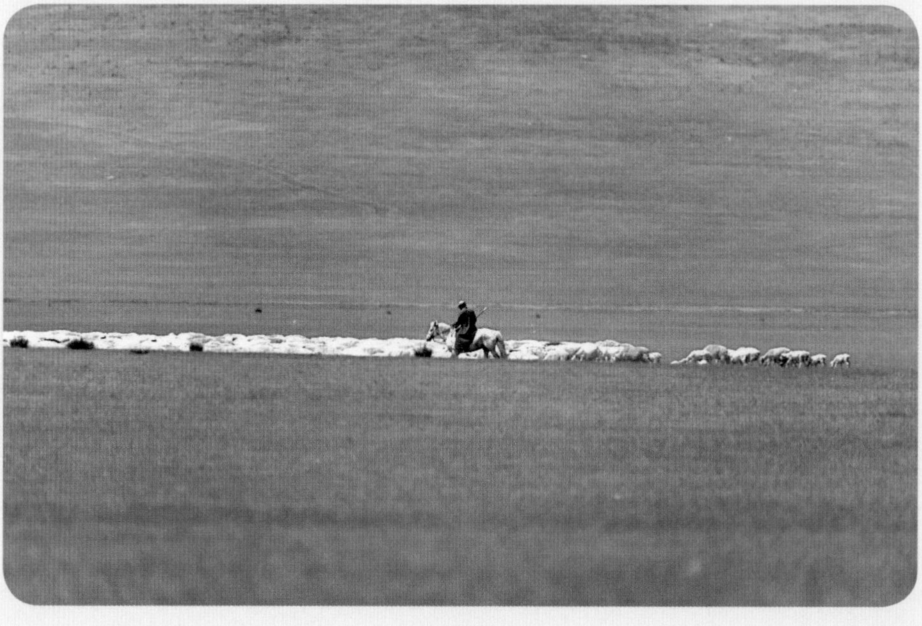

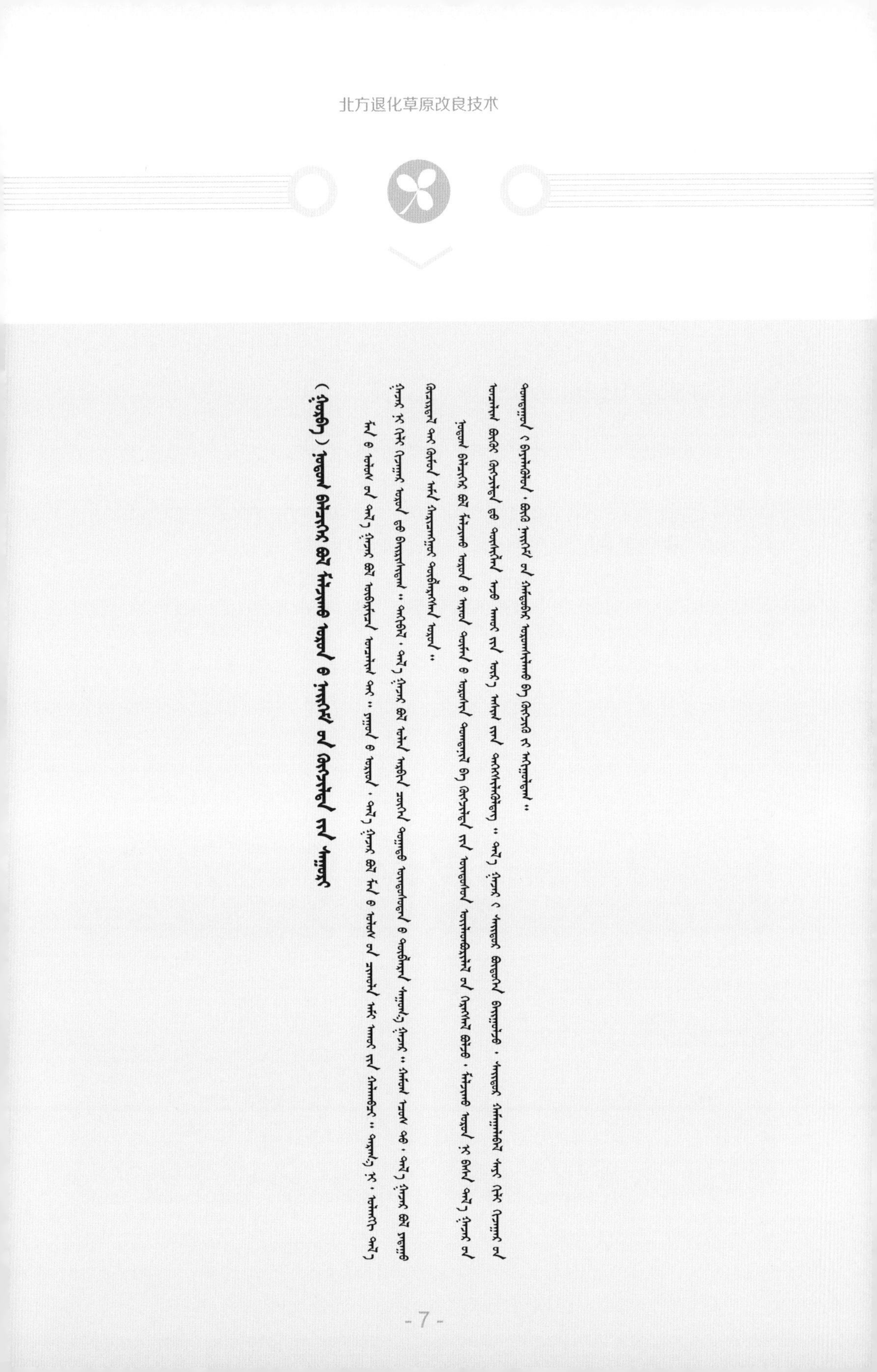

[illegible]

[illegible]

（四）草原是生物多样性宝库

草原是地球第一大陆地生态系统，孕育着种类繁多的动物、植物和微生物，许多种类为珍稀濒危物种，因而是丰富而独特的生物资源宝库。我国草原拥有的天然饲用植物约1.5万种、野生动物约2 000种，其中有近千种珍贵野生经济动植物。保护草原就是保护生物栖息地，也是保护物种资源。

草原是一种结构复杂、功能多样的生态系统。随着人类活动不断扩大和环境日益破坏，许多物种正在不断减少甚至濒临灭绝，因此草原生态系统保护生物多样性这一生态功能就更显重要。

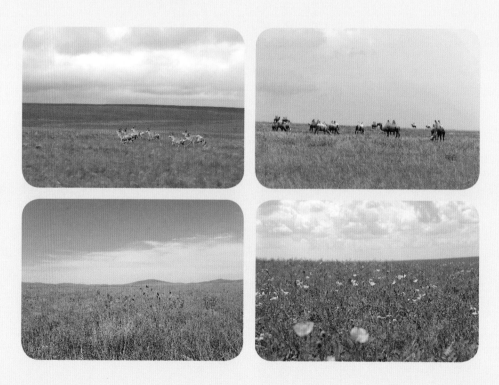

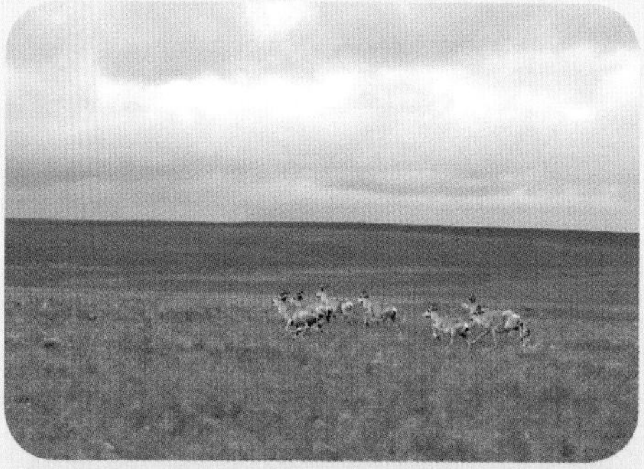
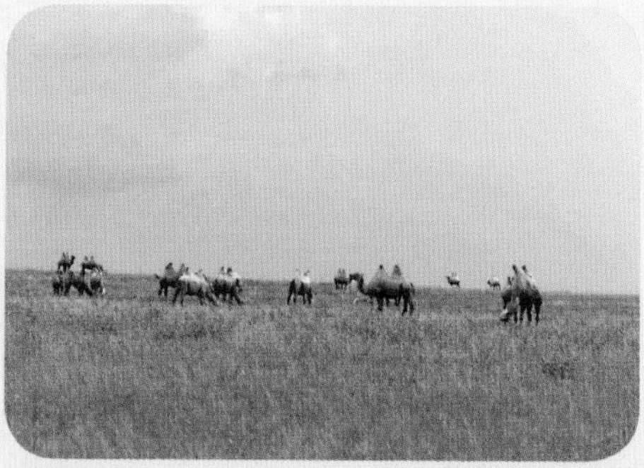
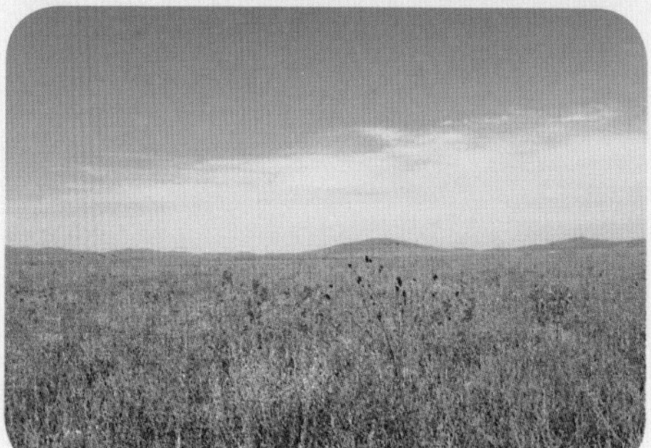
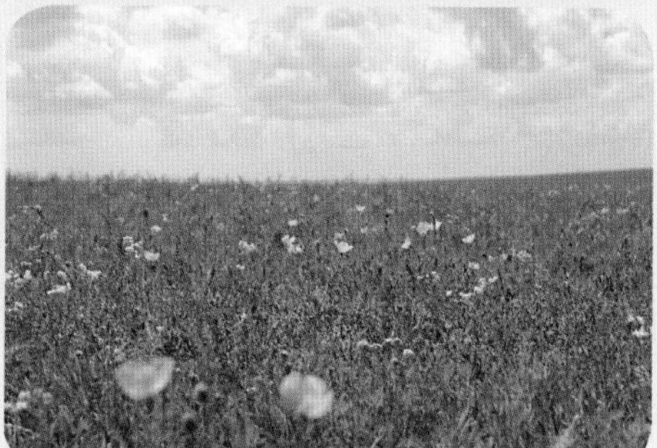

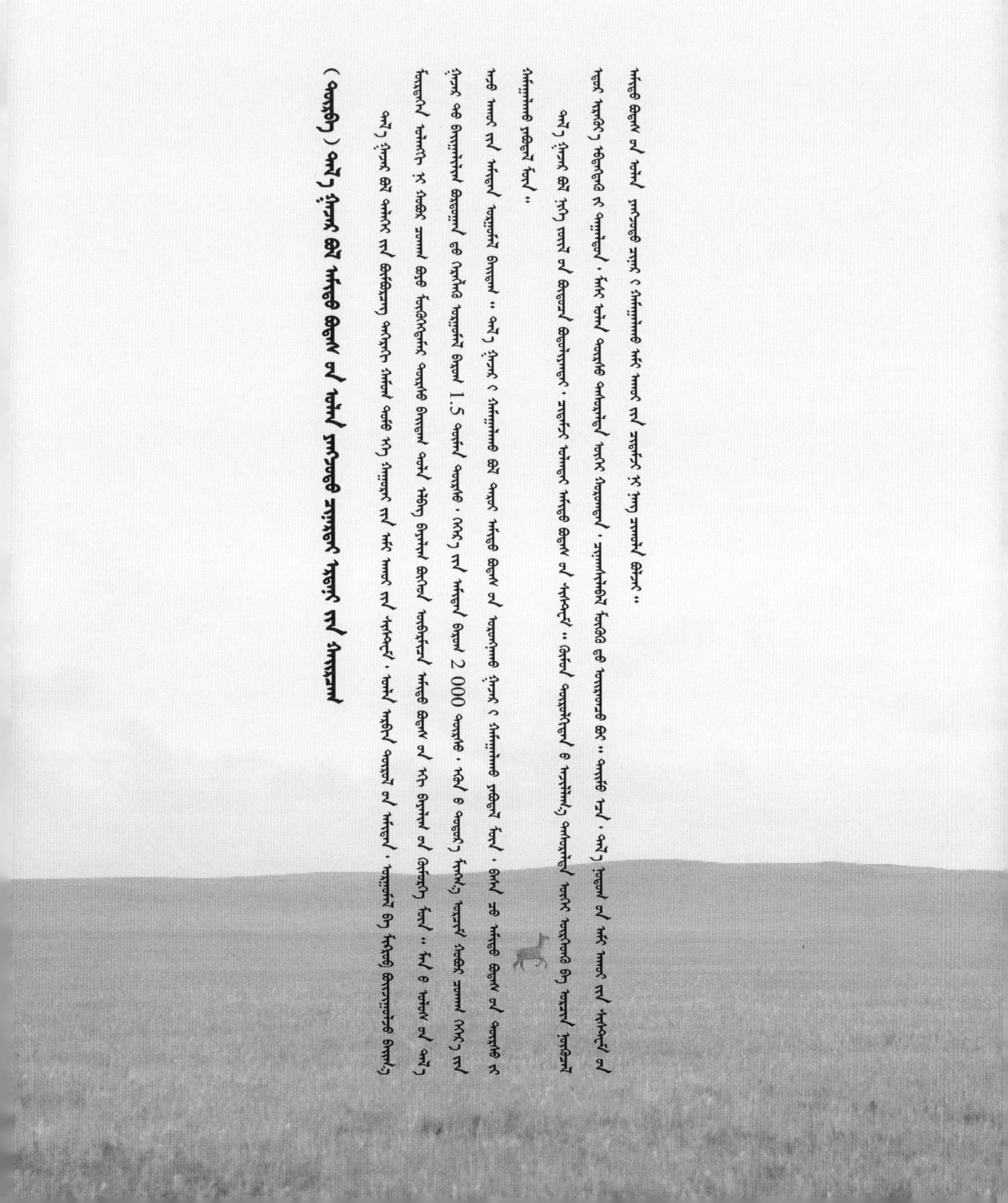

[illegible]

二、我国的草原现状

(一)草原面积

我国是一个草原资源大国，拥有各类草原3.928亿hm^2，约占全球草原总面积的12%。我国草原面积占国土面积的40.9%，是耕地面积的2.91倍、森林面积的1.89倍。

我国80%的草原分布在北方，20%的草原分布在南方。北方以传统的草原为主，南方则主要是草山、草坡。西藏、内蒙古、新疆、四川、青海、甘肃六省区是我国最重要的草原省份，草原面积合计2.93亿hm^2，占全国草原面积73.35%。西藏、内蒙古、新疆草原面积位列全国前三。

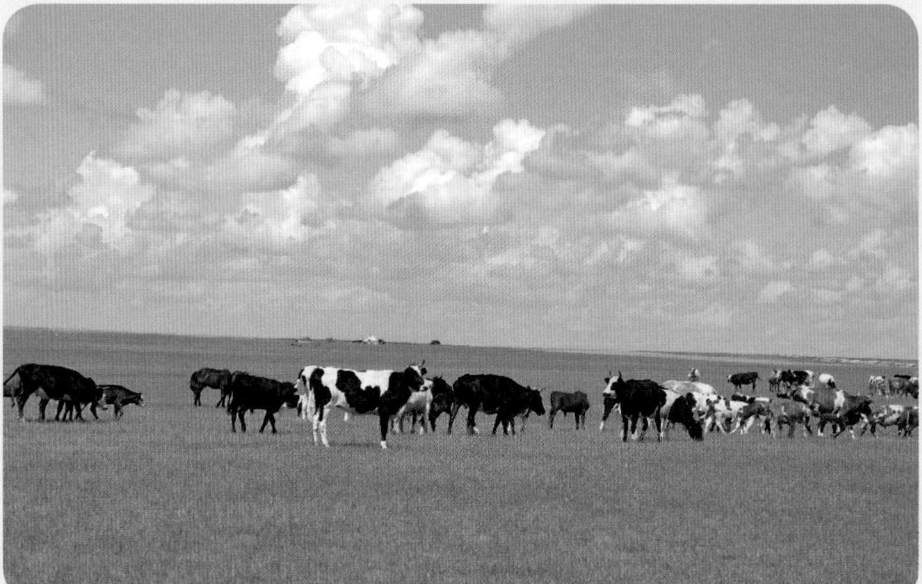

ᠭᠤᠷᠪᠠ᠂ ᠮᠠᠨ ᠤ ᠤᠯᠤᠰ ᠤᠨ ᠪᠡᠯᠴᠢᠭᠡᠷ ᠭᠤᠲᠠᠷᠠᠯ ᠤᠨ ᠲᠦᠯᠬᠢᠭᠦᠷ ᠪᠠᠶᠢᠳᠠᠯ

(ᠨᠢᠭᠡ) ᠪᠡᠯᠴᠢᠭᠡᠷ ᠭᠤᠲᠠᠷᠠᠯ ᠤᠨ ᠪᠠᠶᠢᠳᠠᠯ

ᠮᠠᠨ ᠤ ᠤᠯᠤᠰ ᠪᠣᠯ ᠪᠡᠯᠴᠢᠭᠡᠷ ᠬᠡᠭᠡᠷᠡ ᠶᠢᠨ ᠲᠠᠯᠠᠪᠠᠢ ᠶᠡᠬᠡ ᠤᠯᠤᠰ ᠮᠥᠨ᠂ ᠪᠠᠶᠢᠭᠠᠯᠢ ᠶᠢᠨ ᠪᠡᠯᠴᠢᠭᠡᠷ ᠤᠨ ᠲᠠᠯᠠᠪᠠᠢ 3.928 ᠳᠡᠭᠡᠷᠡᠬᠢ hm² ᠪᠣᠯᠤᠨ᠎ᠠ᠂ ᠡᠳᠡᠭᠡᠷ ᠦᠨ ᠳᠣᠲᠣᠷᠠᠬᠢ ᠭᠤᠲᠠᠷᠠᠯ ᠲᠠᠢ ᠪᠡᠯᠴᠢᠭᠡᠷ ᠦᠨ ᠲᠠᠯᠠᠪᠠᠢ ᠨᠡᠢᠲᠡ ᠪᠡᠯᠴᠢᠭᠡᠷ ᠦᠨ ᠲᠠᠯᠠᠪᠠᠢ ᠶᠢᠨ 40.9% ᠢ ᠡᠵᠡᠯᠡᠵᠦ᠂ ᠬᠦᠨᠳᠦ ᠭᠤᠲᠠᠷᠠᠯ ᠤᠨ ᠲᠠᠯᠠᠪᠠᠢ ᠶᠢᠨ ᠬᠡᠮᠵᠢᠶ᠎ᠡ ᠨᠢ 12% ᠢ ᠡᠵᠡᠯᠡᠵᠡᠢ ᠃ ᠮᠠᠨ ᠤ ᠤᠯᠤᠰ ᠤᠨ ᠨᠡᠢᠲᠡ ᠪᠡᠯᠴᠢᠭᠡᠷ ᠦᠨ ᠲᠠᠯᠠᠪᠠᠢ ᠨᠢ ᠳᠡᠯᠡᠬᠡᠢ ᠶᠢᠨ ᠪᠡᠯᠴᠢᠭᠡᠷ ᠦᠨ ᠲᠠᠯᠠᠪᠠᠢ ᠶᠢᠨ 2.91 ᠬᠤᠪᠢ᠂ ᠬᠦᠮᠦᠨ ᠪᠦᠷᠢ ᠶᠢᠨ ᠲᠠᠯᠠᠪᠠᠢ ᠨᠢ 1.89 ᠬᠤᠪᠢ ᠪᠣᠯᠤᠨ᠎ᠠ ᠃

ᠮᠠᠨ ᠤ ᠤᠯᠤᠰ ᠤᠨ ᠪᠡᠯᠴᠢᠭᠡᠷ ᠤᠨ 80% ᠨᠢ ᠤᠮᠠᠷᠠᠳᠤ ᠬᠡᠰᠡᠭ ᠲᠦ᠂ 20% ᠨᠢ ᠡᠮᠦᠨᠡᠳᠦ ᠬᠡᠰᠡᠭ ᠲᠦ ᠪᠠᠶᠢᠳᠠᠭ ᠃ ᠤᠮᠠᠷᠠᠳᠤ ᠬᠡᠰᠡᠭ ᠲᠦ ᠲᠠᠷᠬᠠᠨ ᠪᠠᠶᠢᠭ᠎ᠠ ᠪᠡᠯᠴᠢᠭᠡᠷ ᠨᠢ ᠭᠣᠣᠯᠳᠠᠭᠤ ᠪᠡᠷ᠂ ᠳᠣᠲᠣᠭᠠᠳᠤ ᠮᠣᠩᠭᠣᠯ᠂ ᠰᠢᠨᠵᠢᠶᠠᠩ᠂ ᠲᠥᠪᠡᠳ᠂ ᠴᠢᠩᠬᠠᠢ᠂ ᠭᠠᠨᠰᠦ᠂ ᠨᠢᠩᠰᠢᠶ᠎ᠠ ᠵᠡᠷᠭᠡ ᠮᠤᠵᠢ ᠳᠤ ᠪᠠᠶᠢᠳᠠᠭ ᠃ ᠭᠠᠴᠠᠭ ᠮᠣᠩᠭᠣᠯ ᠤᠨ ᠪᠡᠯᠴᠢᠭᠡᠷ ᠤᠨ ᠲᠠᠯᠠᠪᠠᠢ ᠨᠢ 2.93 ᠳᠡᠭᠡᠷᠡᠬᠢ hm²᠂ ᠨᠡᠢᠲᠡ ᠪᠡᠯᠴᠢᠭᠡᠷ ᠦᠨ ᠲᠠᠯᠠᠪᠠᠢ ᠶᠢᠨ 73.35% ᠢ ᠡᠵᠡᠯᠡᠵᠡᠢ ᠃ ᠭᠣᠣᠯᠳᠠᠭᠤ ᠪᠡᠷ ᠮᠠᠯ ᠤᠨ ᠪᠡᠯᠴᠢᠭᠡᠷ ᠦᠨ ᠲᠠᠯᠠᠪᠠᠢ ᠶᠢᠨ ᠬᠡᠮᠵᠢᠶ᠎ᠡ ᠨᠢ ᠨᠡᠯᠢᠶᠡᠳ ᠶᠡᠬᠡ ᠪᠣᠯᠪᠠ ᠃

（二）草原类型

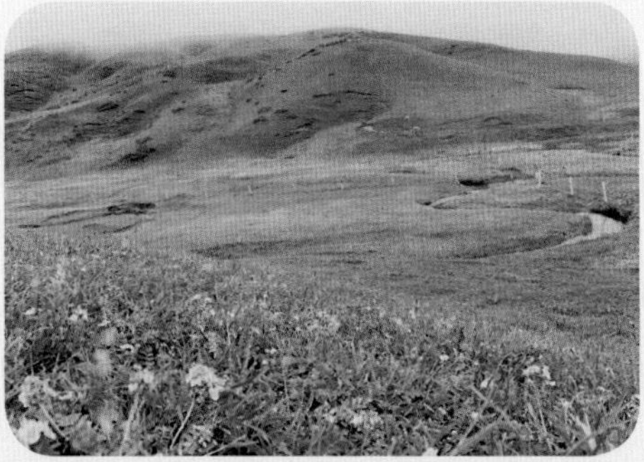

草原的含义有广义与狭义之分。广义的草原包括在较干旱环境下形成的以草本植物为主的植被，主要包括两大类型：热带草原（热带稀树草原）和温带草原。狭义的草原则只包括温带草原，因为热带草原上有相当多的树木。在本书中，除非特殊情形外，“草原”一般指狭义的草原。

草原是一种植被类型，通常分布在年降水量200～300 mm的栗钙土、黑钙土地区。草原植被主要由旱生或中旱生草本植物组成的草本植物群落，其优势植物是多年生丛生或根茎型禾草，以及一些或多或少具有耐旱能力的杂草。

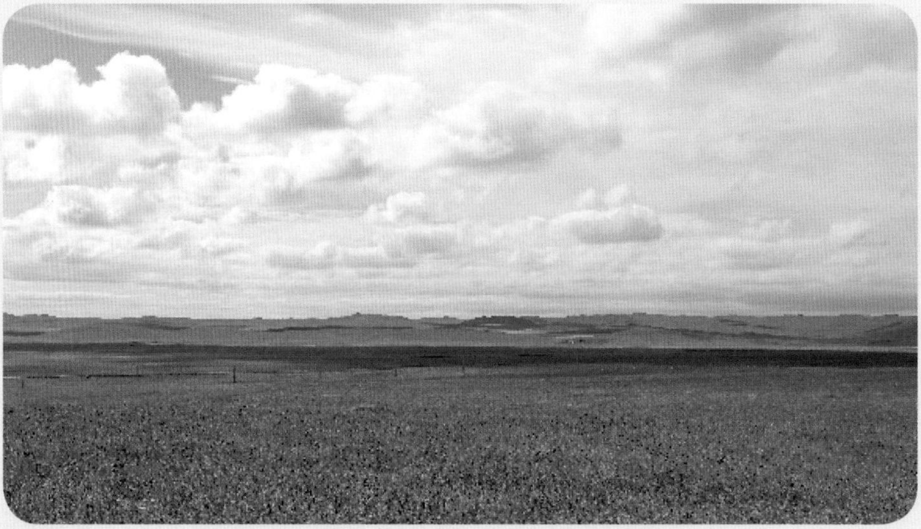

ᠬᠦᠷᠡᠩ ᠬᠥᠷᠥᠰᠦ ᠲᠠᠢ ᠬᠡᠭᠡᠷ ᠲᠠᠯ᠎ᠠ ᠶᠢᠨ ᠤᠷᠭᠤᠮᠠᠯ ᠤᠨ ᠠᠮᠢᠳᠤᠷᠠᠯ ᠤᠨ ᠬᠡᠭᠡᠷ ᠲᠠᠯ᠎ᠠ ᠪᠣᠯᠤᠨ ᠃ ᠵᠢᠯ ᠦᠨ ᠬᠤᠷ᠎ᠠ ᠲᠤᠨᠤᠭ ᠤᠨ ᠬᠡᠮᠵᠢᠶ᠎ᠡ 200 ~ 300 mm ᠤᠨ ᠪᠠᠢᠳᠠᠭ ᠪᠣᠰᠤᠭ᠎ᠠ ᠪᠣᠯᠤᠨ᠎ᠠ ᠃

具体地点的草原（即草地）的热量条件可以用热性、暖性、温性和高寒等热量级表示。将植被类型分为草甸、草原、荒漠、沼泽、草丛和森林破坏后次生的灌草丛等类型。根据各热量级和植被类型的组合，我国草原主要划分为18个类型，分别是：温性草甸草原、温性草原、温性荒漠草原、高寒草甸、高寒草甸草原、高寒草原、高寒荒漠草原、温性草原化荒漠、温性荒漠、高寒荒漠、暖性草丛、暖性灌草丛、热性草丛、热性灌草丛、干热稀树灌草丛、低地草甸、山地草甸、沼泽。

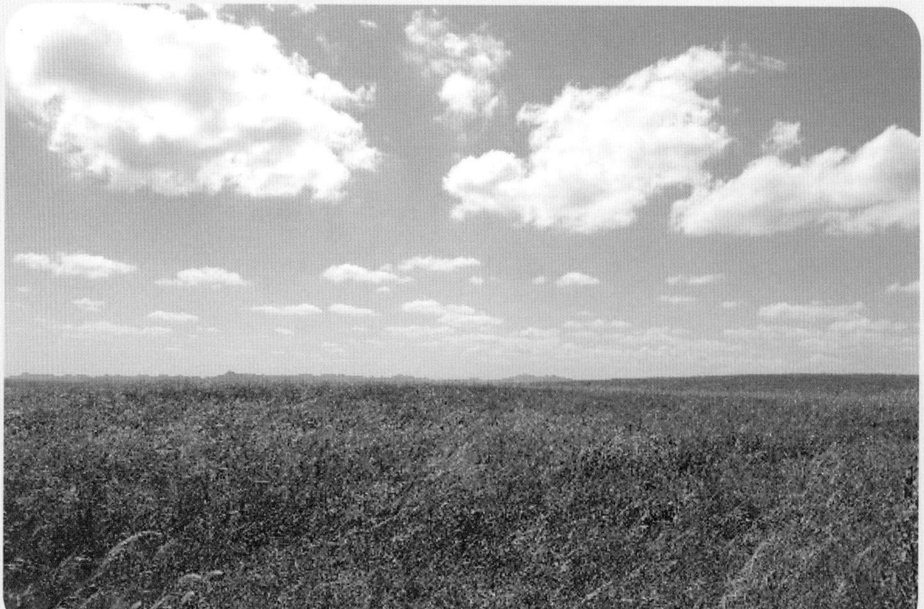

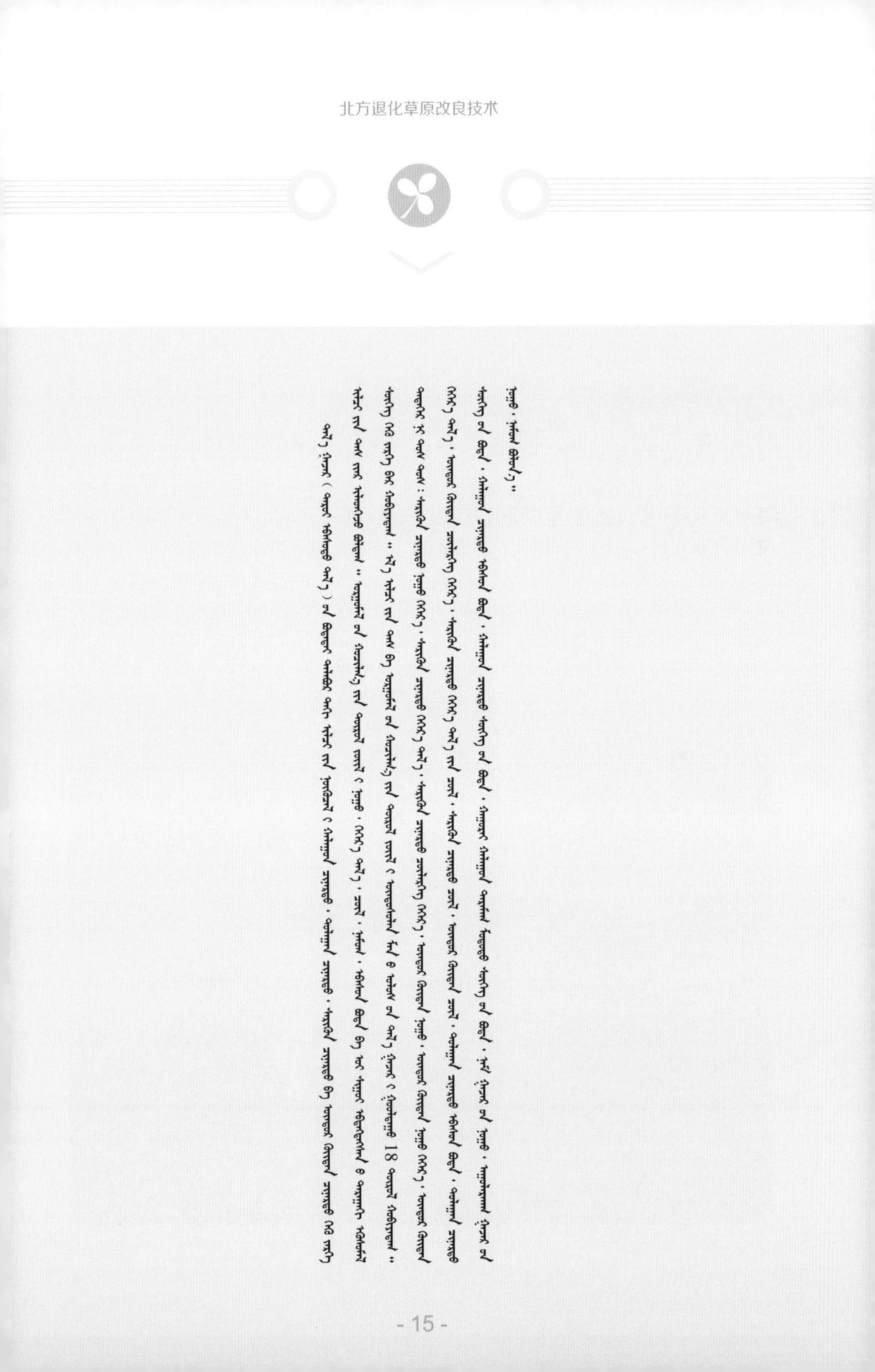

[illegible]

（三）草原分布

1. 草原的地带性分布

我国温性草甸草原、温性草原（包括典型草原和干草原）、温性荒漠草原、温性草原化荒漠和温性荒漠大致从东北西部经内蒙古高原至甘肃和新疆地区分布；高寒草甸、高寒草甸草原、高寒草原、高寒荒漠草原和高寒荒漠集中分布于青藏高原，大致由东南至西北依次出现；热性草丛、热性灌草丛和干热稀树灌草丛分布于长江以南热带和亚热带地区的低山陵和云贵高原的干热河谷地区；暖性草丛和暖性灌草丛主要分布于冀辽山地、黄土高原和云贵高原；山地草甸、低地草甸和沼泽属于隐性植被，分布的地带性规律不强。

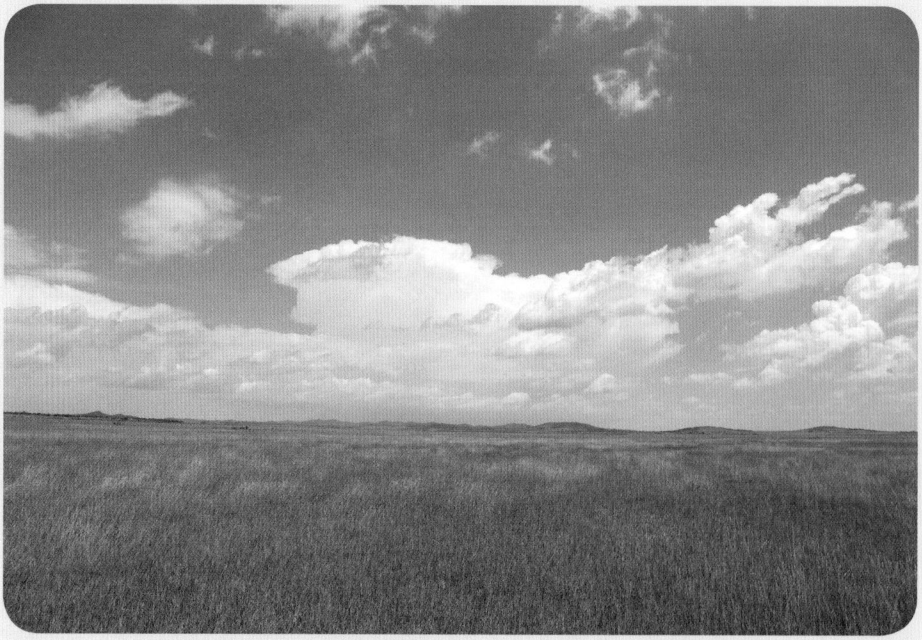

(ᠳᠥᠷᠪᠡ) ᠮᠠᠯ ᠤᠨ ᠬᠣᠷᠢᠶ᠎ᠠ ᠶᠢᠨ ᠪᠠᠢᠭᠤᠯᠤᠯᠲᠠ

1. ᠮᠠᠯ ᠤᠨ ᠬᠣᠷᠢᠶ᠎ᠠ ᠶᠢᠨ ᠪᠠᠷᠢᠯᠭ᠎ᠠ ᠪᠠᠢᠭᠤᠯᠤᠯᠲᠠ

[illegible]

2. 草原的分区

我国草原一般划分为五个大区：东北草原区、蒙宁甘草原区、新疆草原区、青藏草原区和南方草山草坡区。

（1）东北草原区：包括黑龙江、吉林、辽宁三省的西部和内蒙古的东北部，面积约占全国草原总面积的2%。这是欧亚草原带的一部分，但与内蒙古高原的草原分开，为一个独立的草原分区。本区主要草原类型有：温性草原、温性草甸草原、沼泽等。

（2）蒙宁甘草原区：包括内蒙古、甘肃两省区的大部和宁夏的全部，以及冀北、晋北和陕北的草原地区，面积约占全国草原总面积的30%。本区大多为高原地带，如内蒙古高原、黄土高原。这里是典型的季风气候，冬季寒冷干燥，夏季温湿多雨，春秋气候多变。本区牧草种类丰富，优良牧草有200多种，包括羊草、披碱草、雀麦草、狐茅、针茅、早熟禾、野苜蓿、冷蒿等；牲畜主要有牛、马、绵羊、山羊和骆驼等。内蒙古草原是本区的主体，包括呼伦贝尔草原、锡林郭勒草原、乌兰察布草原和鄂尔多斯草原等。

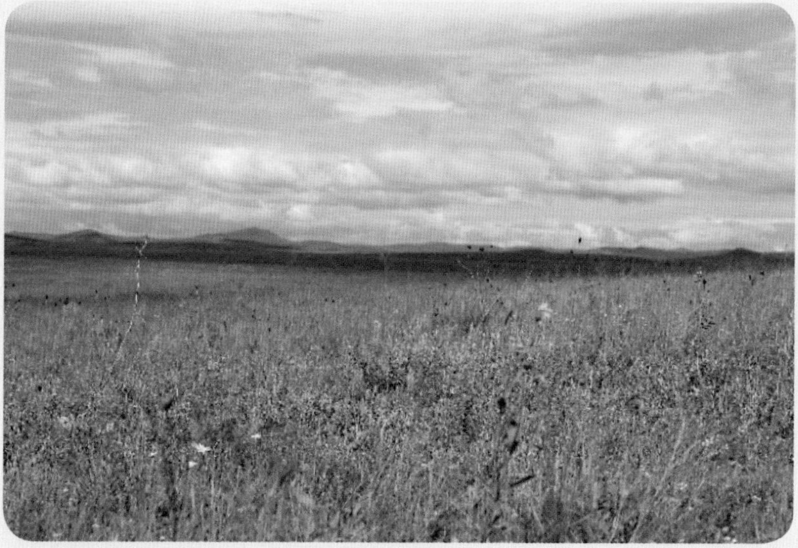

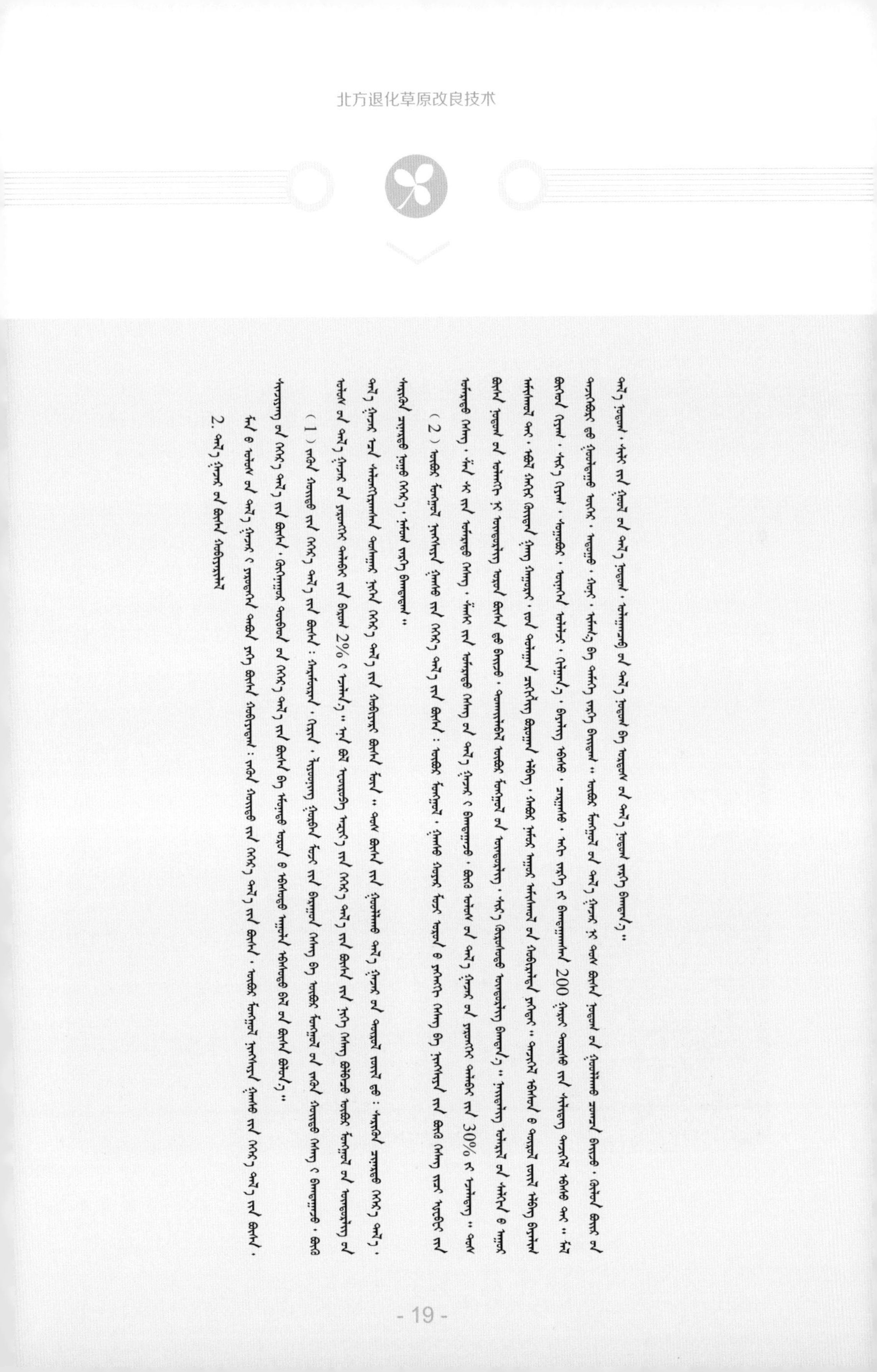

（3）新疆草原区：北起阿尔泰山和准噶尔界山，南至昆仑山与阿尔金山之间，面积约占全国草原总面积的22%。这里距海洋十分遥远，周围高山环耸，海洋气流难以到达，因而干燥少雨。本区牧草种类有羊茅、狐茅、鸭茅、苔草、光雀麦、车轴草等；主要牲畜有新疆细毛羊、三北羔皮羊、伊犁马等。

（4）青藏草原区：位于我国西南部，北至昆仑山和祁连山，南至喜马拉雅山，西接帕米尔高原，包括青海、西藏两省区的全部和甘肃的西南部，以及四川和云南两省的西北部等，面积约占全国草原总面积的32%。这是世界上独一无二的高原草原区，也是我国重要的畜牧业基地之一，盛产牦牛、藏羊、黄牛等优良家畜。

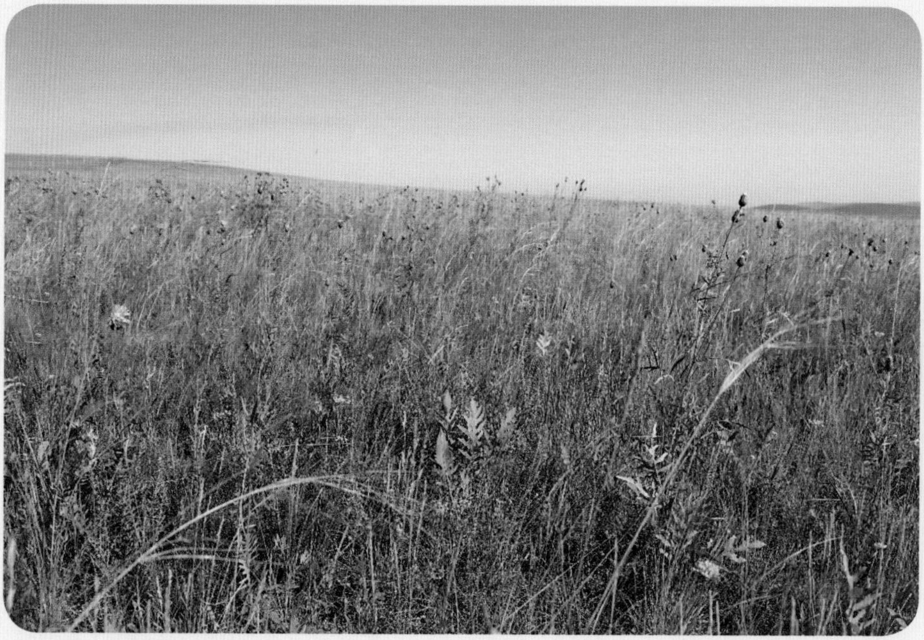

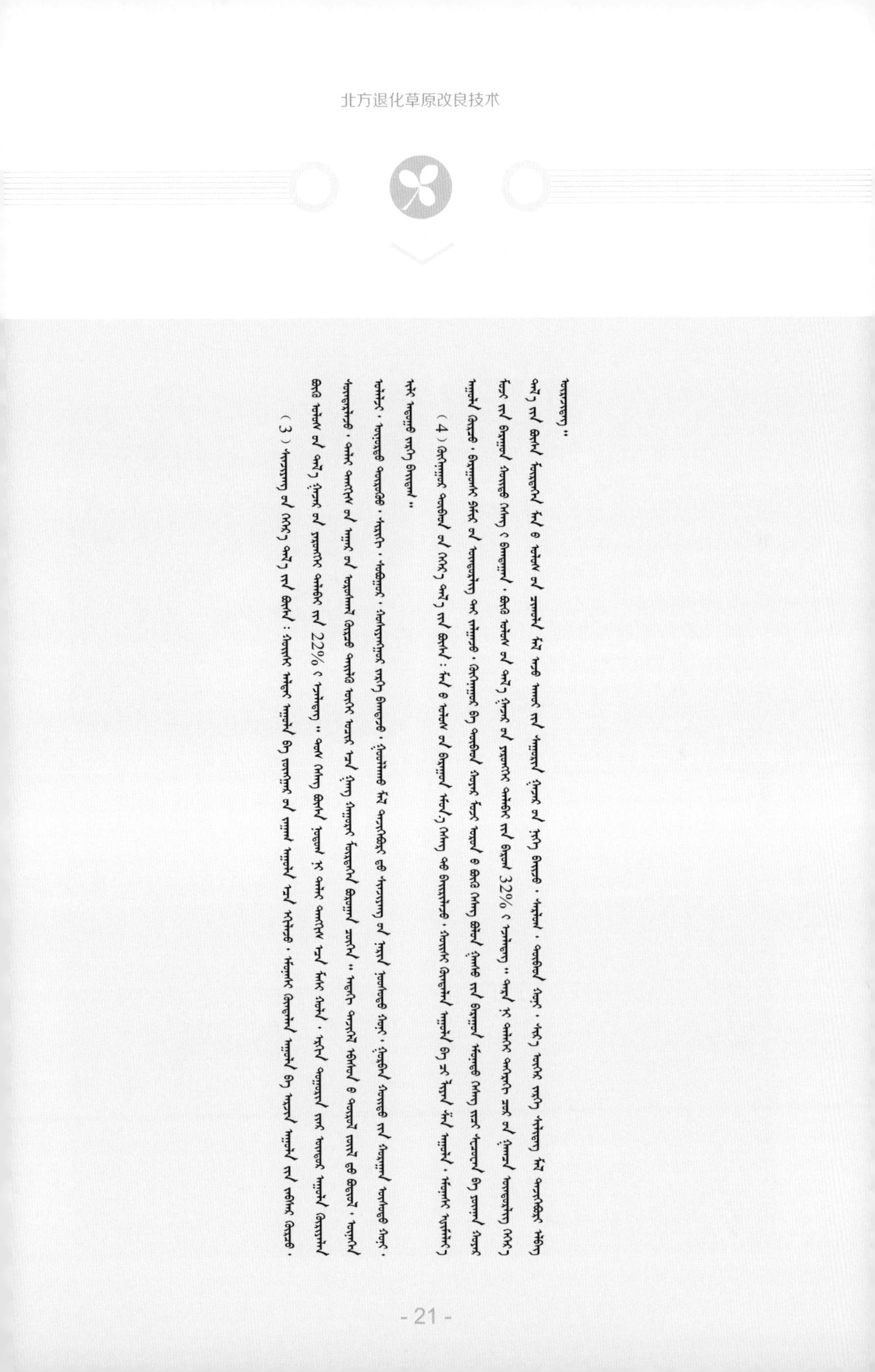

（5）南方草山草坡区：我国南方有大片的草山草坡以及大量的零星草地，这些统称为南方草山草坡区。这些地点水热资源丰富，地形条件独特。按照草地资源的类型来划分，本区地带性草地包括热性草丛、热性灌草丛、干热稀树灌草丛、暖性草丛、暖性灌草丛、山地草甸、高寒草甸，非地带性草地有低地草甸、沼泽，总共9个草地类型，其中以热性灌草丛和热性草丛面积最大。本区牧草种类繁多，可以放养牛、羊等牲畜。

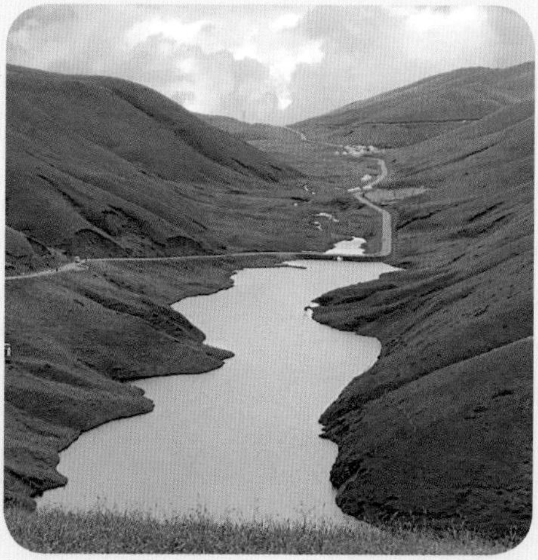

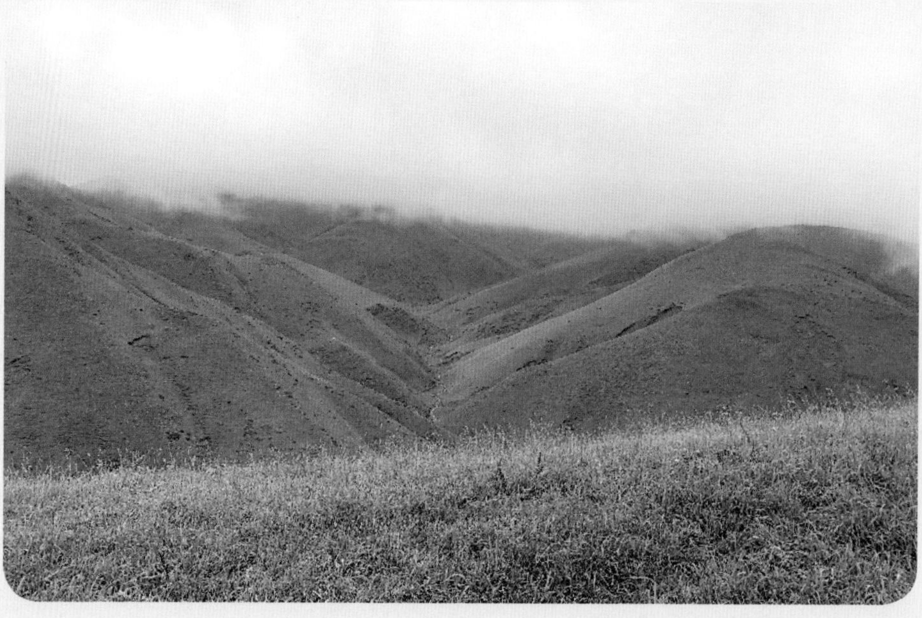

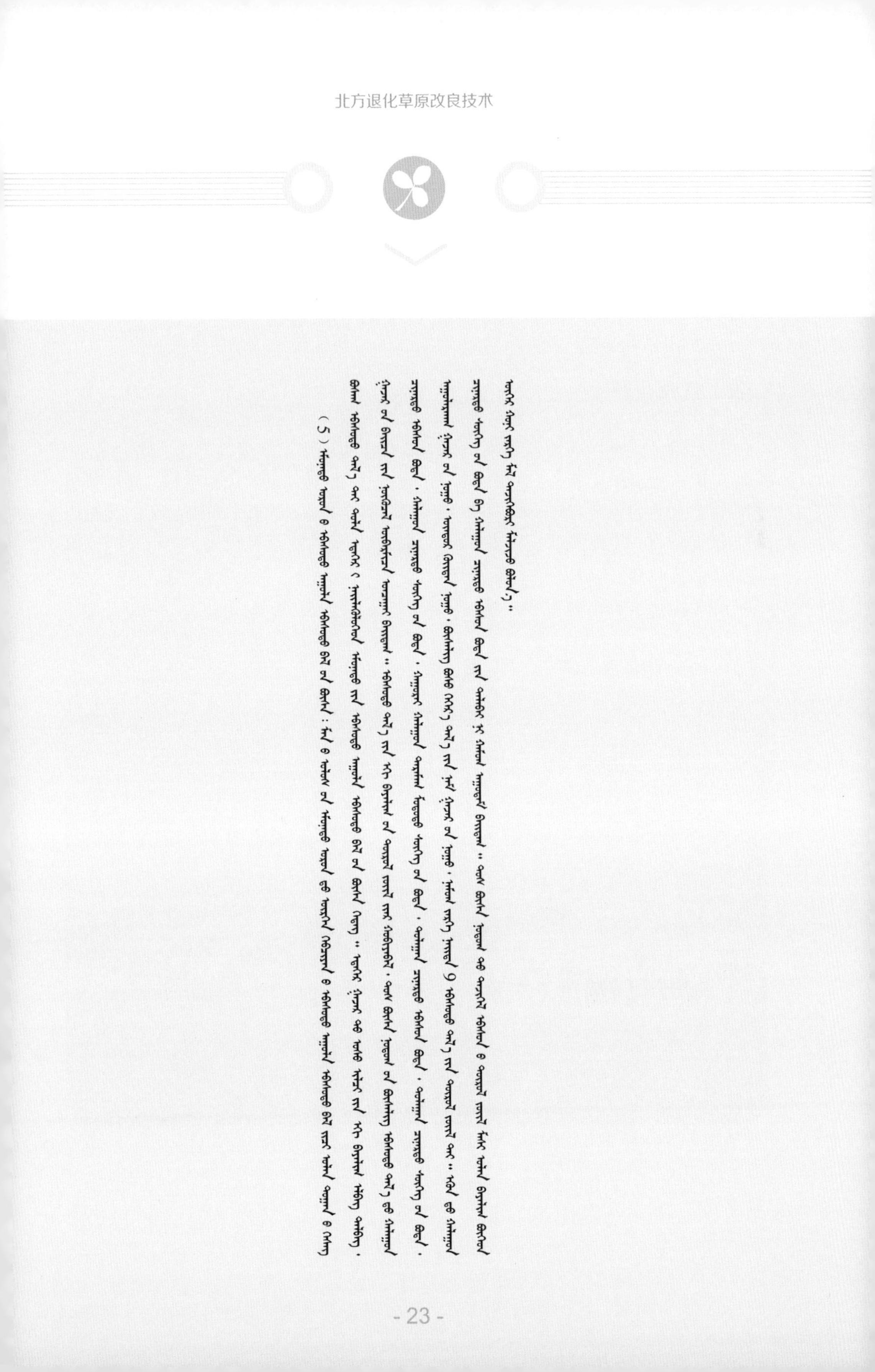

[illegible]

[illegible]

[illegible]

[illegible]

[illegible]

[illegible]

（5）[illegible]

（四）草原生产力

热性草丛、热性灌草丛和干热稀树灌草丛的干草单产最高，达2 500 kg/hm^{2}以上；其次为沼泽，单产2 000 ～ 2 500 kg/hm^2；低地草甸、山地草甸、暖性草丛和暖性灌草丛的单产1 500 ～ 2 000 kg/hm^2；其余均在1 500 kg/hm^{2}以下。高寒草甸、低地草甸、热性灌草丛、热性草丛和温性草原的产草量较大，各占全国草原牧草总产量的10%以上，合计超过60%。

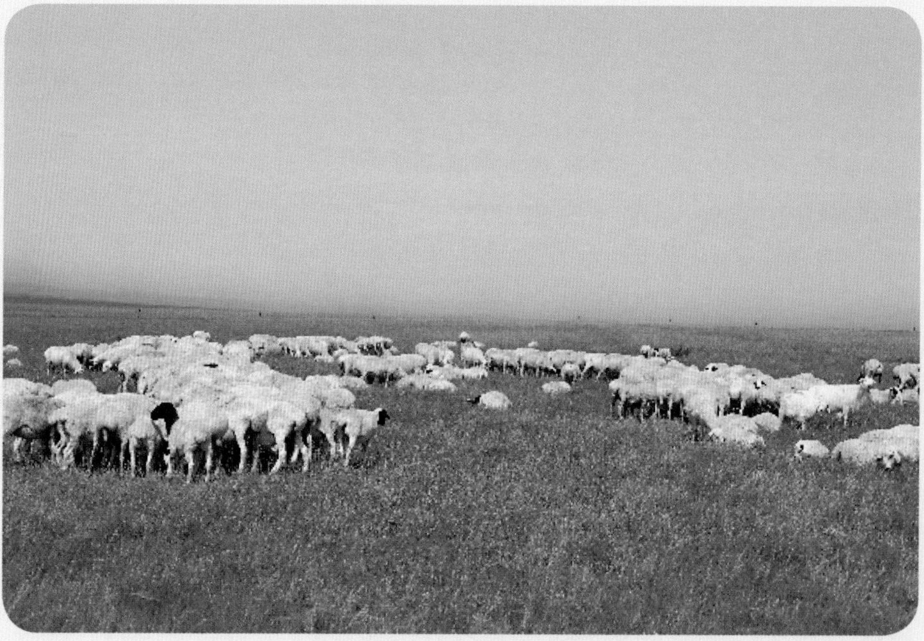

(ᠳᠥᠷᠪᠡ) ᠠᠷᠭ᠎ᠠ ᠬᠡᠮᠵᠢᠶ᠎ᠡ ᠶᠢᠨ ᠬᠡᠷᠡᠭᠯᠡᠭᠳᠡᠬᠦ ᠶᠢᠨ ᠬᠦᠷᠢᠶ᠎ᠡ

ᠲᠤᠰ ᠠᠷᠭ᠎ᠠ ᠪᠠᠷ · ᠬᠠᠭᠤᠷᠠᠢ ᠬᠡᠭᠡᠷ᠎ᠡ ᠶᠢᠨ ᠨᠠᠢᠷᠠᠯᠭ᠎ᠠ · ᠬᠠᠭᠤᠷᠠᠢ ᠬᠡᠭᠡᠷ᠎ᠡ ᠶᠢᠨ ᠤᠷᠭᠤᠮᠠᠯ ᠤᠨ ᠦᠨᠳᠦᠷ ᠦ ᠬᠡᠮᠵᠢᠶ᠎ᠡ ᠶᠢᠨ ᠦᠨᠳᠦᠷ ᠲᠠᠯ ᠠᠴᠠ ᠬᠦᠷᠦᠭᠰᠡᠨ ᠨᠤᠲᠤᠭ · ᠬᠠᠭᠤᠷᠠᠢ ᠬᠡᠭᠡᠷ᠎ᠡ ᠶᠢᠨ ᠬᠡᠮᠵᠢᠶ᠎ᠡ ᠶᠢᠨ ᠪᠠᠭ᠎ᠠ ᠨᠤᠲᠤᠭ ᠤᠨ ᠬᠡᠮᠵᠢᠶ᠎ᠡ ᠨᠢ 2 000 ~ 2 500 kg/hm² ᠪᠤᠶᠤ ᠨᠤᠲᠤᠭ · ᠬᠠᠭᠤᠷᠠᠢ ᠬᠡᠭᠡᠷ᠎ᠡ ᠶᠢᠨ ᠬᠡᠮᠵᠢᠶ᠎ᠡ ᠪᠠᠷ ᠬᠦᠷᠦᠨ ᠡᠯᠡᠰᠦ ᠨᠤᠲᠤᠭ · ᠨᠢᠭᠤᠷ ᠪᠦᠷᠬᠦᠴᠡ 2 500 kg/hm² ᠡᠴᠡ ᠳᠣᠣᠷ᠎ᠠ ᠪᠠᠢᠬᠤ :: ᠡᠨᠡ ᠨᠢ · ᠬᠤᠷ᠎ᠠ ᠤᠷᠤᠭᠤᠯᠭ᠎ᠠ ᠶᠢᠨ ᠨᠤᠲᠤᠭ ᠤᠨ ᠬᠡᠮᠵᠢᠶ᠎ᠡ ᠨᠢ 1 500 ~ 2 000 kg/hm² ᠤᠷᠭᠤᠮᠠᠯ ᠤᠨ ᠪᠦᠷᠬᠦᠴᠡ · ᠨᠢᠭᠤᠷ ᠪᠦᠷᠬᠦᠴᠡ ᠪᠠᠷ ᠬᠡᠮᠵᠢᠶ᠎ᠡ ᠶᠢᠨ 1 500 kg/hm² ᠡᠴᠡ ᠳᠣᠣᠷ᠎ᠠ ᠤᠷᠭᠤᠮᠠᠯ · ᠬᠤᠷ᠎ᠠ ᠤᠷᠤᠭᠤᠯᠭ᠎ᠠ ᠶᠢᠨ ᠨᠤᠲᠤᠭ ᠤᠨ ᠪᠦᠷᠬᠦᠴᠡ ᠨᠢ 10% ᠡᠴᠡ ᠠᠮᠢᠳᠤ ᠪᠦᠷᠬᠦᠴᠡ ᠶᠢᠨ ᠬᠡᠮᠵᠢᠶ᠎ᠡ · ᠬᠡᠮᠵᠢᠶ᠎ᠡ ᠨᠢ 60% ᠡᠴᠡ ᠳᠣᠣᠷ᠎ᠠ ::

我国草原年产干草约3亿t，理论载畜量约4.3亿个羊单位。北方草原由东向西降水量逐渐降低，气候趋于干燥，植物种类逐渐减少，构成趋于旱生，植被趋于稀疏，覆盖度逐渐降低，产草量越来越低。位于东北西部、内蒙古东部的温性草甸草原牧草种类丰富，生长茂密，植被覆盖度在60%～85%，干草产量为1 200～1 800 kg/hm²。位于内蒙古中部的温性草原，植被覆盖度在30%～60%，干草产量为600～1 200 kg/hm²。位于内蒙古西部和甘新地区的温性荒漠草原和温性草原化荒漠植被覆盖度在30%以下，干草产量为300～600 kg/hm²。位于内蒙古西部和甘新地区的温性荒漠植被群落组成简单，以超旱生半灌木、灌木和小乔木为主，干草产量为300 kg/hm²以下。

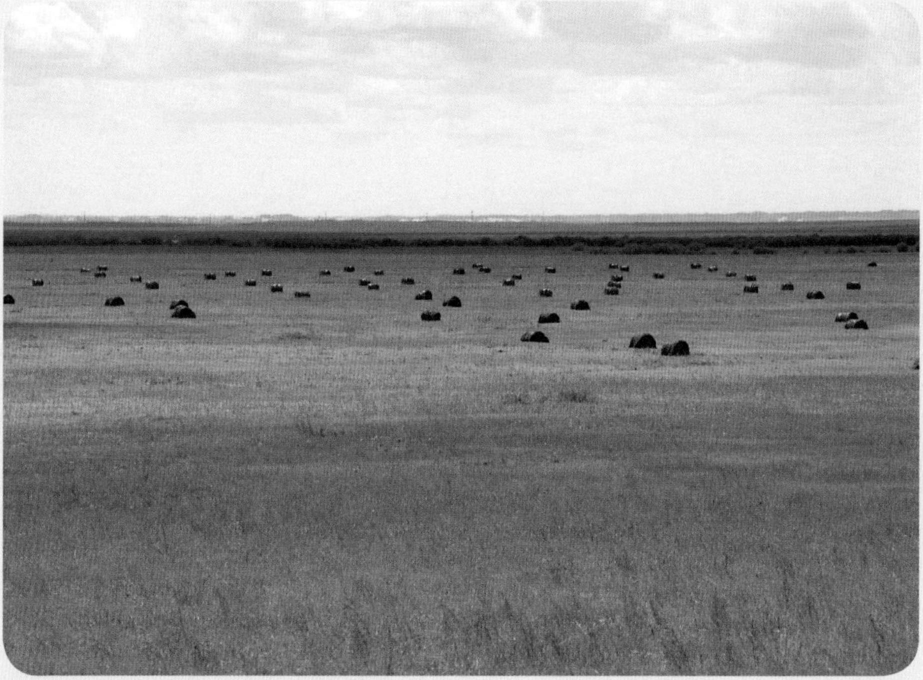

[illegible] 3 [illegible] t [illegible] 4.3 [illegible] :: [illegible]

[illegible] 300 ~ 600 kg/hm^2 [illegible] 30% ~ 60% [illegible] 600 ~ 1 200 kg/hm^2 [illegible] :: [illegible] 60% ~ 85% [illegible] 1 200 ~ 1 800 kg/hm^2 [illegible] :: [illegible] 30% [illegible] 300 ~ 600 kg/hm^2 [illegible] :: [illegible] 300 kg/hm^2 [illegible] ::

（五）草原主要问题

1. 面积减少

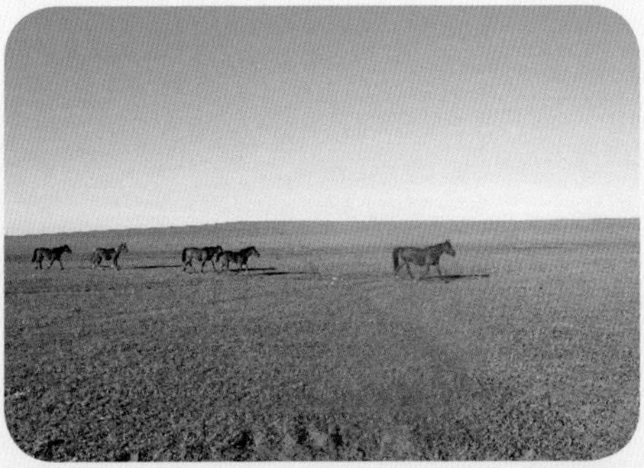

我国草原面积约4亿hm²，其中北方草原2.87亿hm²。近年来我国草原退化面积以每年近133万hm²的速度扩展。20世纪70年代，我国草原退化率（沙化和退化面积占可利用草原面积的比例）为15%；80年代中期达到30%，目前已上升到57%左右。例如，内蒙古草原退化和沙化面积以每年66.7万hm²的速度扩展，退化率由20世纪60年代的18%发展到80年代的39%，现在已达到73.5%；现有退化面积4 280万hm²，较80年代的2 507万hm²增加了1 773万hm²，其中轻度退化面积扩大了133万hm²，中度退化面积扩大了693万hm²，重度退化面积扩大了947万hm²。由于开垦、沙化等原因，内蒙古的草原面积20世纪80年代较60年代减少了约920万hm²；目前又比80年代减少了约600万hm²。

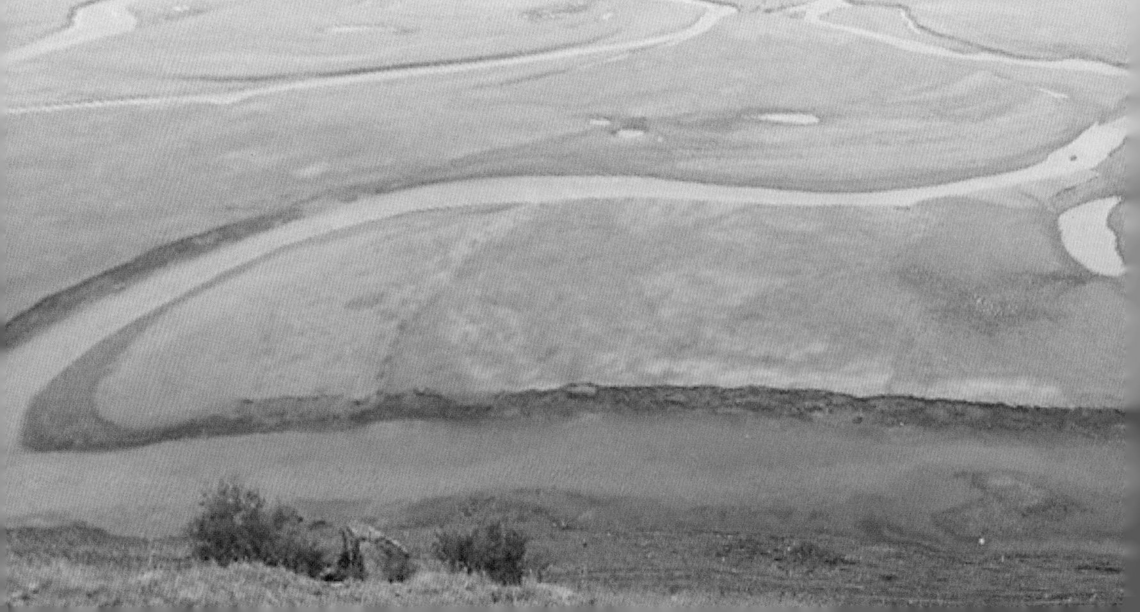

ᠮᠠᠨ ᠤ ᠤᠯᠤᠰ ᠤᠨ ᠬᠠᠷ᠎ᠠ ᠭᠠᠵᠠᠷ ᠤᠨ ᠲᠠᠯᠠᠪᠠᠢ ᠪᠣᠯ 4 ᠰᠠᠶ᠋ᠢ ᠭᠠᠷᠤᠨ hm² ᠪᠣᠯᠵᠤ᠂ ᠴᠢᠩᠬᠠᠢ ᠳᠤ ᠲᠠᠷᠬᠠᠭᠰᠠᠨ ᠲᠣᠭ᠎ᠠ ᠶ᠋ᠢᠨ ᠬᠠᠮᠤᠭ ᠬᠠᠷ᠎ᠠ 2.87 ᠰᠠᠶ᠋ᠢ hm² ᠲᠤᠯᠤᠯᠴᠠᠨ᠎ᠠ᠃ ᠲᠤᠰ ᠣᠷᠣᠨ ᠳᠤ᠂ ᠮᠠᠨ ᠤ ᠤᠯᠤᠰ ᠤᠨ ᠬᠠᠷ᠎ᠠ ᠭᠠᠵᠠᠷ ᠤᠨ ᠬᠤᠪᠢᠷᠠᠯ ᠲᠠᠯᠠᠪᠠᠢ ᠨᠢ ᠵᠢᠯ ᠪᠦᠷ 133 ᠮᠢᠩᠭ᠋ᠠᠨ hm² ᠢᠶᠠᠷ ᠨᠡᠮᠡᠭᠳᠡᠵᠦ ᠪᠠᠢᠨ᠎ᠠ᠃ 20 ᠵᠠᠭᠤᠨ ᠵᠢᠯ ᠦᠨ 70 ᠶᠠᠳ ᠣᠨ ᠳᠤ᠂ ᠮᠠᠨ ᠤ ᠤᠯᠤᠰ ᠤᠨ ᠬᠠᠷ᠎ᠠ ᠭᠠᠵᠠᠷ ᠤᠨ ᠬᠤᠪᠢᠷᠠᠯ ᠢ ᠨᠢ ᠬᠡᠮᠵᠢᠶᠡᠯᠡᠭᠰᠡᠨ ᠳᠦ (ᠬᠤᠪᠢᠷᠠᠯᠲᠤ ᠪᠡᠯᠴᠢᠭᠡᠷ ᠬᠠᠷ᠎ᠠ ᠭᠠᠵᠠᠷ ᠤᠨ ᠲᠠᠯᠠᠪᠠᠢ ᠳᠠᠬᠢ ᠡᠵᠡᠯᠡᠭᠦᠯᠦᠭᠰᠡᠨ ᠨᠢ ᠬᠤᠪᠢᠷᠠᠯᠲᠤ ᠲᠠᠯᠠᠪᠠᠢ ᠶ᠋ᠢᠨ ᠨᠡᠢᠲᠡ ᠳᠦ ᠡᠵᠡᠯᠡᠭᠰᠡᠨ) 15% ᠪᠣᠯᠵᠤ᠂ 80 ᠶᠠᠳ ᠣᠨ ᠤ ᠡᠬᠢᠨ ᠳᠦ 30% ᠪᠣᠯᠵᠤ᠂ ᠣᠳᠣ ᠡᠭᠦᠨ ᠢ ᠨᠡᠮᠡᠭᠳᠡᠭᠦᠯᠦᠭᠰᠡᠨ 57% ᠬᠦᠷᠴᠡᠢ ᠪᠠᠢᠨ᠎ᠠ᠃ ᠵᠢᠱᠢᠶᠡᠯᠡᠪᠡᠯ᠂ ᠲᠤᠰ ᠮᠤᠵᠢ ᠶ᠋ᠢᠨ ᠬᠠᠷ᠎ᠠ ᠭᠠᠵᠠᠷ ᠤᠨ ᠬᠤᠪᠢᠷᠠᠯ ᠢ ᠡᠵᠡᠯᠡᠭᠦᠯᠦᠭᠰᠡᠨ ᠲᠠᠯᠠᠪᠠᠢ ᠨᠢ ᠳᠤ 66.7 ᠮᠢᠩᠭ᠋ᠠᠨ hm² ᠢᠶᠠᠷ ᠨᠡᠮᠡᠭᠳᠡᠵᠦ ᠪᠠᠢᠨ᠎ᠠ᠂ ᠬᠤᠪᠢᠷᠠᠯ ᠢ ᠨᠢ 20 ᠵᠠᠭᠤᠨ ᠵᠢᠯ ᠦᠨ 60 ᠶᠠᠳ ᠣᠨ ᠤ 18% ᠡᠴᠡ ᠲᠠᠢ ᠬᠠᠷᠢᠴᠠᠭᠤᠯᠪᠠᠯ 80 ᠶᠠᠳ ᠣᠨ ᠳᠤ 39%᠂ ᠣᠳᠣ ᠬᠠᠷᠢᠴᠠᠭᠤᠯᠪᠠᠯ 73.5% ᠪᠣᠯᠵᠠᠢ᠃ ᠬᠠᠷᠢᠴᠠᠭᠤᠯᠪᠠᠯ ᠬᠤᠪᠢᠷᠠᠯ ᠲᠠᠯᠠᠪᠠᠢ 4 280 ᠮᠢᠩᠭ᠋ᠠᠨ hm² ᠪᠣᠯᠵᠤ᠂ 80 ᠶᠠᠳ ᠣᠨ ᠤ 2 507 ᠮᠢᠩᠭ᠋ᠠᠨ hm² ᠡᠴᠡ ᠨᠡᠮᠡᠭᠳᠡᠭᠰᠡᠨ 1 773 ᠮᠢᠩᠭ᠋ᠠᠨ hm² ᠬᠠᠷᠢᠴᠠᠭᠤᠯᠪᠠᠯ᠂ ᠨᠢᠭᠡ ᠤ ᠪᠠᠭ᠎ᠠ ᠪᠣᠯᠤᠭᠰᠠᠨ ᠬᠤᠪᠢᠷᠠᠯ ᠲᠠᠯᠠᠪᠠᠢ 133 ᠮᠢᠩᠭ᠋ᠠᠨ hm²᠂ ᠳᠤᠮᠳᠠᠳᠤ ᠬᠤᠪᠢᠷᠠᠯ ᠲᠠᠯᠠᠪᠠᠢ 693 ᠮᠢᠩᠭ᠋ᠠᠨ hm²᠂ ᠬᠦᠨᠳᠦ ᠬᠤᠪᠢᠷᠠᠯ ᠲᠠᠯᠠᠪᠠᠢ 947 ᠮᠢᠩᠭ᠋ᠠᠨ hm² ᠪᠣᠯᠤᠭᠠᠳ ᠮᠠᠨ ᠤ ᠣᠷᠣᠨ ᠳᠤ᠃ ᠲᠤᠰ ᠭᠠᠵᠠᠷᠤᠳ ᠲᠤ᠂ ᠡᠨᠡᠬᠦ ᠨᠦᠭᠦᠳ ᠲᠤ ᠠᠮᠢᠳᠤᠷᠠᠯ ᠲᠤ᠂ 20 ᠵᠠᠭᠤᠨ ᠵᠢᠯ ᠦᠨ 80 ᠶᠠᠳ ᠣᠨ ᠤ ᠡᠬᠢᠨ ᠳᠦ ᠬᠠᠷ᠎ᠠ ᠭᠠᠵᠠᠷ ᠤᠨ ᠲᠠᠯᠠᠪᠠᠢ ᠨᠢ 60 ᠶᠠᠳ ᠣᠨ ᠤ ᠡᠴᠡ 920 ᠮᠢᠩᠭ᠋ᠠᠨ hm² ᠨᠡᠮᠡᠭᠳᠡᠵᠦ᠂ ᠣᠳᠣ ᠪᠦᠬᠦ ᠳᠦ 80 ᠶᠠᠳ ᠣᠨ ᠤ ᠡᠴᠡ ᠲᠠᠢ ᠪᠣᠯ 600 ᠮᠢᠩᠭ᠋ᠠᠨ hm² ᠨᠡᠮᠡᠭᠳᠡᠪᠡ᠃

1. ᠲᠠᠯᠠᠪᠠᠢ ᠲᠠᠷᠬᠠᠯᠲᠠ

(ᠳᠥᠷᠪᠡ) ᠬᠠᠷ᠎ᠠ ᠭᠠᠵᠠᠷ ᠤᠨ ᠭᠣᠣᠯ ᠰᠢᠯᠲᠠᠭᠠᠨ

2.“三化”严重

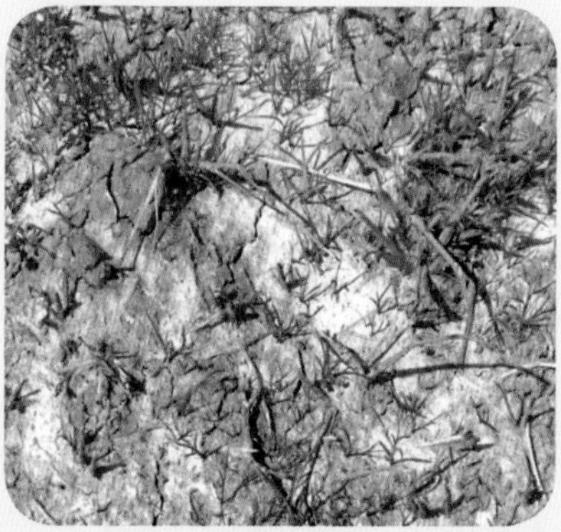

由于盲目开垦、超载过牧和滥挖滥采等原因，草原退化、沙化和盐碱化现象十分严重。

我国可利用草原面积2.24亿hm^2，现已实际退化、沙化面积0.147亿～0.67亿hm^2，占可利用面积的21%～30%，其中有0.13亿hm^2转为沙漠。黑龙江、内蒙古、宁夏、甘肃、青海、新疆、西藏等牧业大省区草原退化都比较严重，尤其以地处黄土高原的荒漠化草原退化最严重。例如，宁夏有97%的草原发生不同程度的退化，甘肃草原退化面积占其草原总面积的39.8%。一些农业省的草原退化也比较严重，例如河北省退化草原面积占其草原总面积的46%。

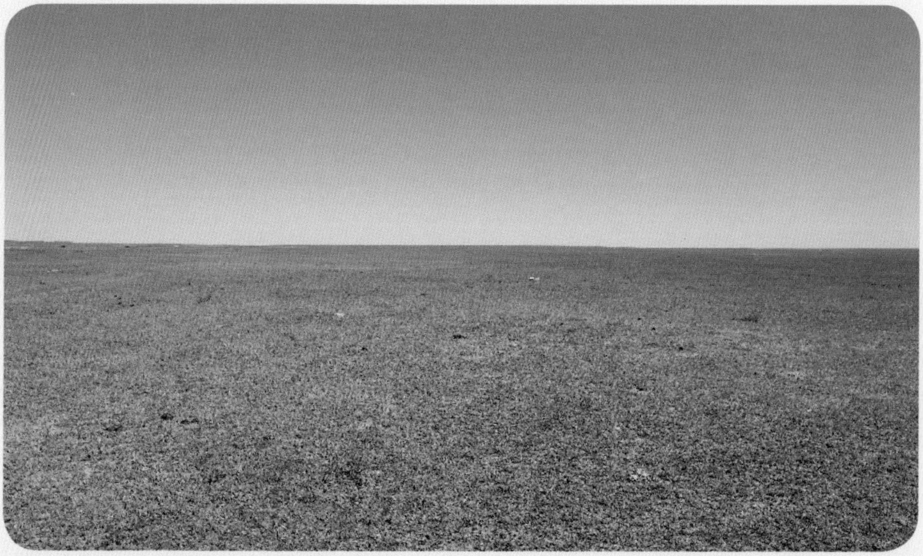

ᠡᠵᠡᠯᠡᠵᠦ · ᠲᠡᠭᠦᠨ ᠬᠣᠶᠠᠷ ᠵᠢᠯ ᠦᠨ ᠳᠠᠷᠠᠭ᠎ᠠ ᠦᠪᠡᠰᠦᠨ ᠪᠦᠷᠬᠦᠴᠡ ᠶᠢᠨ ᠰᠠᠢᠵᠢᠷᠠᠯᠲᠠ ᠪᠣᠯᠤᠨ ᠨᠡᠮᠡᠭᠳᠡᠯ ᠢᠯᠡᠷᠡᠪᠡ :: ᠵᠢᠱᠢᠶᠡᠯᠡᠪᠡᠯ · ᠬᠠᠪᠤᠷ ᠤᠨ ᠰᠠᠢᠵᠢᠷᠠᠭᠰᠠᠨ ᠦᠪᠡᠰᠦᠨ ᠪᠦᠷᠬᠦᠴᠡ ᠶᠢᠨ ᠨᠢᠭᠡᠳᠦᠭᠡᠷ ᠦᠨ 97% ᠦᠨ ᠦᠪᠡᠰᠦᠨ ᠪᠦᠷᠬᠦᠴᠡ ᠶᠢ ᠲᠣᠭᠲᠠᠭᠰᠠᠨ ᠡᠯᠡᠰᠦ ᠶᠢᠨ ᠰᠠᠢᠵᠢᠷᠠᠯᠲᠠ · ᠡᠭᠦᠯ ᠦᠨ ᠰᠠᠢᠵᠢᠷᠠᠭᠰᠠᠨ ᠦᠪᠡᠰᠦᠨ ᠪᠦᠷᠬᠦᠴᠡ ᠶᠢᠨ ᠭᠠᠷᠤᠴᠠ ᠶᠢ ᠨᠡᠢᠲᠡ ᠦᠪᠡᠰᠦᠨ ᠦ ᠭᠠᠷᠤᠴᠠ ᠶᠢᠨ 39.8% ᠢ ᠡᠵᠡᠯᠡᠵᠡᠢ · ᠬᠢᠷᠠᠭ᠎ᠠ · ᠡᠭᠦᠯ · ᠪᠡᠯᠴᠢᠭᠡᠷ · ᠰᠠᠢᠬᠠᠨ · ᠭᠠᠰᠢᠭᠤᠨ ᠡᠪᠡᠰᠦ ᠵᠡᠷᠭᠡ ᠣᠯᠠᠨ ᠵᠢᠯ ᠦᠨ ᠳᠠᠷᠠᠭ᠎ᠠ ᠲᠠᠷᠢᠮᠠᠯ ᠤᠨ ᠦᠪᠡᠰᠦᠨ ᠪᠦᠷᠬᠦᠴᠡ ᠶᠢᠨ ᠰᠠᠢᠵᠢᠷᠠᠯᠲᠠ ᠶᠢ ᠢᠯᠡᠷᠡᠭᠦᠯᠪᠡ :: ᠵᠢᠱᠢᠶᠡᠯᠡᠪᠡᠯ · ᠬᠢᠵᠠᠭᠠᠷ 0.67 ᠲᠦᠮᠡᠨ hm² ᠪᠣᠯᠵᠤ · ᠪᠣᠷᠤᠳᠠᠭᠰᠠᠨ ᠪᠠᠢᠳᠠᠯ ᠭᠠᠷᠤᠴᠠ ᠶᠢᠨ 21% ~ 30% ᠢ ᠡᠵᠡᠯᠡᠵᠦ · ᠬᠡᠮᠵᠢᠶ᠎ᠡ ᠨᠢ 0.13 ᠲᠦᠮᠡᠨ hm² ᠢ ᠨᠡᠮᠡᠭᠳᠡᠭᠦᠯᠦᠨ ᠬᠦᠷᠪᠡ :: ᠰᠠᠢᠵᠢᠷᠠᠭᠰᠠᠨ · ᠪᠣᠷᠤᠳᠠᠭᠰᠠᠨ

ᠨᠢ ᠪᠡᠷ ᠪᠣᠷᠤᠳᠠᠭᠰᠠᠨ ᠪᠠᠢᠳᠠᠯ ᠨᠡᠢᠲᠡ ᠦᠪᠡᠰᠦᠨ ᠦ ᠭᠠᠷᠤᠴᠠ 2.24 ᠲᠦᠮᠡᠨ hm² ᠪᠣᠯᠵᠤ ᠪᠠᠢᠨ᠎ᠠ · ᠲᠡᠭᠦᠨ ᠡᠴᠡ ᠰᠠᠢᠵᠢᠷᠠᠭᠰᠠᠨ · ᠨᠡᠮᠡᠭᠳᠡᠭᠰᠡᠨ ᠭᠠᠷᠤᠴᠠ 0.147 ᠲᠦᠮᠡᠨ ~ ᠰᠠᠢᠵᠢᠷᠠᠯᠲᠠ · ᠨᠡᠮᠡᠭᠳᠡᠯ ᠦᠨ ᠦᠷ᠎ᠡ ᠳᠦᠩ ᠨᠢ ᠮᠠᠰᠢ ᠢᠯᠡᠷᠡᠬᠡᠢ ᠪᠣᠯᠵᠠᠢ ::

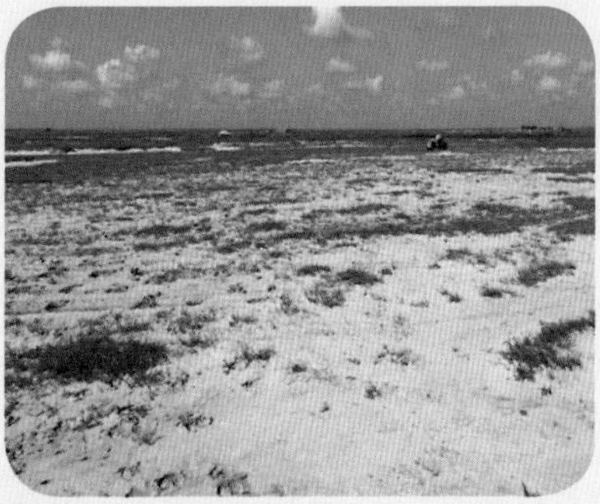

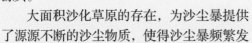

我国沙化潜在发生面积2.6亿hm^2，超过国土面积的1/4。目前已经沙化土地面积达1.6亿hm^2，占国土面积的1/6，其中绝大部分沙化发生在草原。草原沙化在开垦活动频繁的农牧交错带最为严重。沙化的草原不仅生产力大幅度下降，并且成为沙尘暴的源头。

大面积沙化草原的存在，为沙尘暴提供了源源不断的沙尘物质，使得沙尘暴频繁发生。在我国北方万里风沙线上，每年出现的沙尘暴，主要来自沙化地区的风沙。

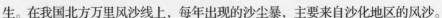

盐碱化草原是特殊的退化草原类型。目前我国草原盐碱化面积近1 000万hm^2。干旱、半干旱和半湿润半干旱区的河湖平原草原，在受盐（碱）地下水浸渍，或受内涝，或受人为不合理的利用与灌溉影响下，土壤处于积盐状态，形成草原土壤次生盐渍化。

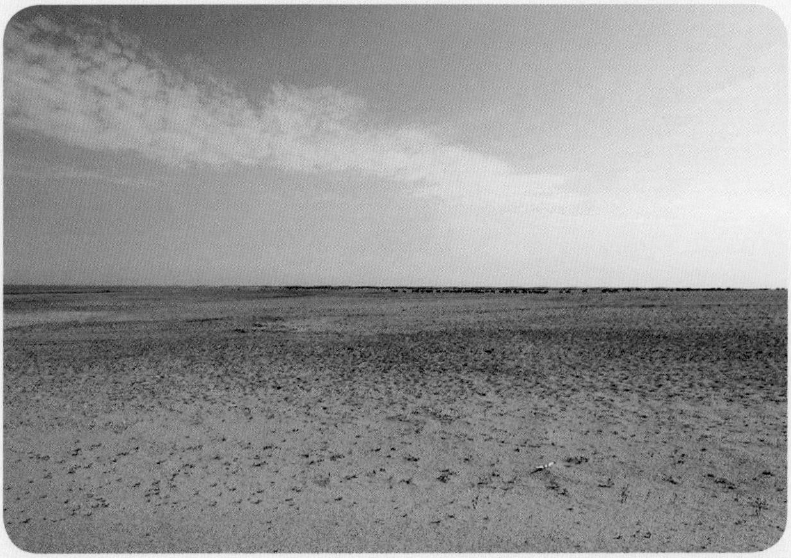

(ᠰᠡᠷᠭᠦᠭᠡᠯᠲᠡ) ᠲᠠᠯᠠᠪᠠᠢ ᠶᠢᠨ ᠬᠡᠮᠵᠢᠶ᠎ᠡ ᠪᠡᠷ ᠲᠠᠷᠢᠯᠠᠭ᠎ᠠ · ᠪᠠᠶᠢᠭᠤᠯᠤᠯᠲᠠ ᠶᠢᠨ ᠬᠡᠮᠵᠢᠶ᠎ᠡ ᠲᠠᠷᠢᠮᠠᠯ ᠪᠣᠯᠤᠮᠵᠢ ᠶᠢᠨ ᠲᠣᠭ᠎ᠠ ᠶᠢ ᠬᠠᠮᠤᠭ ᠰᠠᠶᠢᠨ ᠰᠡᠷᠭᠦᠭᠡᠯᠲᠡ ᠬᠡᠮᠵᠢᠶ᠎ᠡ ᠨᠢ hm² ᠲᠣᠭᠠᠴᠠᠭᠠᠨ᠎ᠠ :: ᠶᠡᠬᠡ ᠶᠡᠬᠡᠰ · ᠮᠠᠯᠴᠢᠨ ᠶᠡᠬᠡ ᠶᠡᠬᠡᠰ ᠦᠨ ᠮᠠᠯᠴᠢᠨ ᠠᠵᠢ ᠠᠬᠤᠢ ᠶᠢᠨ ᠳᠡᠮᠵᠢᠯᠭᠡ ᠶᠢ ᠨᠡᠶᠢᠲᠡ ᠪᠠᠶᠢᠭᠤᠯᠬᠤ ᠪᠣᠯ ᠪᠠᠶᠢᠭᠠᠯᠢ ᠶᠢᠨ ᠪᠠᠶᠢᠳᠠᠯ ᠳᠤ ᠲᠣᠬᠢᠷᠠᠮᠵᠢᠲᠠᠢ ᠪᠣᠯᠭᠠᠨ ᠶᠢᠨ ᠲᠤᠯᠠ ᠮᠢᠩᠭ᠎ᠠ ᠲᠣᠭ᠎ᠠ :: ᠲᠡᠭᠦᠨ ᠳᠦ · ᠡᠨᠡ ᠪ ᠬᠣᠲᠠ ᠶᠢᠨ ᠲᠠᠷᠢᠮᠠᠯ ᠪᠠᠶᠢᠭᠤᠯᠬᠤ ᠶᠢᠨ ᠰᠡᠷᠭᠦᠭᠡᠯᠲᠡ ᠬᠡᠮᠵᠢᠶ᠎ᠡ 1 000 ᠭᠠᠷᠤᠨ᠎ᠠ ::

ᠶᠡᠬᠡ ᠲᠣᠭ᠎ᠠ ᠨᠢ ᠬᠡᠮᠵᠢᠶ᠎ᠡ 1.6 ᠮᠢᠩᠭ᠎ᠠ hm² ᠪᠣᠯᠵᠤ · ᠬᠣᠲᠠ ᠶᠢᠨ ᠲᠠᠷᠢᠮᠠᠯ ᠬᠡᠮᠵᠢᠶ᠎ᠡ ᠶᠢᠨ ᠬᠡᠮᠵᠢᠶ᠎ᠡ ᠨᠢ 1/6 ᠢ ᠡᠵᠡᠯᠡᠨ᠎ᠡ :: ᠲᠡᠭᠦᠨ ᠳᠦ · ᠰᠡᠷᠭᠦᠭᠡᠯᠲᠡ ᠶᠢᠨ ᠮᠠᠯᠴᠢᠨ ᠠᠵᠢ ᠶᠢ ᠪᠠᠶᠢᠭᠤᠯᠬᠤ ᠶᠢᠨ ᠶᠡᠬᠡ ᠶᠢ

ᠡᠨᠡ ᠪ ᠬᠣᠲᠠ ᠳᠤ ᠰᠡᠷᠭᠦᠭᠡᠯᠲᠡ ᠲᠠᠯᠠ ᠳᠤ ᠬᠡᠮᠵᠢᠶ᠎ᠡ 2.6 ᠮᠢᠩᠭ᠎ᠠ hm² ᠪᠣᠯᠵᠤ · ᠪᠦᠬᠦ ᠬᠣᠲᠠ ᠶᠢᠨ ᠲᠠᠷᠢᠮᠠᠯ ᠬᠡᠮᠵᠢᠶ᠎ᠡ ᠶᠢᠨ ᠬᠡᠮᠵᠢᠶ᠎ᠡ ᠨᠢ 1/4 ᠲᠠᠢ ᠲᠡᠩᠴᠡᠨ᠎ᠡ :: ᠰᠡᠷᠭᠦᠭᠡᠯᠲᠡ ᠰᠡᠷᠭᠦᠭᠡᠯᠲᠡ ᠶᠢᠨ

3. 生产力降低

草原退化使草原生产力大幅度下降。我国当前草原生产力与20世纪50年代相比，普遍下降了30%～50%。内蒙古草原在20世纪50年代平均产鲜草1 911.7 kg/hm^2，年均总饲草贮藏量为1 273.3亿kg。到20世纪80年代，平均产鲜草仅为1 050 kg/hm^2，年均总饲草贮藏量为669.3亿kg，全区草原产草量下降40%～60%。新疆20世纪60年代打贮草60多亿kg，20世纪90年代降为30亿kg，草原产草量下降50%。

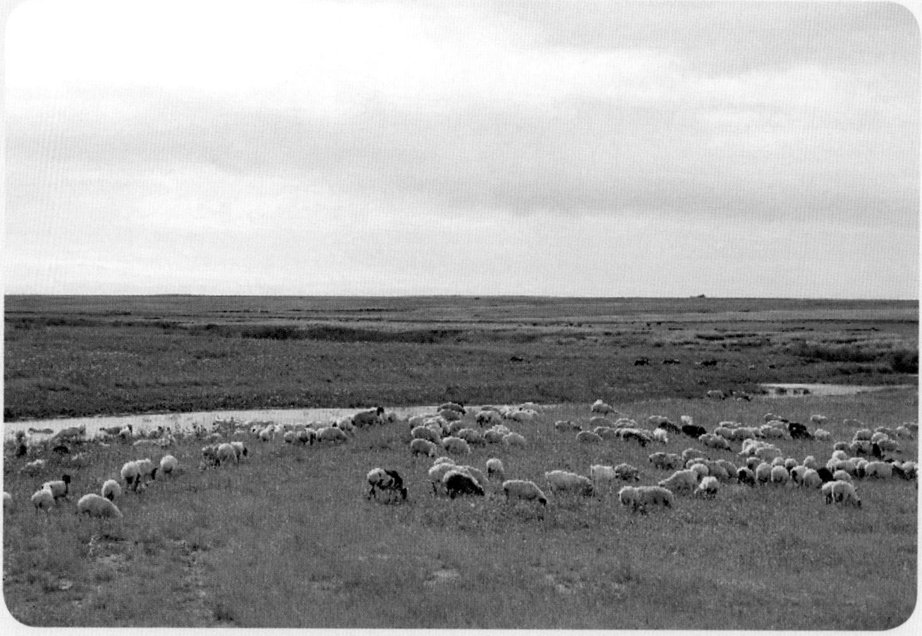

ᠭᠧᠺᠲ᠋ᠠᠷ kg ᠬᠡᠮᠵᠢᠶ᠎ᠡ ᠪᠡᠷ ᠲᠠᠷᠢᠭᠰᠠᠨ ᠲᠣᠬᠢᠶᠠᠯᠳᠤᠯ ᠳᠤ᠂ 20 ᠬᠣᠨᠣᠭ ᠨᠠᠰᠤᠨ ᠤ 90 ᠠᠴᠠ ᠳᠡᠭᠡᠭᠰᠢ ᠪᠣᠯᠬᠤ ᠳᠤ 30 ᠭᠧᠺᠲ᠋ᠠᠷ kg ᠪᠣᠯᠪᠠᠰᠤ᠂ ᠬᠤᠪᠢ ᠶᠢᠨ ᠡᠵᠡᠯᠡᠯᠲᠡ ᠨᠢ 50% ᠪᠣᠯᠵᠤ ᠴᠢᠳᠠᠳᠠᠭ ᠃ kg᠂ ᠪᠣᠯᠪᠠᠰᠤ ᠲᠠᠷᠢᠯᠠᠩ ᠤᠨ ᠤᠷᠤᠭ ᠡᠬᠡ ᠶᠢᠨ ᠬᠤᠪᠢ ᠶᠢᠨ ᠡᠵᠡᠯᠡᠯᠲᠡ 40% ～ 60% ᠬᠦᠷᠳᠡᠭ ᠪᠣᠯᠳᠠᠭ ᠃ ᠲᠡᠭᠦᠨ ᠦ ᠤᠷᠤᠭ ᠡᠬᠡ ᠪᠡᠷ᠂ 20 ᠬᠣᠨᠣᠭ ᠨᠠᠰᠤᠨ ᠤ 60 ᠠᠴᠠ ᠳᠡᠭᠡᠭᠰᠢ 60 ᠡᠬᠡ ᠨᠠᠰᠤᠨ ᠤ 80 ᠠᠴᠠ ᠳᠡᠭᠡᠭᠰᠢ ᠪᠣᠯᠪᠠᠯ᠂ ᠲᠠᠷᠢᠯᠠᠩ ᠬᠤᠪᠢ ᠶᠢᠨ ᠨᠡᠢᠲᠡ ᠡᠵᠡᠯᠡᠯᠲᠡ ᠨᠢ ᠲᠤᠰ ᠪᠦᠲᠦᠭᠡᠯ 1 050 kg/hm^2 ᠪᠣᠯᠵᠤ᠂ ᠲᠡᠭᠦᠨ ᠦ ᠳᠣᠲᠣᠷᠠᠬᠢ ᠪᠣᠳᠣᠯᠭ᠎ᠠ ᠬᠤᠪᠢ ᠶᠢᠨ ᠲᠣᠭ᠎ᠠ 669.3 ᠭᠧᠺᠲ᠋ᠠᠷ ᠡᠬᠡ ᠶᠢᠨ ᠲᠠᠷᠢᠯᠠᠩ ᠬᠤᠪᠢ ᠶᠢᠨ ᠨᠡᠢᠲᠡ ᠡᠵᠡᠯᠡᠯᠲᠡ 1 911.7 kg/hm^2᠂ ᠲᠡᠭᠦᠨ ᠦ ᠳᠣᠲᠣᠷᠠᠬᠢ ᠪᠣᠳᠣᠯᠭ᠎ᠠ ᠬᠤᠪᠢ ᠶᠢᠨ ᠰᠠᠶᠢᠵᠢᠷᠠᠯ ᠲᠣᠭ᠎ᠠ 1 273.3 ᠭᠧᠺᠲ᠋ᠠᠷ kg ᠪᠣᠯᠤᠨ᠎ᠠ ᠃ 20 ᠬᠣᠨᠣᠭ ᠨᠠᠰᠤᠨ ᠤ 50 ᠠᠴᠠ ᠳᠡᠭᠡᠭᠰᠢ ᠪᠣᠯ ᠲᠠᠷᠢᠯᠠᠩ ᠤᠨ ᠤᠷᠤᠭ ᠡᠬᠡ 20 ᠬᠣᠨᠣᠭ ᠨᠠᠰᠤᠨ ᠤ 50 ᠠᠴᠠ ᠳᠡᠭᠡᠭᠰᠢ ᠪᠠᠨ ᠬᠠᠮᠲᠤ ᠲᠠᠷᠢᠭᠰᠠᠨ᠂ ᠲᠡᠭᠦᠨ ᠦ ᠬᠤᠪᠢ 30% ～ 50% ᠬᠦᠷᠳᠡᠭ ᠪᠣᠯᠳᠠᠭ ᠃ 20 ᠬᠣᠨᠣᠭ ᠨᠠᠰᠤᠨ ᠤ 50 ᠠᠴᠠ ᠳᠡᠭᠡᠭᠰᠢ ᠶᠢᠨ ᠲᠤᠬᠠᠢ ᠰᠤᠳᠤᠯᠤᠯ ᠤᠨ ᠤᠷᠤᠭ ᠨᠢ ᠲᠠᠷᠢᠯᠠᠩ ᠳᠤ ᠲᠣᠬᠢᠷᠠᠮᠵᠢᠲᠠᠢ ᠪᠣᠯᠤᠨ᠎ᠠ ᠃ ᠲᠡᠭᠦᠨ ᠦ ᠲᠠᠷᠢᠯᠠᠩ ᠤᠨ ᠲᠣᠬᠢᠷᠠᠮᠵᠢᠲᠠᠢ ᠪᠣᠳᠣᠯᠭ᠎ᠠ ᠶᠢᠨ ᠠᠷᠭ᠎ᠠ ᠬᠡᠮᠵᠢᠶ᠎ᠡ ᠶᠢᠨ ᠤᠷᠤᠭ ᠤᠨ ᠪᠦᠲᠦᠭᠡᠯ

3. ᠲᠠᠷᠢᠯᠠᠩ ᠤᠨ ᠤᠷᠤᠭ ᠪᠦᠲᠦᠭᠡᠯ

内蒙古呼伦贝尔大草原本属水草丰美的草原，是世界著名三大草原之一。20世纪60年代草原产草量平均2 580 kg/hm^2。由于长期掠夺式经营和开垦破坏，管理建设也跟不上，草原退化严重，到20世纪80年代产草量下降到平均900 kg/hm^2。昔日“风吹草低见牛羊”的景色已经不多见了，反而是新出现的条条沙带。

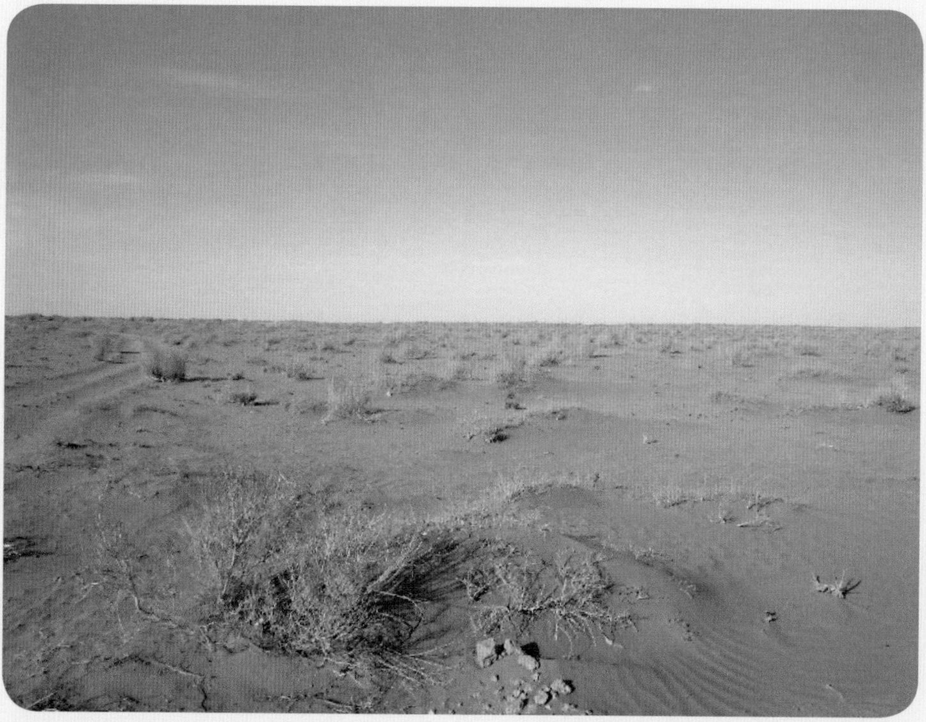

ᠪᠠᠶᠢᠬᠤ ᠂ ᠭᠠᠵᠠᠷ ᠳᠡᠭᠡᠷᠡᠬᠢ ᠶᠢᠨ ᠨᠣᠭᠣᠭᠠᠨ ᠲᠠᠷᠢᠶᠠᠯᠠᠩ ᠲᠠᠷᠢᠶᠠᠯᠠᠩ ᠤᠷᠭᠤᠮᠠᠯ ᠪᠠᠶᠢᠳᠠᠯ ᠤᠨ ᠨᠡᠮᠡᠭᠳᠡᠨᠡ ᠃ ᠨᠡᠮᠡᠭᠳᠡᠭᠰᠡᠨ ᠨᠢᠭᠤᠳᠠᠭ ᠤᠨ 900 kg/hm² ᠪᠣᠯᠤᠨᠠ ᠃ ᠬᠤᠷᠠ ᠬᠤᠷᠢᠶ᠎ᠠ ᠶᠢᠨ 《 ᠰᠡᠷᠭᠦᠭᠡ ᠶᠢᠨ ᠲᠠᠷᠢᠶᠠᠯᠠᠩ ᠤᠷᠭᠤᠮᠠᠯ ᠤᠨ ᠬᠠᠮᠢᠶᠠᠷᠤᠯ 》 ᠳᠤ ᠰᠠᠭᠤᠯᠭᠠᠬᠤ ᠲᠣᠬᠢᠶᠠᠯᠳᠤᠯ ᠪᠠᠷᠢᠮᠲᠠ ᠬᠡᠮᠵᠢᠶ᠎ᠡ ᠬᠠᠷᠢᠴᠠᠭᠤᠯᠤᠯ ᠢ ᠪᠠᠶᠢᠭᠤᠯᠤᠭᠰᠠᠨ ᠳᠤ ᠂ ᠰᠡᠷᠭᠦᠭᠡ ᠶᠢᠨ ᠲᠠᠷᠢᠶᠠᠯᠠᠩ ᠤᠨ ᠬᠠᠷᠢᠴᠠᠭᠤᠯᠤᠯ ᠢ ᠪᠣᠯᠪᠠᠰᠤᠷᠠᠭᠤᠯᠤᠭᠰᠠᠨ ᠳᠤ ᠂ 20 ᠵᠢᠯ ᠦᠨ ᠦ 80 ᠬᠤᠪᠢ ᠶᠢᠨ ᠤᠷᠭᠤᠮᠠᠯ ᠤᠨ ᠬᠠᠷᠢᠴᠠᠭᠤᠯᠤᠯ ᠢ 60 ᠬᠤᠪᠢ ᠶᠢᠨ ᠤᠷᠭᠤᠮᠠᠯ ᠤᠨ ᠬᠠᠷᠢᠴᠠᠭᠤᠯᠤᠯ ᠢ ᠨᠡᠮᠡᠭᠳᠡᠭᠰᠡᠨ ᠨᠢᠭᠤᠳᠠᠭ ᠤᠨ 2 580 kg/hm² ᠪᠣᠯᠤᠨᠠ ᠃ ᠲᠤᠷᠰᠢᠯᠲᠠ ᠶᠢᠨ ᠦᠷ᠎ᠡ ᠳᠦᠩ ᠢ ᠠᠯᠢᠪᠠ ᠬᠢᠵᠤ ᠦᠵᠡᠭᠰᠡᠨ ᠳᠤ ᠂ ᠬᠤᠪᠢᠷᠠᠯᠲᠠ ᠶᠢᠨ ᠬᠠᠷᠢᠴᠠᠭᠤᠯᠤᠯ ᠪᠠᠶᠢᠳᠠᠯ ᠢ

ᠬᠠᠮᠤᠭ ᠨᠡᠮᠡᠭᠳᠡᠯ ᠤᠨ ᠪᠠᠶᠢᠳᠠᠯ ᠪᠣᠯᠤᠨ ᠤᠨ ᠠᠯᠢ ᠬᠡᠮᠵᠢᠶ᠎ᠡ ᠢ ᠬᠠᠷᠢᠴᠠᠭᠤᠯᠤᠯ ᠤᠨ ᠬᠠᠷᠢᠴᠠᠭᠤᠯᠪᠠᠯ ᠪᠣᠯᠬᠤ ᠂ ᠠᠯᠢᠪᠠ ᠶᠢᠨ ᠬᠡᠮᠵᠢᠶ᠎ᠡ ᠳᠦᠩ ᠢ ᠠᠯᠢ ᠪᠣᠯᠪᠠᠯ ᠃ 20 ᠵᠢᠯ ᠦᠨ ᠦ

4. 生物多样性减少

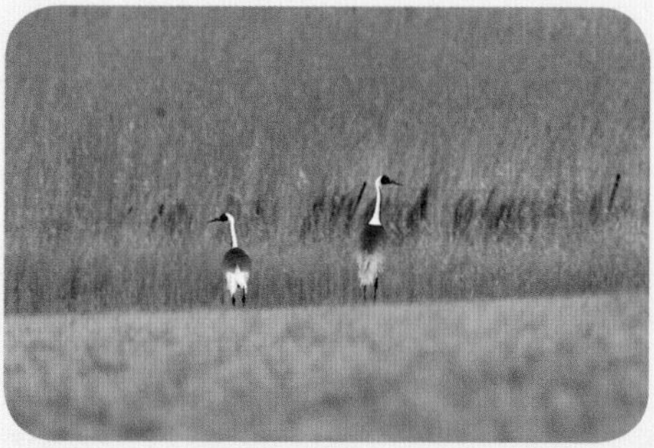

草原退化导致了群落组成中优势物种显著降低，这很大程度上影响了草原的自我调节和生态系统的稳定性。草原群落植物组成趋于简单化，一些野生植物已处于濒危状态。草原野生动物大量消失，食肉动物更是几近绝迹。

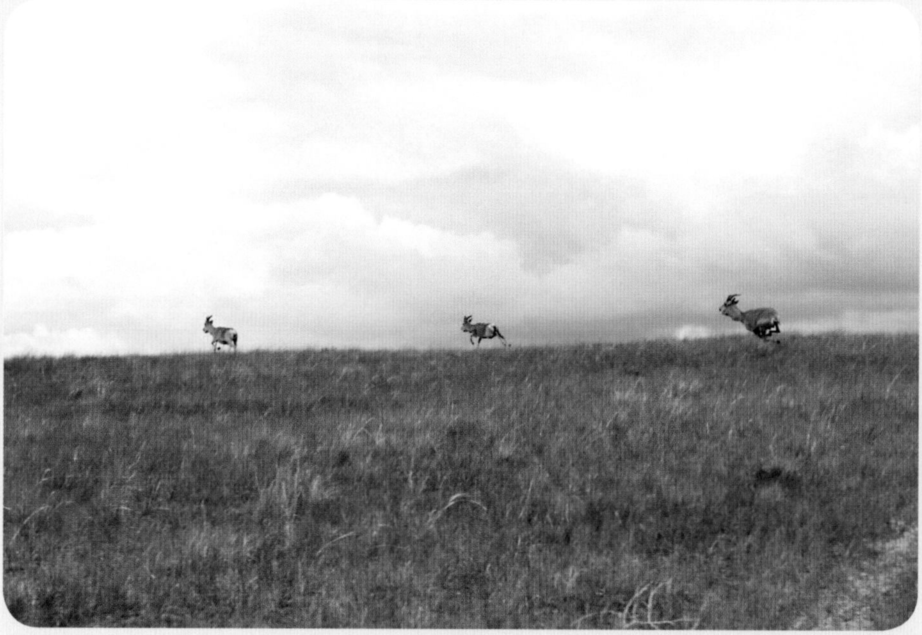

[illegible]

[illegible]

[illegible]

[illegible]

4. ᠮᠠᠯᠵᠢᠬᠤ ᠪᠡᠯᠴᠢᠭᠡᠷ ᠦᠨ ᠬᠡᠮᠵᠢᠶ᠎ᠡ ᠲᠣᠭᠲᠠᠭᠠᠬᠤ ᠠᠷᠭ᠎ᠠ ᠠᠷᠭᠠᠴᠢᠯᠠᠯ

三、为什么草原会退化

草原退化的原因是多方面的，但主要分为两个方面：一是自然因素，造成植物本身生命活动变化；二是人为因素。植物本身生命活动所引起的植被演替需要时间较长，而且是在一定的土壤、气候、植被条件下进行的。人为因素如开垦、过度放牧、搂草、采挖草原植被等，往往能在短时间内造成草原生态严重退化。

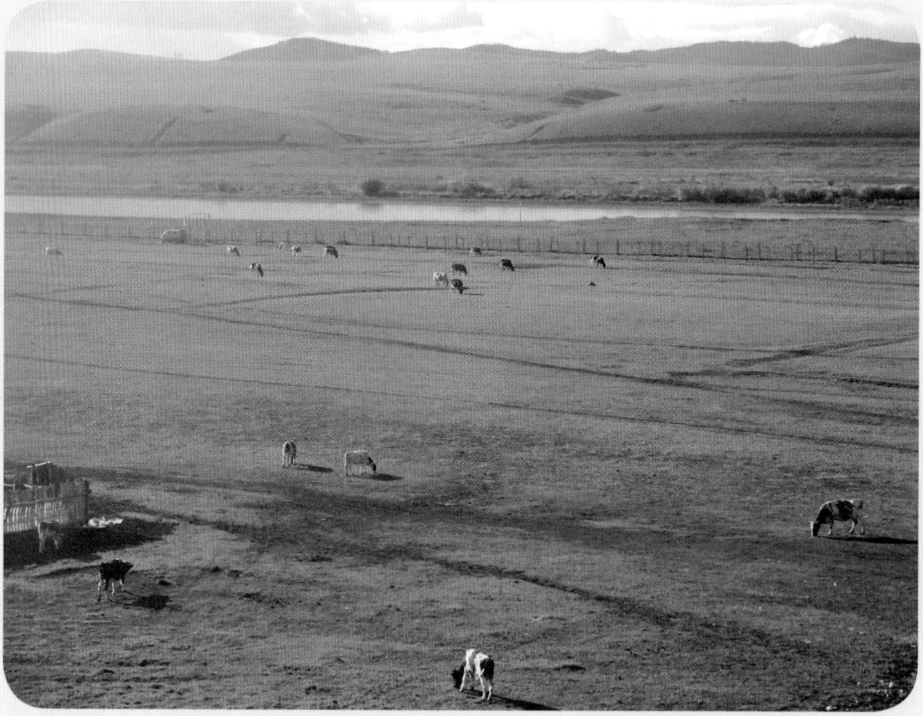

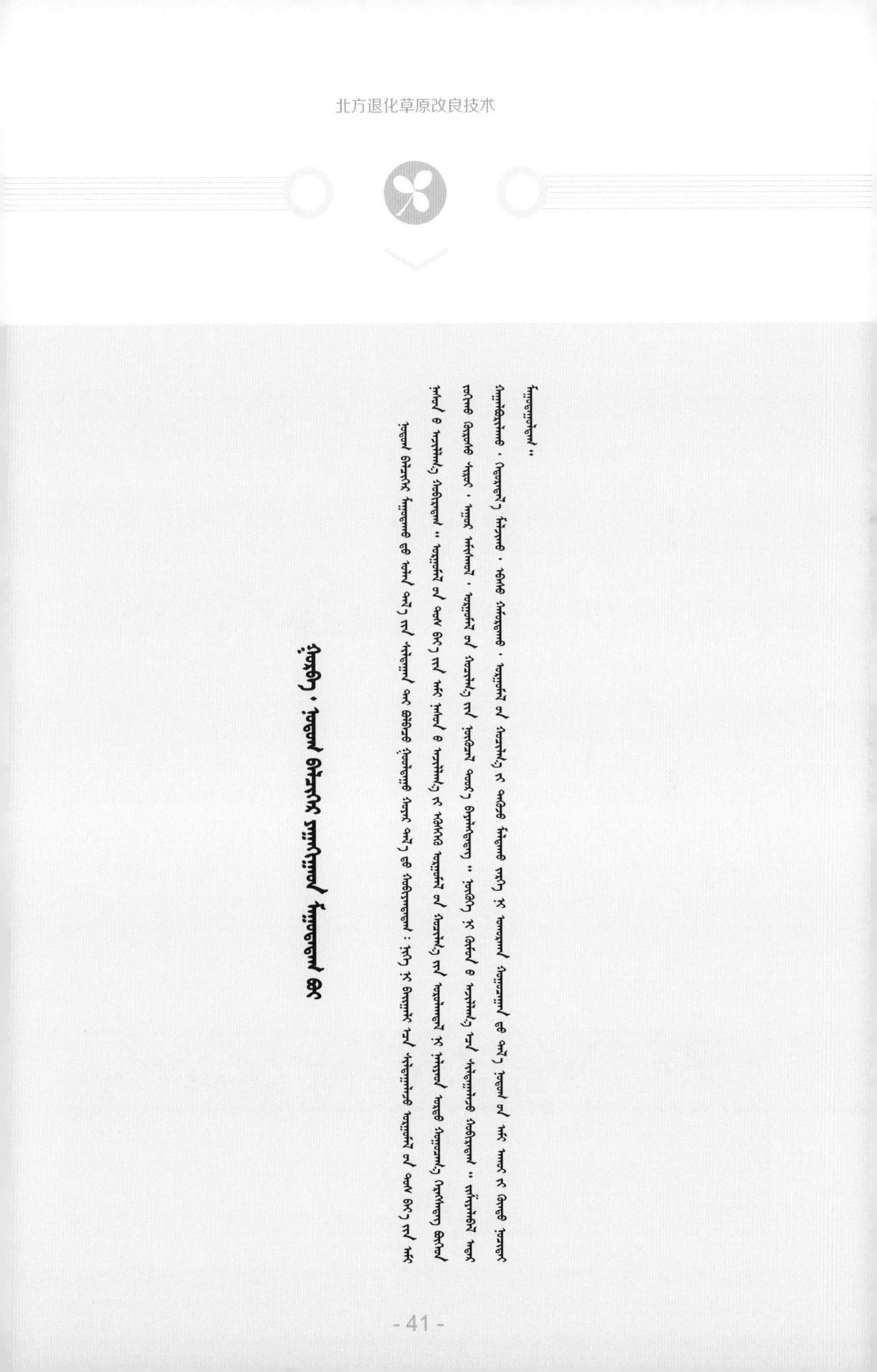

（一）超载过牧

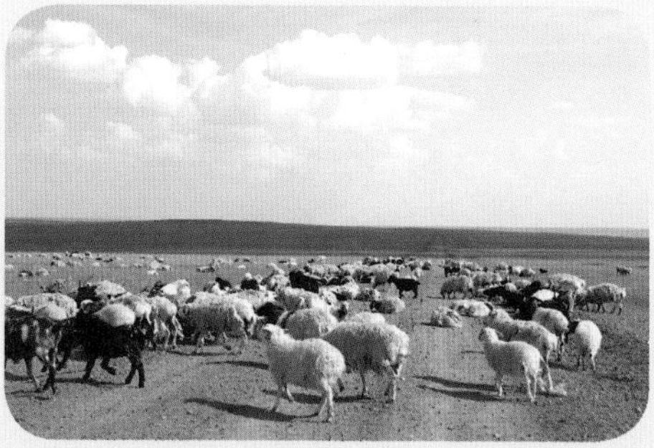

由于单纯地追求牲畜存栏头数，通过加大畜群规模和放牧频率，对草地进行掠夺式利用，牲畜对牧草的需求量远远超出草地自然供给量，致使草地生产力衰退。据全国草地调查资料统计，我国草地理论载畜量为44 891.54万羊单位，而实际放牧量为81 971.3万羊单位，超载37 079.76万羊单位。在30个省区市中，超载的有27个，占90%，其中大多数牧业省区均处于超载或严重超载状态。

内蒙古目前牲畜头数是20世纪50年代初期的3倍以上，大多数旗县超载或严重超载。全区1949年平均每头牲畜占有草地5 hm^2，现在仅为1.3 hm^2左右。黑龙江松嫩草原1956年平均每只羊占有草地0.59 hm^2左右，现在已经不足0.27 hm^2。

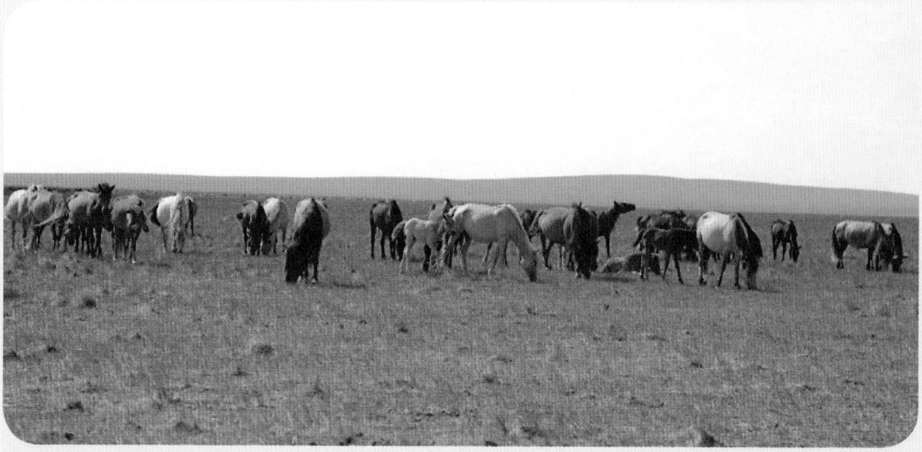

ᠬᠤᠪᠢ ᠪᠣᠳᠣᠬᠤ ᠳᠤ 0.27 hm² ᠪᠠᠭᠤᠷᠠᠵᠤ ᠬᠦᠷᠴᠡ ᠪᠣᠯᠵᠠᠢ ᠃

ᠬᠤᠪᠢ ᠳᠤᠮᠳᠠᠪᠠᠷ 1.3 hm² ᠬᠦᠷᠴᠡᠭᠡᠳ ᠪᠣᠯᠵᠠᠢ ᠃ 1956 ᠣᠨ ᠳᠤ ᠂ ᠰᠢᠯᠢᠩᠭᠣᠯ ᠠᠶᠢᠮᠠᠭ ᠤᠨ ᠬᠦᠮᠦᠨ ᠦ ᠬᠤᠪᠢ ᠳᠤ ᠣᠩᠭᠣᠳᠣᠭᠰᠠᠨ ᠪᠡᠯᠴᠢᠭᠡᠷ ᠦᠨ ᠲᠠᠯᠠᠪᠤᠷᠢ 0.59 hm² ᠬᠦᠷᠴᠡᠭᠡᠳ ᠪᠠᠢᠭᠠᠯ ᠤᠨ ᠭᠡᠮᠳᠡᠭᠡᠭᠳᠡᠯ ᠪᠣᠯᠵᠤ ᠡᠪᠡᠰᠦᠨ ᠤ ᠪᠦᠲᠦᠭᠡᠭᠳᠡᠬᠦᠨ ᠪᠠᠭᠤᠷᠠᠭᠰᠠᠨ ᠭᠡᠮᠳᠡᠭᠡᠭᠳᠡᠯ ᠪᠠᠢᠨ᠎ᠠ ᠃ 1949 ᠣᠨ ᠳᠤ ᠂ ᠪᠦᠬᠦ ᠣᠷᠣᠨ ᠤ ᠮᠠᠯ ᠠᠵᠤ ᠠᠬᠤᠢ ᠪᠤᠢ ᠪᠣᠯᠤᠨ ᠬᠦᠮᠦᠨ ᠦ ᠬᠤᠪᠢ ᠳᠤ ᠣᠩᠭᠣᠳᠣᠭᠰᠠᠨ ᠪᠡᠯᠴᠢᠭᠡᠷ 5 hm² ᠪᠠᠢᠭᠠᠯ ᠤᠨ

（二）草原开垦

我国北方草原绝大多数干旱少雨，土壤层薄，不适宜于耕种。然而，随着农耕的不断发展和扩张，从近代开始，我国对北方草原进行过多次开垦。土地开垦后，生产力逐年下降，被撂荒成为裸地或沙地。

据统计，1958～1982年我国草原4次大开垦，共影响草原面积约333.3万hm^2。20世纪50年代开始屯垦戍边，其中新疆生产兵团建169个团场，垦荒约133.3万hm^2；黑龙江建设兵团在三江平原开垦草原约200万hm^2；全国另有2 000多个国营农场，合计垦荒约400万hm^2。这几项合计共开垦草原约1 066.6万hm^2，造成大量草原退化、沙化，其中很多地区退化为永久性沙漠。在没有水源和林木保护下开垦，势必造成退化和沙化。这就是人们所说的“开一亩草地，有三亩草地沙化；头二年打粮，三四年变成沙梁”“农业挤草原，沙漠吃农田”“越穷越垦、越垦越穷”的生态恶性循环。

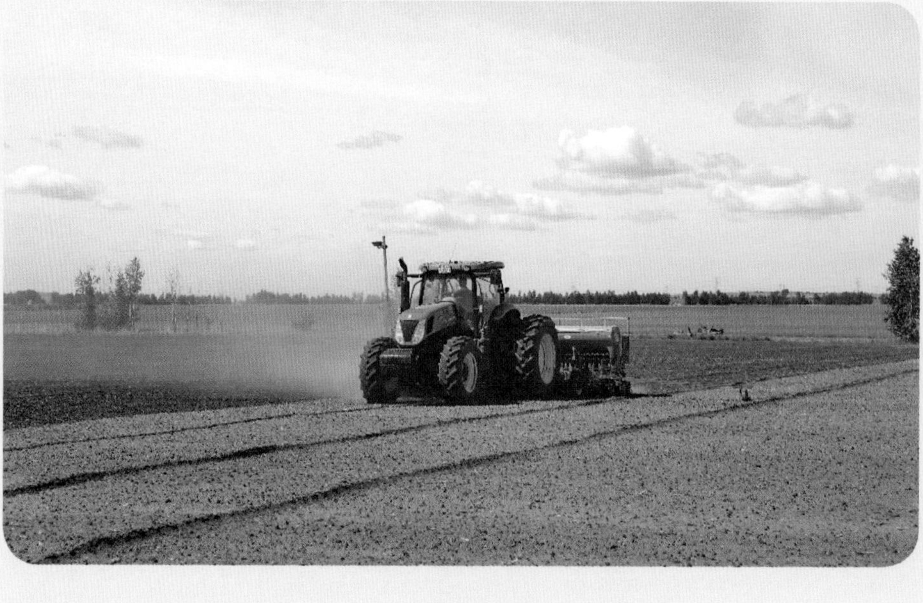

[illegible]

[illegible] 《[illegible]》 [illegible] 《[illegible]》 [illegible]

[illegible] 《[illegible]

[illegible]

[illegible] 1 066.6 [illegible] hm^2 [illegible] 2 000 [illegible] 400 [illegible] hm^2 [illegible]

[illegible] 133.3 [illegible] hm^2 [illegible] 200 [illegible] hm^2

[illegible] hm^2 [illegible] 20 [illegible] 50 [illegible] 169

[illegible] 1958 ~ 1982 [illegible] 4 [illegible] 333.3

[illegible]

[illegible]

[illegible]

([illegible]) [illegible]

（三）挖药、樵采

挖药破坏草原的平整度，缩小草地面积，污染牧草。在新疆、宁夏、内蒙古等地，挖药破坏草原比较严重，其中宁夏收购甘草的量平均每10年翻一番。宁夏盐池县自1977年以后，每年挖甘草300万kg，估计破坏草地面积6 000 hm^2左右，相当于近几年人工草地面积的2倍。新疆南部地区采挖甘草出现过翻耕捡拾的断绝母根的做法，彻底破坏了植被。麻黄本是地上部分入药，但为增加重量，挖掘者用铁锹连根铲除。据在内蒙古达茂旗调查，挖麻黄掘出的根系长度在5～10 cm，为地上部分重量的2～3倍；采挖后的土坑、土堆及土污染的牧草占草原面积的60%。近年来，搂发菜的人数增多，分布较广，如宁夏、内蒙古。搂发菜对草原破坏十分严重，搂过的地方草根裸露，无枯枝落叶，土壤沙化，春季牧草返青晚，且大量死亡，植被变得稀疏。

在牧区和半牧区，由于人口膨胀、能源短缺，故只能向草地索取薪柴，造成过度采伐，破坏植被。据调查，我国北方50年来形成的沙漠中，樵采破坏占32.4%。内蒙古鄂尔多斯市有8万多户农牧民，每年需要3亿kg薪柴，要破坏13万hm^2草地植被。

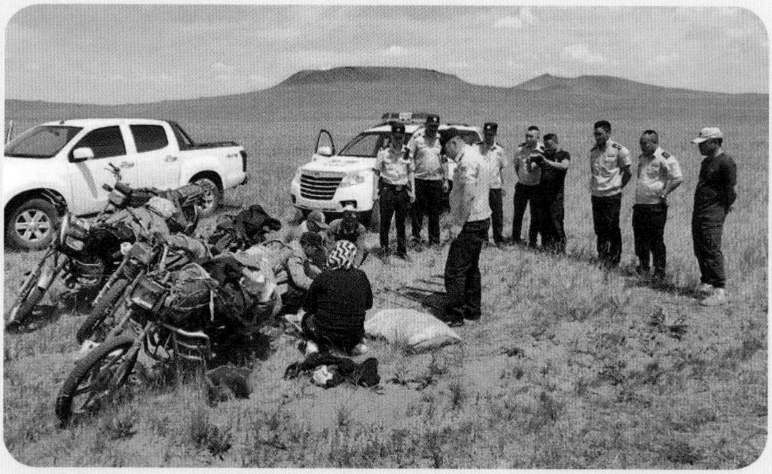

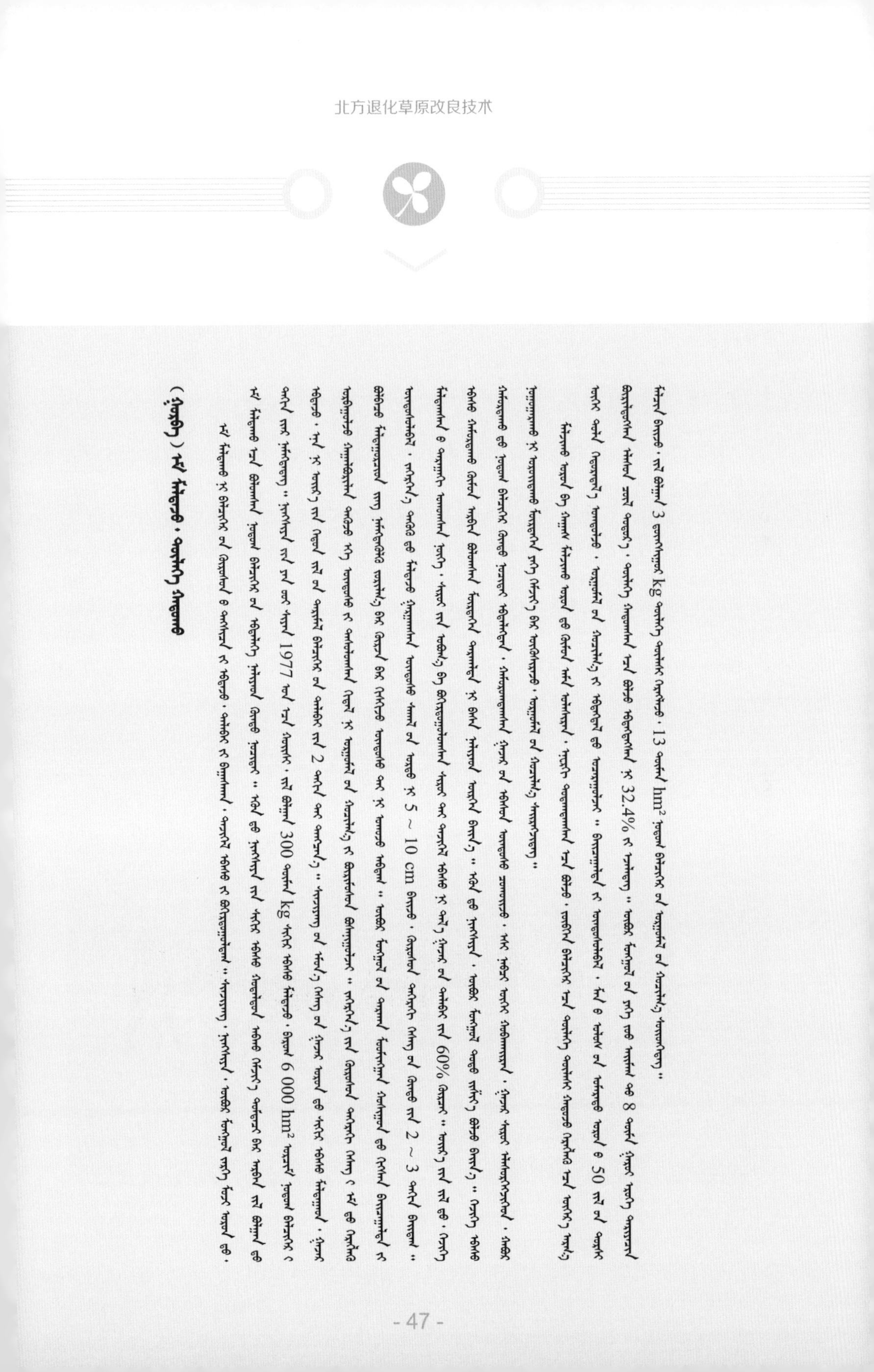

[illegible]

（四）使用权不固定

长期以来，各地的草原使用权没有固定，草原利用、管理、保护和建设关系脱节，抢牧现象十分严重，造成边界地区草原退化严重。例如内蒙古四子王旗中部从1964年到1977年，由于抢牧草原，生产力下降23.8%；达茂旗一些农牧交错区，生产力由于抢牧下降40%～60%。自1985年10月1日起施行的《中华人民共和国草原法》和各地方草原法规颁布和实施以来，草原的权属问题得到了解决，抢牧现象得到了适当的控制，但是受灾区和半农半牧区的借场放牧现象仍非常严重。

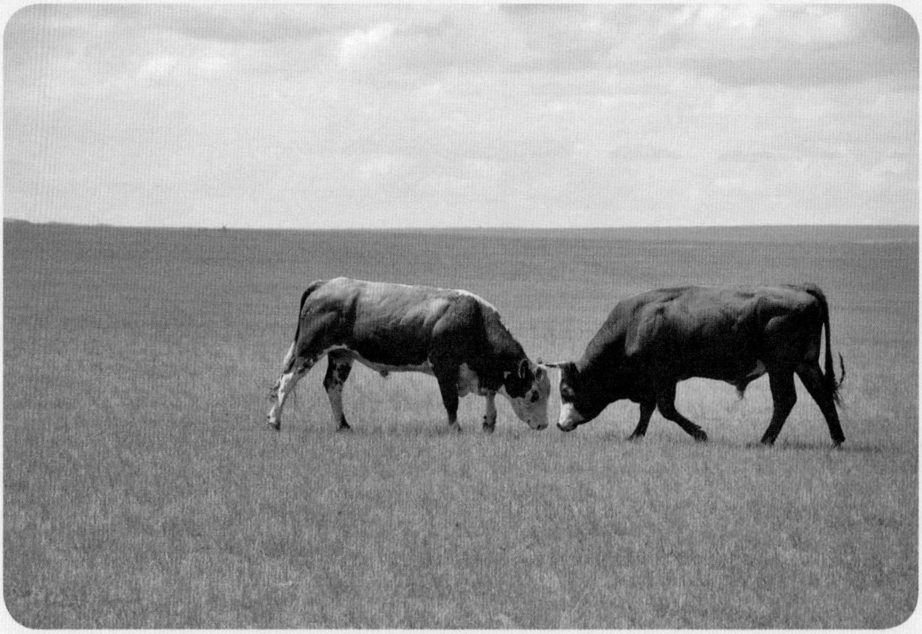

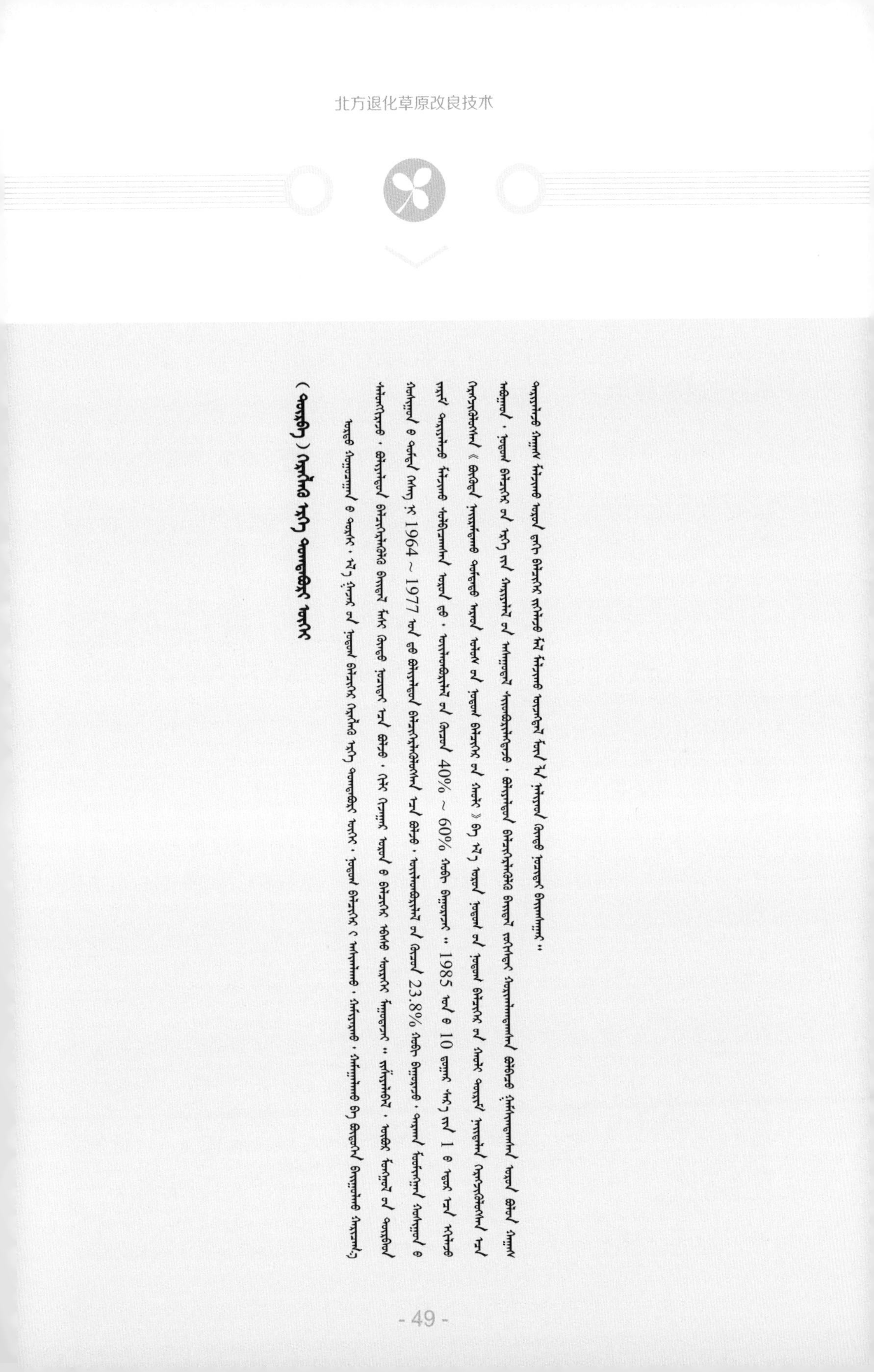

([illegible]) [illegible]

[illegible] · [illegible] 1964 ~ 1977 [illegible] 23.8% [illegible] · [illegible]

[illegible] 40% ~ 60% [illegible] :: 1985 [illegible] 10 [illegible] 1 [illegible]

[illegible] 《 [illegible] 》 [illegible]

[illegible] · [illegible] · [illegible]

[illegible] ::

（五）鼠害肆虐

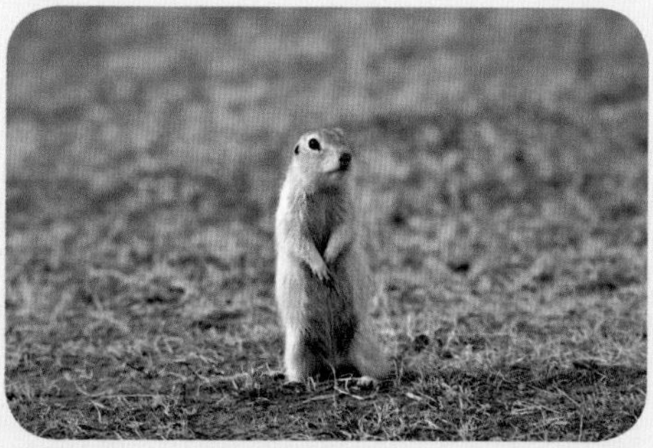

据统计，1978～1999年，我国北方11个省（区）平均每年鼠害面积近2 000 hm^2。成灾鼠类的暴增，加剧了草原退化。

鼠类与牲畜争食牧草，加剧草与畜的矛盾。鼠类的日食量相当于自身体重的1/3～1/2，其中布氏田鼠日食鲜草平均为14.5 g/只，高原鼠兔日食鲜草平均为66.7 g/只。据测算，我国青藏高原至少有高原鼠兔6亿只，每年消耗鲜草1 500万t，相当于1 500万只羊的食量，造成青藏高原严重缺草。

挖洞、穴居是鼠类的习性，它们挖洞和食草根，破坏牧草根系，导致牧草大面积死亡。害鼠挖的土被推出洞外，形成许多洞穴和土丘，土压草地植被，也可引起牧草死亡，成为次生裸地，在青藏高原形成的黑土滩就是害鼠形成的。据统计，黄河源头地区因草原鼠害造成的黑土滩型草场退化面积已达200万hm^2，部分草原已经失去放牧价值。

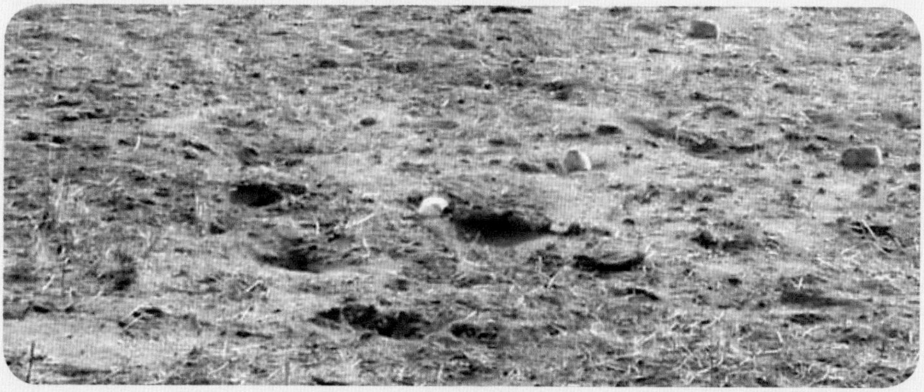

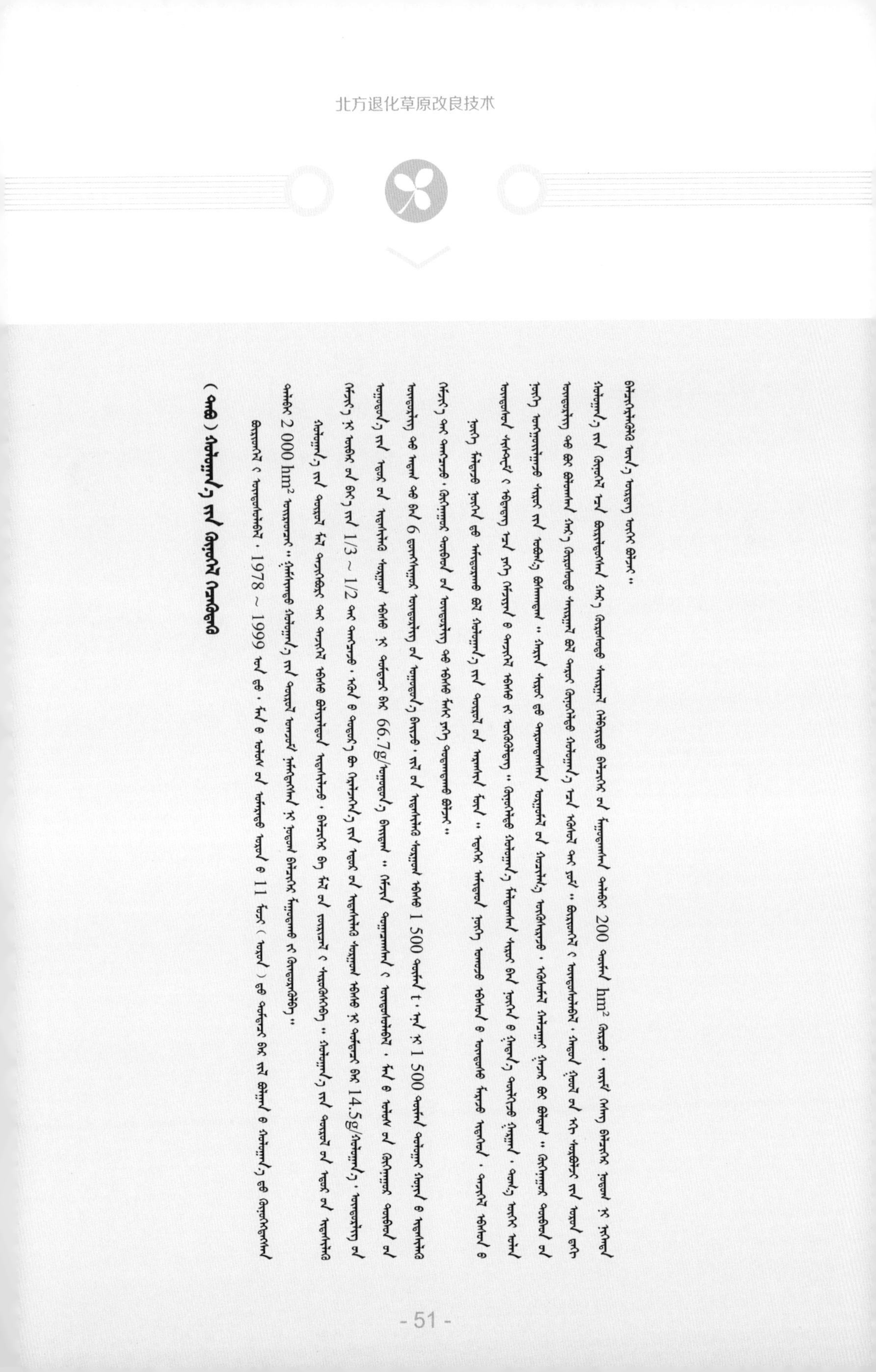

（六）气候因素

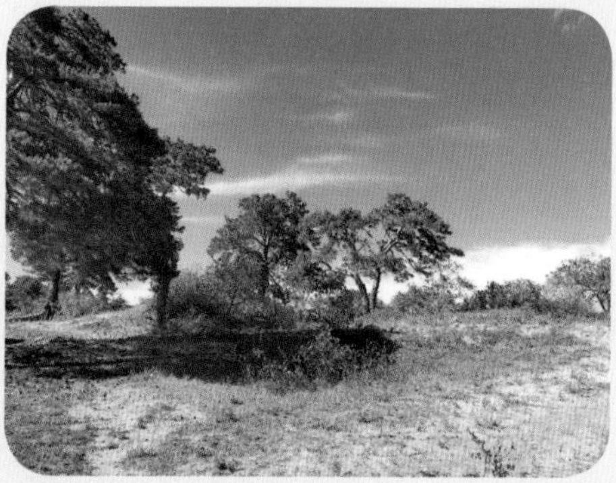

虽然有人把草原退化归因于大气干旱，我们也认为在其他因素的作用下，大气干旱可加速草原退化进程，但绝非是直接因素。草原气候干旱是历史条件下形成的，而草原上大多数植物已具备适应这种干旱的能力。当然，在同一块草地上，在干旱情况下，牧草生长势弱，产量减少，放牧同样数量的家畜，势必造成草原压力过重。另外，干旱会引起草地鼠虫灾害的大发生，因而能造成草原退化。

就我国北方来说，从20世纪50年代到80年代，年均气温在波动中呈现增高的趋势。特别是从20世纪80年代开始，这种增温的趋势更为突出，这也从另一方面表明，由于气温变暖，使土壤水分损失增加，导致区域干旱化，进而加速草原退化的过程。

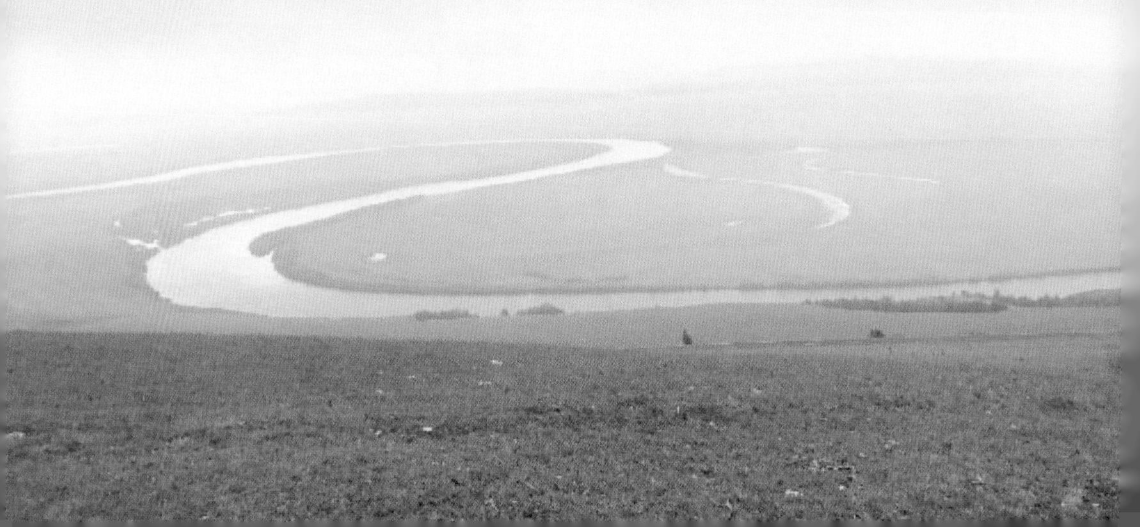

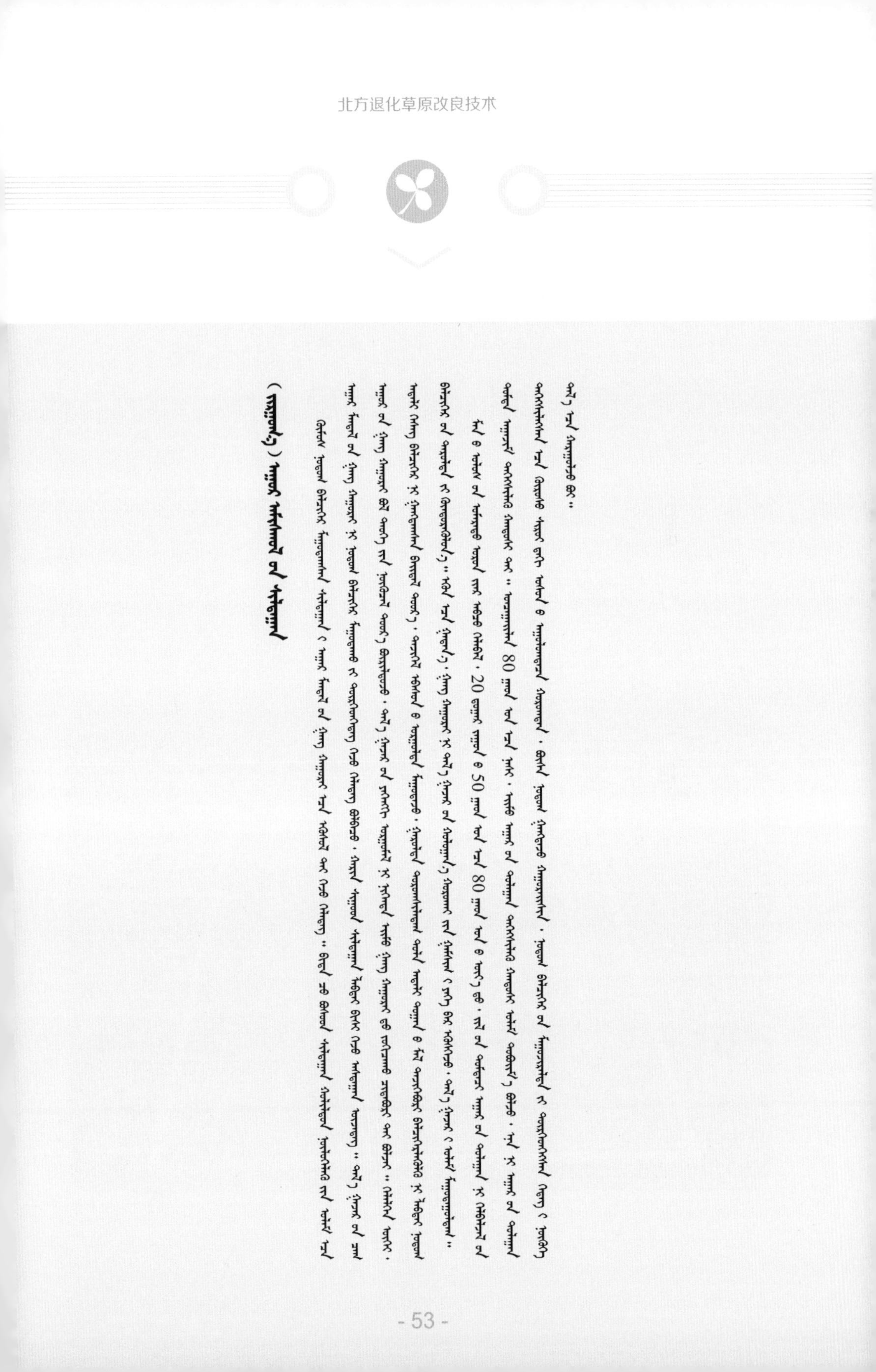

[illegible]

[illegible]

[illegible]

四、如何判定草原退化

（一）草原退化

草原退化是草原在干旱、风沙、水蚀、盐碱、内涝、地下水位变化等不利自然因素的影响下，或过度放牧与割草等不合理利用，或滥挖、滥割、樵采等破坏草地植被的人类干扰下，牧草生物产量降低、品质下降、利用性能降低，甚至失去利用价值的过程。

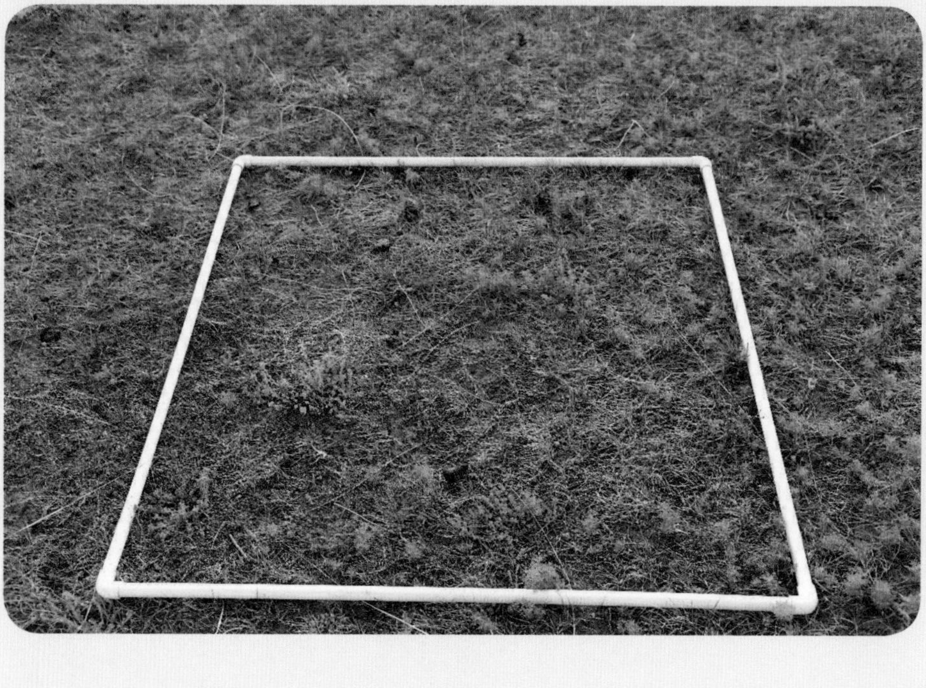

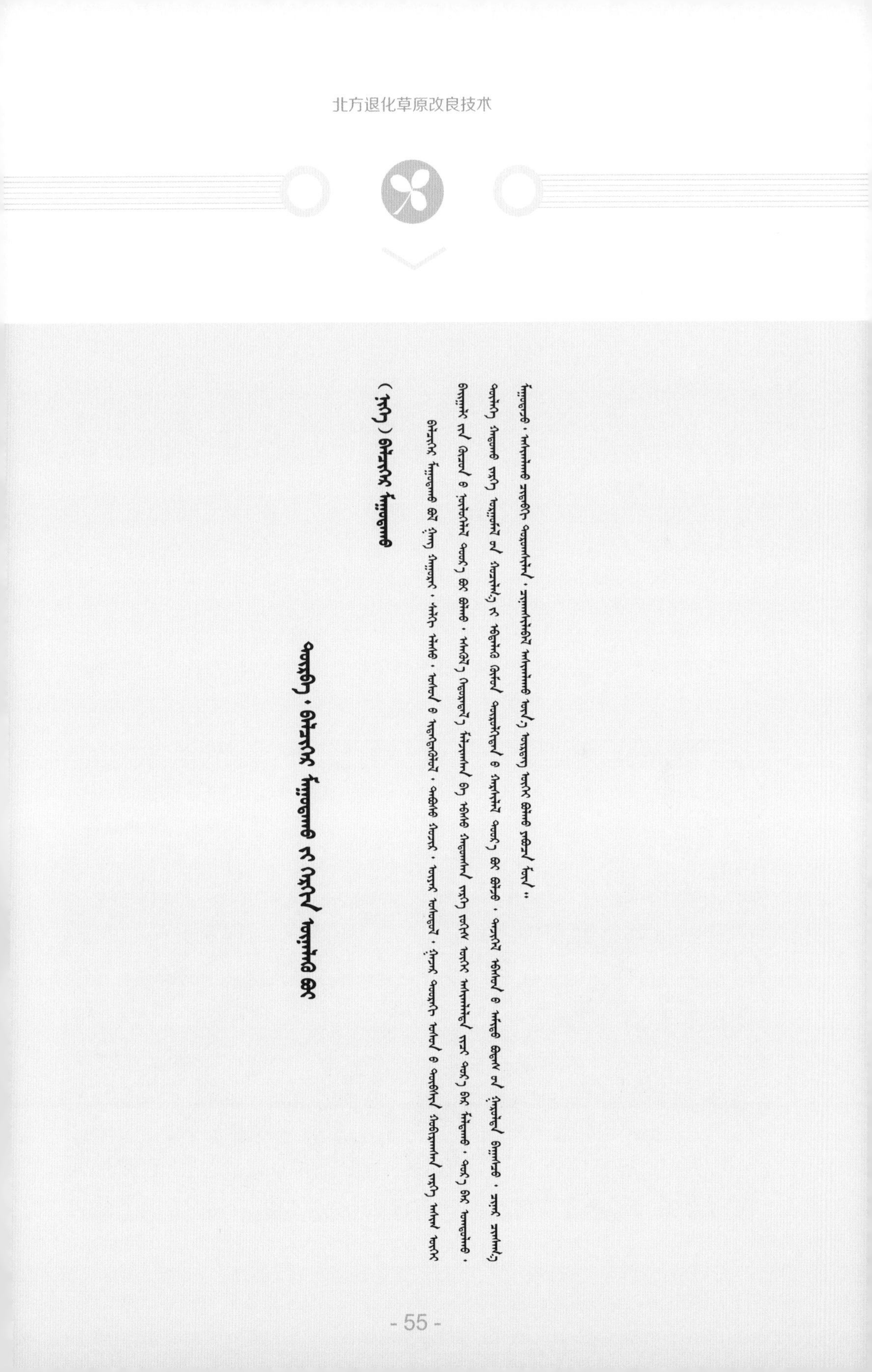

[illegible]

([illegible]) [illegible]

[illegible]

1. 草原退化特征

（1）草群种类成分发生变化：草地植被的草层结构简单化，种类成分改变，原来的一些建群种或优势种逐渐衰退或消失，同时侵入大量一年生和多年生杂草，甚至有毒有害植物增加。

（2）草群中优良牧草生长发育减弱：数量减少，产量下降，不可食牧草比重增加。

（3）草地生境条件恶化：主要表现为旱化、沙化、盐碱化、地表裸露、土壤贫瘠、土壤持水能力差、水土流失加剧。

（4）发生鼠害和虫害：鼠虫害时常发生，进一步损害牧草、破坏环境。

（5）家畜生产性能下降：反映在第二性生产上，畜产品数量减少、品质变差。

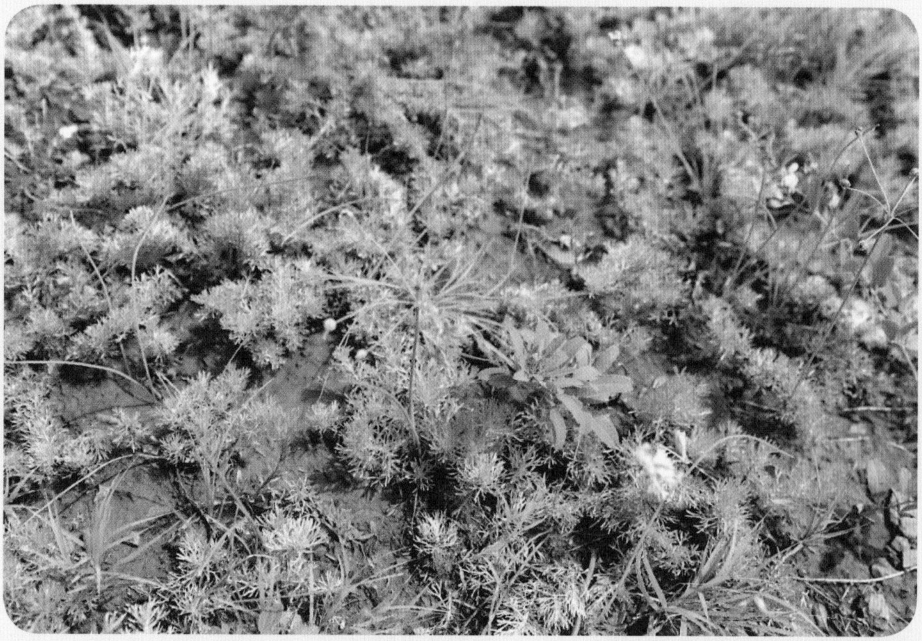

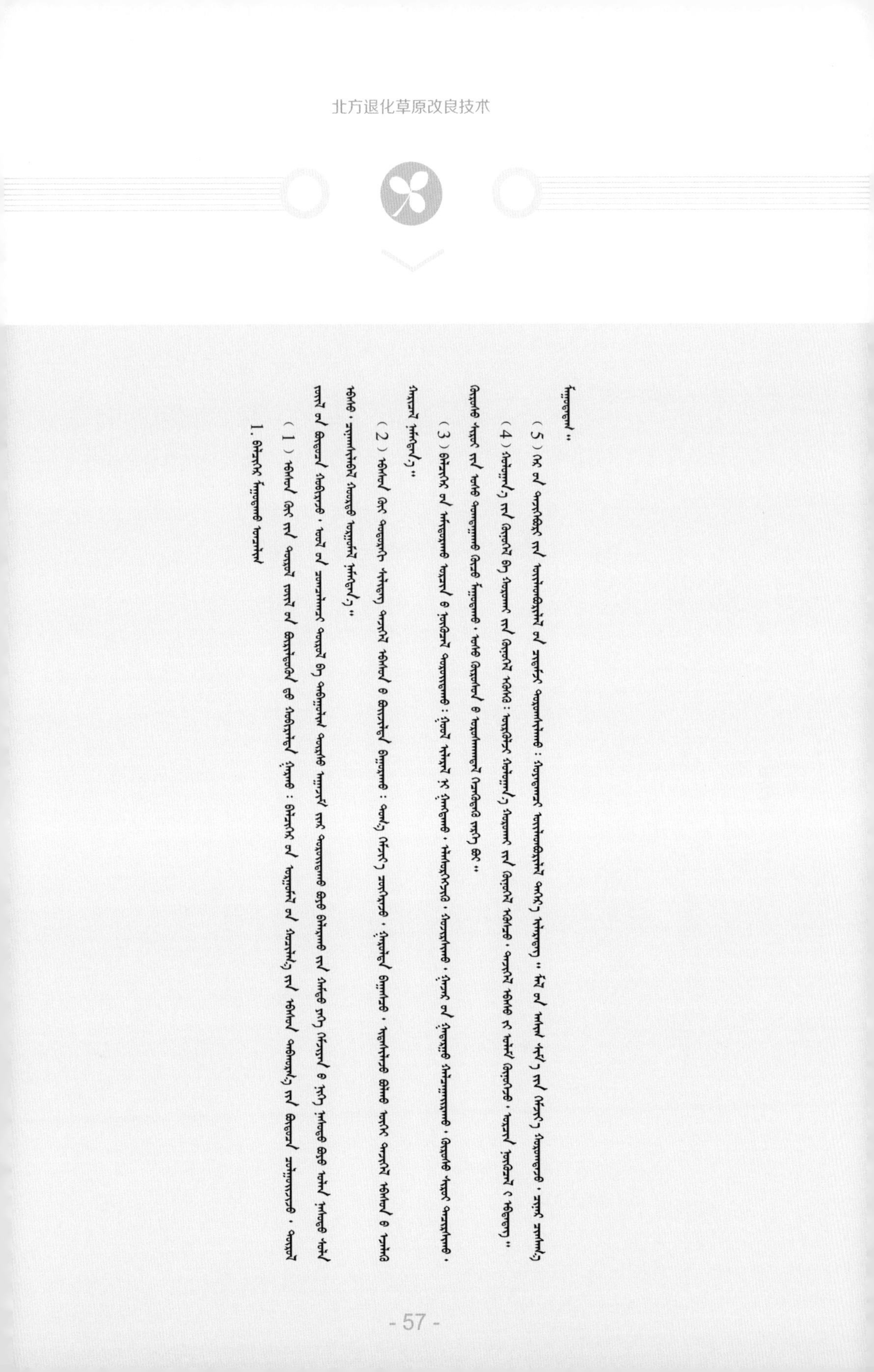

2. 草地退化分级

根据植物群落特征、群落植物组成结构、指示植物、地上部产草量、土壤养分、地表特征、土壤理化性质等指标，对待恢复与重建的退化草原进行退化程度判断，分为未退化、轻度退化、中度退化和重度退化。

草地退化程度分级与分级指标

<table>
<tr><th colspan="3" rowspan="2">监 测 项 目</th><th colspan="4">草地退化程度分级</th></tr>
<tr><th>未退化</th><th>轻度退化</th><th>中度退化</th><th>重度退化</th></tr>
<tr><td rowspan="6">必须监测项目</td><td rowspan="2">植物群落特征</td><td>总覆盖相对百分数的减少率（%）</td><td>0 ～ 10</td><td>11 ～ 20</td><td>21 ～ 30</td><td>>30</td></tr>
<tr><td>草层高度相对百分数的降低率（%）</td><td>0 ～ 10</td><td>11 ～ 20</td><td>21 ～ 50</td><td>>50</td></tr>
<tr><td rowspan="3">群落植物组成结构</td><td>优势种牧草综合算术优势度相对百分数的减少率（%）</td><td>0 ～ 10</td><td>11 ～ 20</td><td>21 ～ 40</td><td>>40</td></tr>
<tr><td>可食牧草个数相对百分数的减少率（%）</td><td>0 ～ 10</td><td>11 ～ 20</td><td>21 ～ 40</td><td>>40</td></tr>
<tr><td>不可食草与毒害草个体数相对百分数的增加率（%）</td><td>0 ～ 10</td><td>11 ～ 20</td><td>21 ～ 40</td><td>>40</td></tr>
<tr><td>指示植物</td><td>草地退化指示植物种个体数相对百分数的增加率（%）</td><td>0 ～ 10</td><td>11 ～ 20</td><td>21 ～ 30</td><td>>30</td></tr>
</table>

ᠳᠡᠰ ᠬᠤᠪᠢᠶᠠᠷᠢ ᠪᠠ ᠳᠡᠰ ᠬᠡᠮᠵᠢᠶ᠎ᠡ ᠮᠠᠭᠤᠳᠠᠭᠰᠠᠨ ᠪᠡᠯᠴᠢᠭᠡᠷ	ᠮᠠᠭᠤᠳᠠᠭᠰᠠᠨ ᠬᠦᠨᠳᠦ	ᠮᠠᠭᠤᠳᠠᠭᠰᠠᠨ ᠳᠤᠮᠳᠠᠪᠤᠷ	ᠮᠠᠭᠤᠳᠠᠭᠰᠠᠨ ᠬᠥᠩᠭᠡᠨ	ᠦᠯᠦ ᠮᠠᠭᠤᠳᠠᠭᠰᠠᠨ	ᠰᠢᠯᠭᠠᠬᠤ ᠵᠦᠢᠯ ᠦᠨ ᠨᠡᠷ᠎ᠡ		
> 30	21 ~ 30	11 ~ 20	0 ~ 10	ᠬᠤᠪᠢ (%) ᠬᠠᠮᠤᠷᠤᠭᠳᠠᠬᠤ ᠨᠠᠭᠤ ᠶᠢᠨ ᠡᠪᠡᠰᠦ ᠶᠢᠨ ᠡᠪᠡᠰᠦ ᠶᠢᠨ ᠲᠥᠷᠥᠯ	ᠬᠡᠭᠡᠷ᠎ᠡ ᠶᠢᠨ ᠬᠡᠪ ᠦᠨ ᠲᠠᠯ᠎ᠠ	ᠪᠡᠯᠴᠢᠭᠡᠷ ᠦᠨ ᠲᠥᠷᠥᠯ ᠬᠡᠪ ᠮᠠᠶᠢᠭ
> 50	21 ~ 50	11 ~ 20	0 ~ 10	ᠬᠤᠪᠢ (%) ᠪᠤᠳᠠᠭᠤᠨ ᠨᠠᠭᠤ ᠶᠢᠨ ᠡᠪᠡᠰᠦ ᠶᠢᠨ ᠡᠪᠡᠰᠦ ᠶᠢᠨ ᠲᠥᠷᠥᠯ		
> 40	21 ~ 40	11 ~ 20	0 ~ 10	ᠬᠤᠪᠢ (%) ᠬᠠᠮᠤᠷᠤᠭᠳᠠᠬᠤ ᠡᠪᠡᠰᠦ ᠶᠢᠨ ᠬᠡᠮᠵᠢᠶ᠎ᠡ ᠶᠢᠨ ᠡᠪᠡᠰᠦ ᠶᠢᠨ ᠲᠥᠷᠥᠯ	ᠬᠡᠭᠡᠷ᠎ᠡ ᠶᠢᠨ ᠬᠡᠪ ᠦᠨ ᠭᠤᠪᠢ ᠶᠢᠨ ᠬᠡᠭᠡᠷ᠎ᠡ	
>40	21 ~ 40	11 ~ 20	0 ~ 10	ᠬᠤᠪᠢ (%) ᠬᠠᠮᠤᠷᠤᠭᠳᠠᠬᠤ ᠨᠠᠭᠤ ᠶᠢᠨ ᠡᠪᠡᠰᠦ ᠶᠢᠨ ᠲᠥᠷᠥᠯ		
> 40	21 ~ 40	11 ~ 20	0 ~ 10	ᠬᠤᠪᠢ (%) ᠶᠢᠨ ᠬᠠᠮᠤᠷᠤᠭᠳᠠᠬᠤ ᠡᠪᠡᠰᠦ ᠶᠢᠨ ᠲᠥᠷᠥᠯ		
> 30	21 ~ 30	11 ~ 20	0 ~ 10	ᠬᠤᠪᠢ (%) ᠨᠠᠭᠤ ᠶᠢᠨ ᠡᠪᠡᠰᠦ ᠶᠢᠨ ᠡᠯᠡᠰᠦ ᠬᠡᠭᠡᠷ᠎ᠡ ᠶᠢᠨ ᠮᠠᠭᠤᠳᠠᠭᠰᠠᠨ ᠪᠡᠯᠴᠢᠭᠡᠷ	ᠡᠯᠡᠰᠦ ᠬᠡᠭᠡᠷ᠎ᠡ	

ᠪᠡᠯᠴᠢᠭᠡᠷ ᠮᠠᠭᠤᠳᠠᠭᠰᠠᠨ ᠬᠡᠮᠵᠢᠶ᠎ᠡ ᠶᠢᠨ ᠳᠡᠰ ᠬᠤᠪᠢᠶᠠᠷᠢ ᠪᠠ ᠳᠡᠰ ᠬᠤᠪᠢᠶᠠᠷᠢᠯᠠᠬᠤ ᠵᠢᠭᠠᠯᠲᠠ

ᠡᠬᠦᠨ ᠢ ᠬᠦᠨᠳᠦ᠂ ᠳᠤᠮᠳᠠ᠂ ᠬᠥᠩᠭᠡᠨ᠂ ᠦᠯᠦ ᠮᠠᠭᠤᠳᠠᠭᠰᠠᠨ ᠭᠡᠵᠦ ᠳᠥᠷᠪᠡᠨ ᠳᠡᠰ ᠲᠦ ᠬᠤᠪᠢᠶᠠᠷᠢᠯᠠᠨ᠎ᠠ᠃

2. ᠮᠠᠭᠤᠳᠠᠭᠰᠠᠨ ᠪᠡᠯᠴᠢᠭᠡᠷ ᠦᠨ ᠳᠡᠰ ᠬᠤᠪᠢᠶᠠᠷᠢ

（续表）

监测项目			草地退化程度分级			
			未退化	轻度退化	中度退化	重度退化
必须监测项目	指示植物	草地沙化指示植物种个体数相对百分数的增加率（%）	0 ～ 10	11 ～ 20	21 ～ 30	>30
		草地盐碱化指示植物种个体数相对百分数的增加率（%）	0 ～ 10	11 ～ 20	21 ～ 30	>30
	地上部产草量	总产草量相对百分数的减少率（%）	0 ～ 10	11 ～ 20	21 ～ 50	>50
		可食草产量相对百分数的减少率（%）	0 ～ 10	11 ～ 20	21 ～ 50	>50
		不可食草与毒害草产量相对百分数的增加率（%）	0 ～ 10	11 ～ 20	21 ～ 50	>50
	土壤养分	0 ～ 20 cm 土层有机质含量相对百分数的减少率（%）	0 ～ 10	11 ～ 20	21 ～ 40	>40
辅助监测项目	地表特征	浮沙堆积面积占草地面积相对百分数的增加率（%）	0 ～ 10	11 ～ 20	21 ～ 30	>30

ᠬᠤᠪᠢᠷᠠᠯ ᠤᠨ ᠵᠡᠷᠭᠡ ᠬᠡᠮᠵᠢᠭᠦᠷ		[illegible] (%)	[illegible] (%)	[illegible] (%)	[illegible] (%)	[illegible] (%)	[illegible] (%) 0 ~ 20 cm	[illegible] (%)
	ᠬᠦᠨᠳᠦ	> 30	> 30	> 50	> 50	> 50	> 40	> 30
	ᠳᠤᠮᠳᠠ	21 ~ 30	21 ~ 30	21 ~ 50	21 ~ 50	21 ~ 50	21 ~ 40	21 ~ 30
	ᠬᠥᠩᠭᠡᠨ	11 ~ 20	11 ~ 20	11 ~ 20	11 ~ 20	11 ~ 20	11 ~ 20	11 ~ 20
	ᠬᠤᠪᠢᠷᠠᠭᠰᠠᠨ ᠦᠭᠡᠢ	0 ~ 10	0 ~ 10	0 ~ 10	0 ~ 10	0 ~ 10	0 ~ 10	0 ~ 10

([illegible])

（续表）

监测项目			草地退化程度分级			
			未退化	轻度退化	中度退化	重度退化
辅助监测项目	地表特征	土壤侵蚀模数相对百分数的增加率（%）	0 ～ 10	11 ～ 20	21 ～ 30	>30
		鼠洞面积占相对百分数的增加率（%）	0 ～ 10	11 ～ 20	21 ～ 50	>50
	土壤理化性质	0 ～ 20 cm 土壤容重相对百分数的增加率（%）	0 ～ 10	11 ～ 20	21 ～ 30	>30
	土壤养分	0 ～ 20 cm 土层全氮含量相对百分数的减少率（%）	0 ～ 10	11 ～ 20	21 ～ 25	>25

注：监测已达到鼠害防治标准的草地，必须将“鼠洞面积占相对百分数的增加率（%）”指标列入必须监测项目。

ᠲᠠᠢᠯᠪᠤᠷᠢ᠄ ᠬᠡᠮᠵᠢᠬᠦ ᠵᠦᠢᠯ ᠤᠨ ᠬᠤᠪᠢ ᠶᠢᠨ ᠳᠤᠮᠳᠠᠵᠢ ᠪᠠᠶᠢᠳᠠᠯ ᠢ ᠪᠠᠷᠢᠮᠲᠠᠯᠠᠨ ᠳᠣᠣᠷᠠᠳᠣᠯᠲᠠ ᠶᠢᠨ ᠬᠡᠮ ᠬᠡᠮᠵᠢᠶ᠎ᠡ ᠶᠢ ᠲᠣᠭᠲᠠᠭᠠᠨ᠎ᠠ᠂ ᠪᠢᠰᠢ ᠪᠣᠯ ᠤᠷᠭᠤᠮᠠᠯ ᠤᠨ ᠪᠦᠷᠬᠦᠴᠡ ᠶᠢᠨ ᠬᠤᠪᠢ ᠶᠢ ᠭᠣᠣᠯ ᠪᠣᠯᠭᠠᠨ ᠬᠡᠮᠵᠢᠬᠦ ᠵᠦᠢᠯ ᠢ ᠲᠤᠰᠬᠠᠢ ᠪᠠᠢᠳᠠᠯ ᠳᠤ ᠬᠠᠮᠢᠶᠠᠷᠤᠭᠳᠠᠨ᠎ᠠ᠃

ᠬᠡᠮᠵᠢᠬᠦ ᠵᠦᠢᠯ		ᠤᠷᠭᠤᠮᠠᠯ ᠤᠨ ᠣᠨᠴᠠᠯᠢᠭ		ᠬᠥᠷᠥᠰᠦᠨ ᠦ ᠱᠢᠮ ᠲᠡᠵᠢᠭᠡᠯ	ᠹᠢᠽᠢᠺ ᠴᠢᠨᠠᠷ
		ᠨᠡᠢᠲᠡ ᠶᠢᠨ ᠪᠦᠷᠬᠦᠴᠡ ᠶᠢᠨ ᠪᠠᠭᠤᠷᠠᠯᠲᠠ ᠶᠢᠨ ᠬᠤᠪᠢ (%)	ᠤᠷᠭᠤᠮᠠᠯ ᠤᠨ ᠥᠨᠳᠦᠷ ᠦᠨ ᠪᠠᠭᠤᠷᠠᠯᠲᠠ ᠶᠢᠨ ᠬᠤᠪᠢ (%)	0～20 cm ᠬᠥᠷᠥᠰᠦᠨ ᠦ ᠣᠷᠭᠠᠨᠢᠭ ᠪᠣᠳᠠᠰ ᠤᠨ ᠪᠠᠭᠤᠷᠠᠯᠲᠠ ᠶᠢᠨ ᠬᠤᠪᠢ (%)	0～20 cm ᠬᠥᠷᠥᠰᠦᠨ ᠦ ᠨᠢᠭᠲᠠᠷᠠᠯ ᠤᠨ ᠨᠡᠮᠡᠭ᠍ᠳᠡᠯ ᠦᠨ ᠬᠤᠪᠢ (%)
ᠳᠣᠣᠷᠠᠳᠣᠯᠲᠠ ᠶᠢᠨ ᠬᠡᠮ ᠬᠡᠮᠵᠢᠶ᠎ᠡ ᠶᠢᠨ ᠵᠡᠷᠭᠡ	ᠳᠣᠣᠷᠠᠳᠤᠭᠰᠠᠨ ᠦᠭᠡᠢ	0～10	0～10	0～10	0～10
	ᠬᠥᠩᠭᠡᠨ ᠳᠣᠣᠷᠠᠳᠤᠭᠰᠠᠨ	11～20	11～20	11～20	11～20
	ᠳᠤᠮᠳᠠ ᠳᠣᠣᠷᠠᠳᠤᠭᠰᠠᠨ	21～30	21～50	21～30	21～25
	ᠬᠦᠨᠳᠦ ᠳᠣᠣᠷᠠᠳᠤᠭᠰᠠᠨ	＞ 30	＞ 50	＞ 30	＞ 25

(ᠦᠷᠭᠦᠯᠵᠢᠯᠡᠯ ᠤᠨ ᠬᠦᠰᠦᠨᠦᠭ)

（二）草原沙化

草原沙化是不同气候带具沙质地表的草原受风蚀、水蚀、干旱、鼠虫害、人为不当经济活动等因素影响，其中人为不当经济活动主要为长期的超载过牧、不合理的垦殖、滥伐与樵采、滥挖药材等，这些因素使草原遭受不同程度破坏，土壤受侵蚀，土质粗沙化，土壤有机质含量下降，营养物质流失，草原生产力减退，致使原非沙漠地区的草原，出现以风沙活动为主要特征的类似沙漠景观的草原退化过程。草原沙化是草原退化的特殊类型。

1. 草原沙化特征

（1）沙化草原植被稳定性较差，不耐牧。这种植被在气候变干或人为干扰下（过度放牧、砍伐和开垦等）极易遭到破坏。以半固定沙地为例，如果进一步恶化或受到过分干扰时，就会破坏它的相对稳定性，变为流动沙丘；如果生境得到改善，则向稳定的方向发展，成为固定沙地。

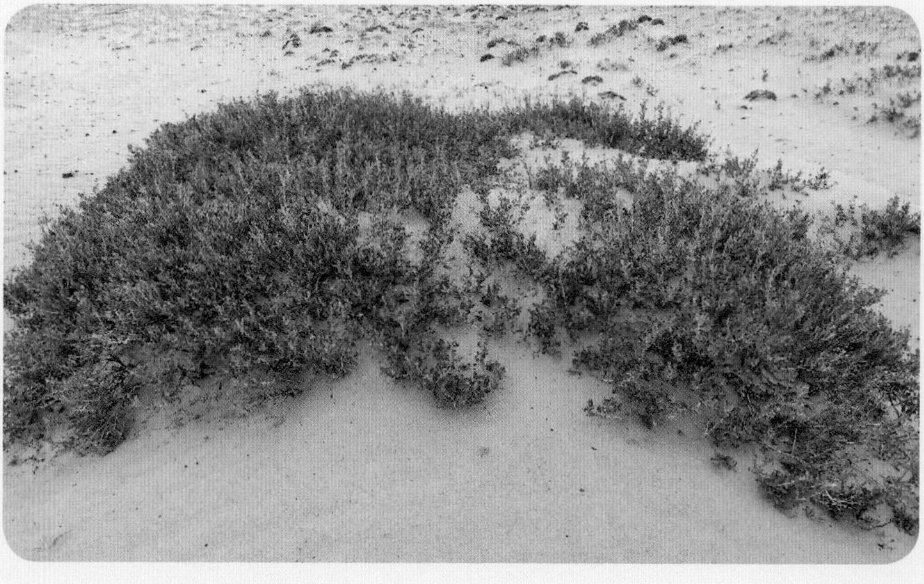

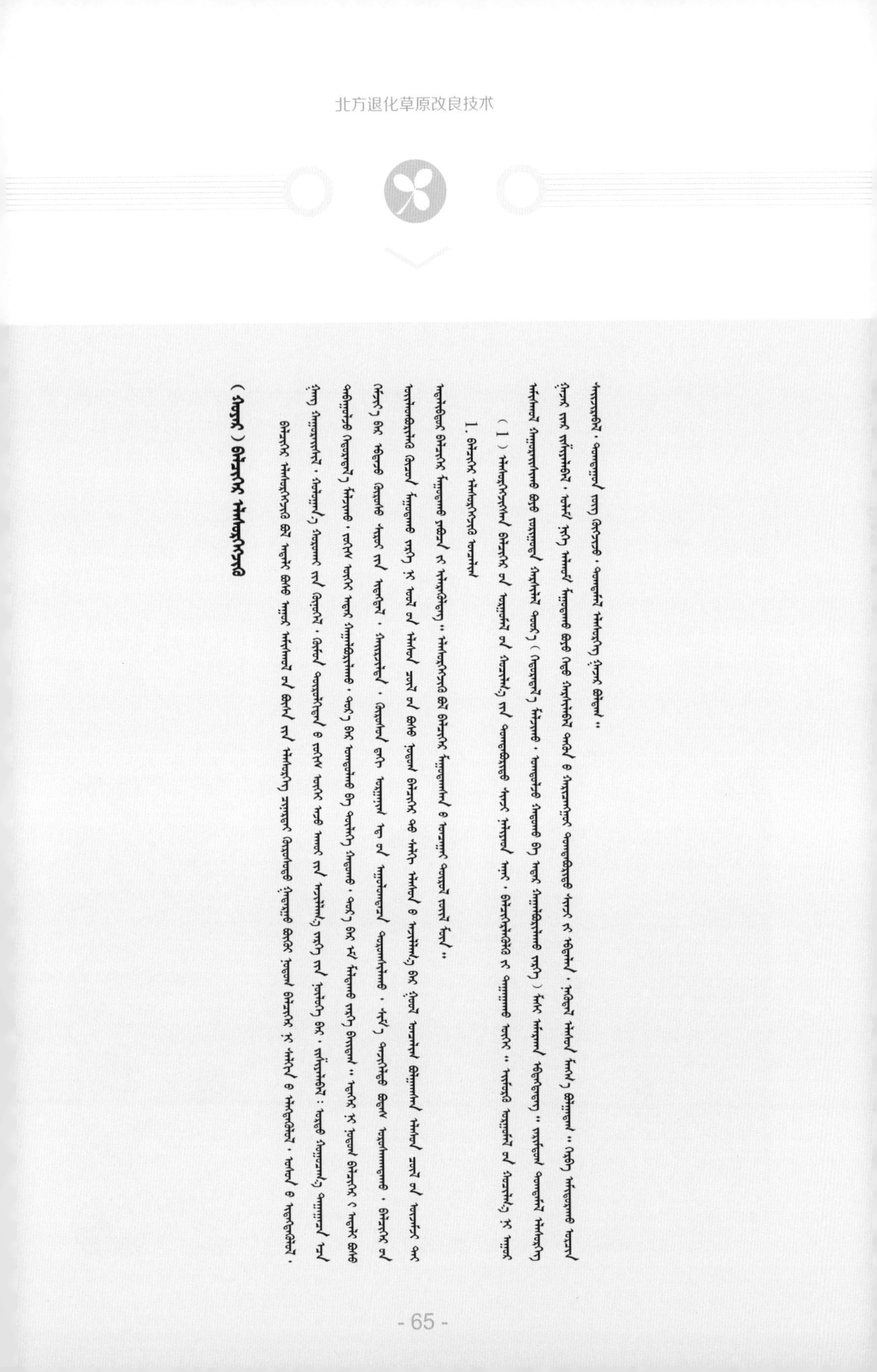

[illegible]

[illegible]

[illegible]

(1) [illegible]

1. [illegible]

[illegible]

[illegible]

[illegible]

[illegible]

[illegible]

[illegible]

[illegible]

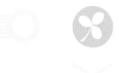

（2）沙化草原牧草品质的优劣，因土地条件、草地类型、牧草种类的不同而有很大差异。例如由于高温干燥，沙地植物木质化程度较高，牧畜对其消化率较低——干旱沙地植物往往提早停止生长，进入休眠前将营养物质转移到根部，地上部营养价值变低。

（3）沙化草原植物生活型、生态型多种多样，形成各种不同的沙化草原。一般来说，生活型以灌木、小灌木、半灌木及多年生草类为主，还有夏雨型一年生草本和春雨短命植物片层，而乔木分布稀疏、矮小。

（4）沙化草原植被稀疏低矮，生产力低且不稳定，载畜能力低。

（5）沙化草原土壤结构性差，土壤中非毛细管孔隙多，持水保水能力弱；土壤质地松散，易于流动。风蚀不仅把表层细沙吹走，降低土壤肥力，而且易吹露植物根系，造成植物死亡。

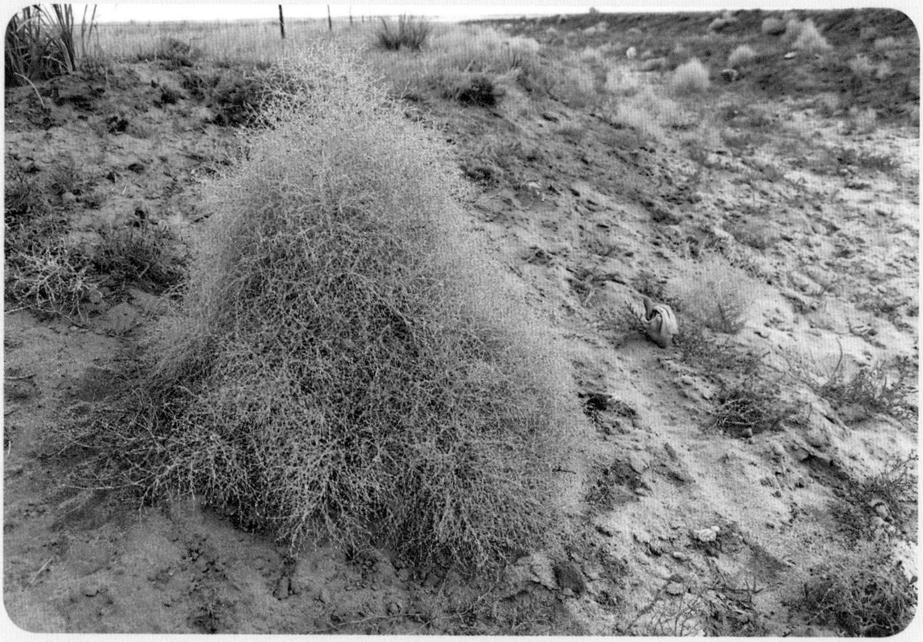

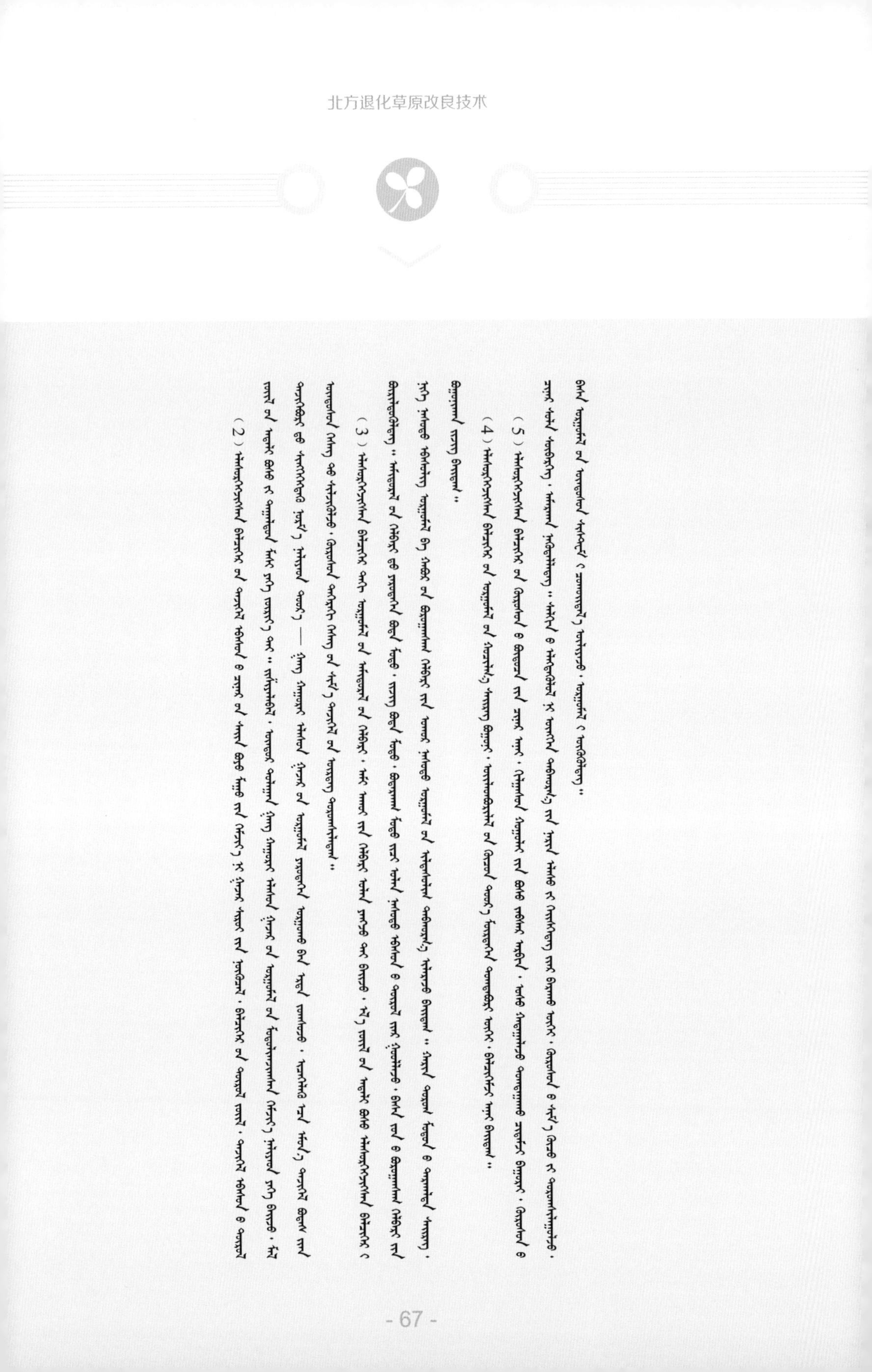

[illegible]

（5）[illegible]

（4）[illegible]

（3）[illegible]

（2）[illegible]

2. 草地沙化分级

根据植物群落特征、指示植物、地上部产草量、地形特征、0～20 cm土层的土壤理化性质等指标，对待恢复与重建的沙化草原进行沙化程度判断，分为未沙化、轻度沙化、中度沙化和重度沙化。

草地沙化（风蚀）程度分级与分级指标

监测项目			草地沙化程度分级			
			未沙化	轻度沙化	中度沙化	重度沙化
必须监测项目	植物群落特征	植被组成	沙生植物为一般伴生种或偶见种	沙生植物成为主要伴生种	沙生植物成为优势种	植被很稀疏，仅存少量沙生植物
		草地总覆盖度相对百分数的减少率（%）	0～5	6～20	21～50	>50
	指示植物	草地沙化指示植物种个体数相对百分数的增加率(%)	0～5	6～10	11～40	>40
	地上部产草量	总产草量相对百分数的减少率（%）	0～10	11～15	16～40	>40
		可食草产量占地上部总产量相对百分数的减少率(%)	0～10	11～20	21～60	>60

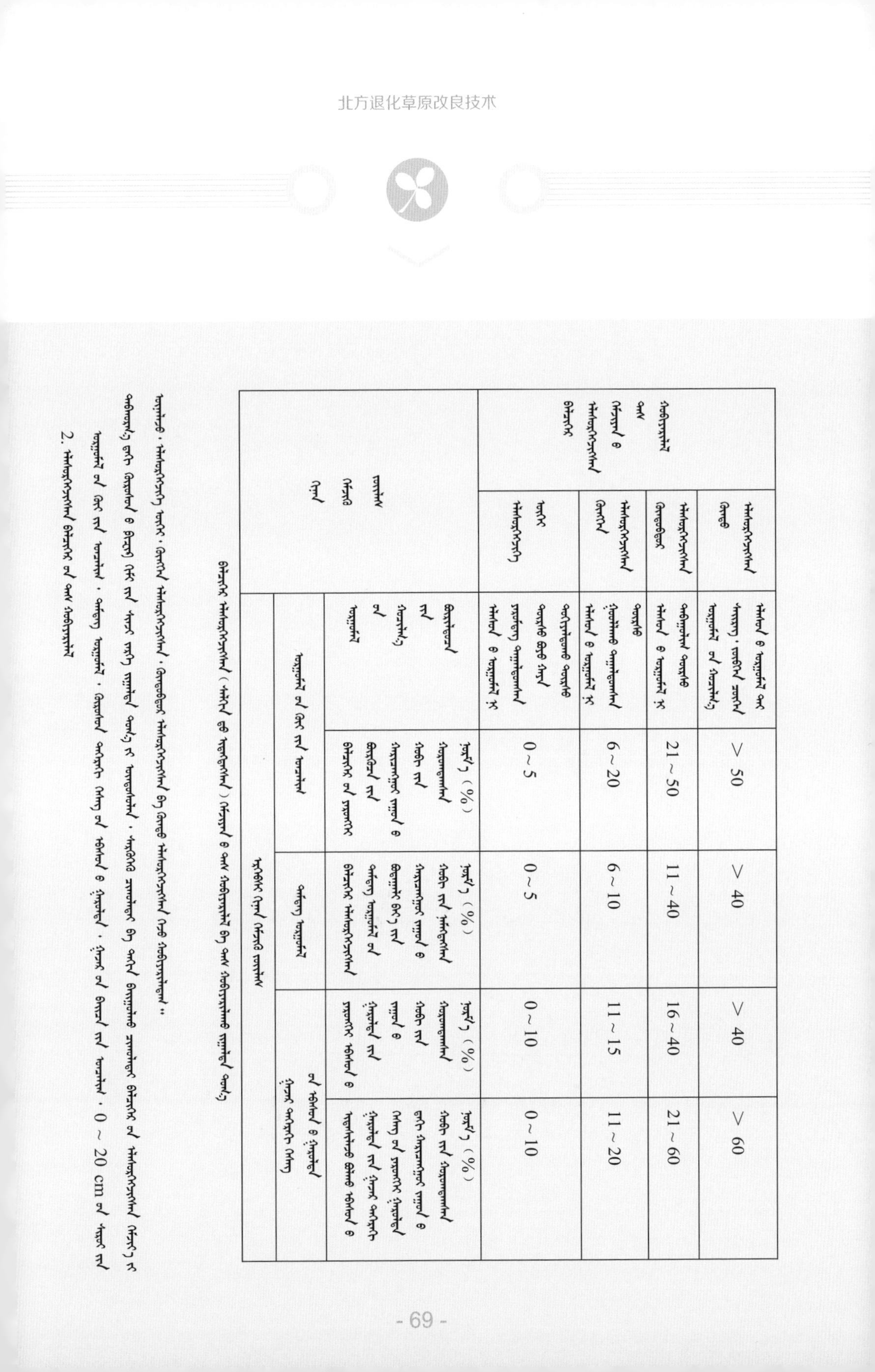

[illegible]

[illegible]	[illegible]	[illegible]	[illegible]	[illegible]
[illegible]	> 50	> 40	> 40	> 60
[illegible]	21 ~ 50	11 ~ 40	16 ~ 40	21 ~ 60
[illegible]	6 ~ 20	6 ~ 10	11 ~ 15	11 ~ 20
[illegible]	0 ~ 5	0 ~ 5	0 ~ 10	0 ~ 10

[illegible] 0 ~ 20 cm [illegible]

2. [illegible]

（续表）

监测项目			未沙化	轻度沙化	中度沙化	重度沙化
			草地沙化程度分级			
必须监测项目	地形特征		未见沙丘和风蚀坑	较平缓的沙地，固定沙丘	耐盐碱植物占绝对优势	仅存少量稀疏耐盐碱植物，不耐盐碱植物消失
必须监测项目	裸沙面积占草地地表面积相对百分数的增加率（%）		0 ～ 10	11 ～ 15	16 ～ 40	>40
辅助监测项目	0 ～ 20 cm 土层的土壤理化性质 机械组成	>0.05 mm 粗砂粒含量相对百分数的增加率(%)	0 ～ 10	11 ～ 20	21 ～ 40	>40
辅助监测项目	0 ～ 20 cm 土层的土壤理化性质 机械组成	<0.01 mm 物理黏性粒含量相对百分数的减少率（%）	0 ～ 10	11 ～ 20	21 ～ 40	>40
辅助监测项目	0 ～ 20 cm 土层的土壤理化性质 养分含量	有机质含量相对百分数的减少率（%）	0 ～ 10	11 ～ 20	21 ～ 40	>40
辅助监测项目	0 ～ 20 cm 土层的土壤理化性质 养分含量	全氮含量相对百分数的减少率(%)	0 ～ 10	11 ～ 20	21 ～ 25	>25

ᠦᠵᠡᠭᠦᠯᠦᠯᠲᠡ ᠶᠢᠨ ᠲᠥᠷᠥᠯ		ᠤᠷᠭᠠᠮᠠᠯ ᠤᠨ ᠲᠥᠷᠥᠯ ᠦᠵᠡᠭᠦᠯᠦᠯᠲᠡ		ᠬᠥᠷᠥᠰᠦᠨ ᠦ ᠲᠥᠷᠥᠯ ᠦᠵᠡᠭᠦᠯᠦᠯᠲᠡ			
				0 ~ 20 cm ᠤᠨ ᠬᠥᠷᠥᠰᠦ ᠶᠢᠨ ᠮᠧᠬᠠᠨᠢᠭ ᠪᠦᠷᠢᠯᠳᠦᠬᠦᠨ ᠪᠠ ᠣᠷᠭᠠᠨᠢᠭ ᠪᠣᠳᠠᠰ ᠤᠨ ᠬᠡᠮᠵᠢᠶ᠎ᠡ			
				ᠮᠧᠬᠠᠨᠢᠭ ᠪᠦᠷᠢᠯᠳᠦᠬᠦᠨ		ᠬᠡᠮᠵᠢᠶ᠎ᠡ ᠪᠠᠭᠤᠷᠠᠭᠰᠠᠨ ᠤ ᠬᠤᠪᠢ	
		ᠤᠷᠭᠠᠮᠠᠯ ᠤᠨ ᠪᠦᠷᠬᠦᠴᠡ ᠶᠢᠨ ᠬᠡᠮᠵᠢᠶ᠎ᠡ	ᠬᠡᠮᠵᠢᠶ᠎ᠡ (%) ᠤᠨ ᠪᠠᠭᠤᠷᠠᠯ ᠤᠨ ᠬᠤᠪᠢ	ᠬᠡᠮᠵᠢᠶ᠎ᠡ (%) ᠪᠠᠭᠤᠷᠠᠯ ᠤᠨ ᠬᠤᠪᠢ ᠪᠠ ᠰᠢᠷᠭᠤᠯ >0.05 mm	ᠬᠡᠮᠵᠢᠶ᠎ᠡ (%) ᠪᠠᠭᠤᠷᠠᠯ ᠤᠨ ᠬᠤᠪᠢ <0.01 mm	ᠬᠡᠮᠵᠢᠶ᠎ᠡ (%) ᠣᠷᠭᠠᠨᠢᠭ ᠪᠣᠳᠠᠰ	ᠬᠡᠮᠵᠢᠶ᠎ᠡ (%) ᠨᠢᠳᠤᠷᠭᠤ
ᠳᠣᠷᠠᠢᠳᠠᠭᠰᠠᠨ ᠤ ᠵᠡᠷᠭᠡ ᠶᠢᠨ ᠳᠣᠣᠷᠠᠳᠠᠯ ᠪᠠᠢᠳᠠᠯ	ᠳᠣᠣᠷᠠᠳᠠᠯ ᠬᠦᠨᠳᠦ	ᠤᠭ ᠤᠨ ᠪᠦᠲᠦᠴ ᠤᠯᠠᠮ ᠡᠪᠳᠡᠷᠡᠭᠰᠡᠨ ᠮᠥᠷ ᠤᠭ ᠤᠨ ᠪᠦᠲᠦᠴ ᠦᠭᠡᠢ ᠪᠣᠯᠤᠭᠰᠠᠨ	>40	> 40	> 40	> 40	> 25
	ᠳᠣᠣᠷᠠᠳᠠᠯ ᠳᠤᠮᠳᠠᠪᠴᠢ	ᠪᠦᠭᠦᠳᠡ ᠶᠡᠬᠡ ᠬᠡᠮᠵᠢᠶ᠎ᠡ ᠪᠡᠷ ᠡᠪᠳᠡᠷᠡᠭᠰᠡᠨ ᠪᠣᠯᠤᠭᠰᠠᠨ	16 ~ 40	21 ~ 40	21 ~ 40	21 ~ 40	21 ~ 25
	ᠳᠣᠣᠷᠠᠳᠠᠯ ᠬᠥᠩᠭᠡᠨ	ᠬᠡᠰᠡᠭ ᠬᠡᠰᠡᠭ ᠬᠡᠪ ᠦᠨ ᠡᠪᠳᠡᠷᠡᠯ ᠲᠠᠢ	11 ~ 15	11 ~ 20	11 ~ 20	11 ~ 20	11 ~ 20
	ᠦᠯᠦ ᠳᠣᠣᠷᠠᠳᠠᠭᠰᠠᠨ	ᠡᠪᠳᠡᠷᠡᠯ ᠦᠭᠡᠢ ᠪᠡᠶ᠎ᠡ ᠪᠦᠲᠦᠴ ᠬᠡᠪ ᠦᠨ ᠪᠠᠢᠳᠠᠯ ᠲᠠᠢ	0 ~ 10	0 ~ 10	0 ~ 10	0 ~ 10	0 ~ 10

（ᠪᠢᠴᠢᠭᠳᠡᠬᠦ ᠶᠢᠨ ᠦᠷᠭᠦᠯᠵᠢᠯᠡᠯ）

（三）草原盐碱化

盐碱化是干旱、半干旱和半湿润半干旱区的河湖平原草原、内陆高原低湿地草原及沿海泥沙质海岸带草原，在受盐（碱）地下水或海水浸渍、内涝，或受人为不合理的利用与灌溉影响，形成草原土壤次生盐渍化的过程。

1. 草原盐碱化特征

pH均在8以上，重度盐碱化草原可达10以上。植被稀疏，地面裸露，土壤板结，草质低劣，有机质含量低至0.05%～2.1%，土壤肥力差。

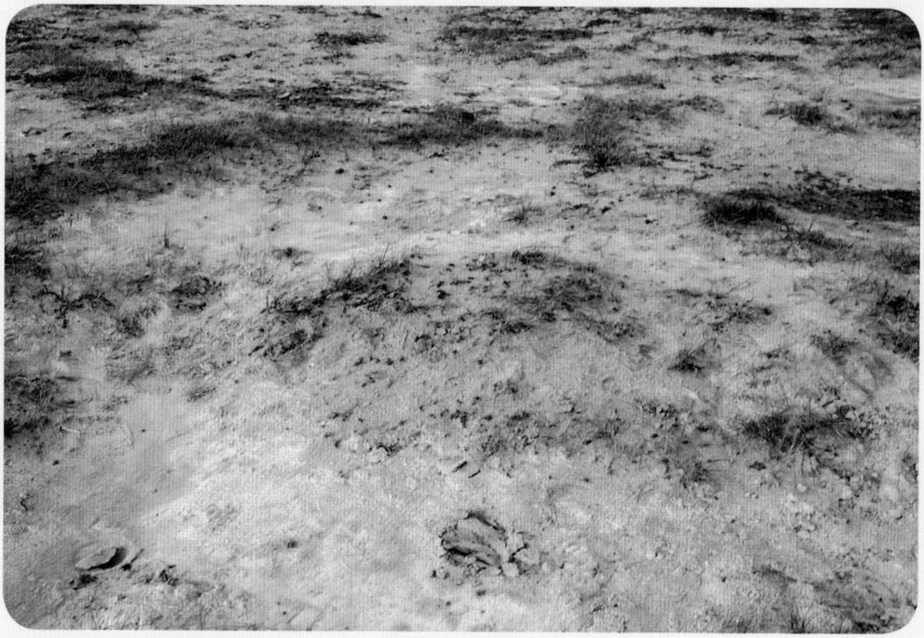

pH ᠬᠡᠮᠵᠢᠶ᠎ᠡ ᠨᠢ 8 ᠡᠴᠡ ᠳᠡᠭᠡᠭᠰᠢ · ᠪᠦᠷ ᠰᠠᠶᠢᠵᠢᠷᠠᠭᠤᠯᠤᠯᠲᠠ ᠳᠤ ᠬᠦᠷᠴᠦ 10 ᠡᠴᠡ ᠳᠡᠭᠡᠭᠰᠢ ᠪᠣᠯᠤᠨ᠎ᠠ :: ᠬᠥᠷᠥᠰᠦᠨ ᠦ ᠰᠠᠶᠢᠵᠢᠷᠠᠭᠤᠯᠤᠯᠲᠠ ᠶᠢᠨ ᠬᠡᠮᠵᠢᠶ᠎ᠡ · ᠬᠤᠪᠢ ᠰᠠᠶᠢᠵᠢᠷᠠᠭᠤᠯᠤᠯᠲᠠ · ᠪᠠᠢᠳᠠᠯ ᠬᠠᠮᠢᠶᠠᠷᠤᠯᠳᠠᠭ · ᠬᠥᠷᠥᠰᠦ ᠪᠡᠷ ᠳᠠᠪᠤᠰᠤᠨ · ᠳᠠᠪᠤᠰᠤᠨ ᠤ ᠬᠡᠮᠵᠢᠶ᠎ᠡ ᠨᠢ ᠰᠠᠶᠢᠵᠢᠷᠠᠭᠤᠯᠤᠯᠲᠠ ᠶᠢᠨ ᠬᠠᠮᠢᠶᠠᠷᠤᠯᠳᠠᠭ 0.05% ~ 2.1% ᠪᠠᠢᠳᠠᠭ · ᠪᠠᠢᠳᠠᠯ ᠤᠨ ᠬᠡᠮᠵᠢᠶ᠎ᠡ ᠪᠠᠢᠳᠠᠭ ᠵᠦᠢᠯ ᠪᠣᠯᠤᠨ᠎ᠠ ::

2. 草地盐碱化分级

根据植物群落特征、地上部产草量、地表特征、0 ～ 20 cm土层的土壤理化性质、地下水、0 ～ 20 cm土层的土壤养分等指标，对待恢复与重建的盐碱化草原进行盐碱化程度判断，分为未盐碱化、轻度盐碱化、中度盐碱化和重度盐碱化。

草地盐碱化程度分级与分级指标

<table>
<tr><th colspan="3" rowspan="2">监 测 项 目</th><th colspan="4">草地盐碱化程度分级</th></tr>
<tr><th>未盐碱化</th><th>轻度盐碱化</th><th>中度盐碱化</th><th>重度盐碱化</th></tr>
<tr><td rowspan="4">必须监测项目</td><td rowspan="2">植物群落特征</td><td>耐盐碱指示植物</td><td>耐盐碱植物少量出现</td><td>耐盐碱植物成为主要伴生种</td><td>耐盐碱植物占绝对优势</td><td>仅存少量稀疏耐盐碱植物，不耐盐碱植物消失</td></tr>
<tr><td>草地总覆盖度相对百分数的减少率（%）</td><td>0 ～ 5</td><td>6 ～ 20</td><td>21 ～ 50</td><td>>50</td></tr>
<tr><td rowspan="2">地上部产草量</td><td>总产草量相对百分数的减少率（%）</td><td>0 ～ 10</td><td>11 ～ 20</td><td>21 ～ 70</td><td>>70</td></tr>
<tr><td>可食草产量占地上部总产量相对百分数的减少率（%）</td><td>0 ～ 10</td><td>11 ～ 20</td><td>21 ～ 40</td><td>>40</td></tr>
</table>

2. ᠳᠤᠭᠤᠢᠷᠠᠭᠰᠠᠨ ᠪᠠᠢᠳᠠᠯ ᠤᠨ ᠳᠡᠰ ᠬᠤᠪᠢᠶᠠᠷᠢ

ᠬᠡᠮᠵᠢᠶ᠎ᠡ ᠤᠨ ᠪᠠᠷ ᠢᠶᠠᠷ ᠬᠤᠪᠢᠶᠠᠳ᠂ ᠪᠤᠷᠴᠠᠭ ᠠᠷᠢᠭᠤᠨ ᠮᠥᠷ ᠤᠨ ᠭᠡᠷᠡᠯ ᠦᠨ ᠭᠡᠵᠦ᠂ ᠭᠡᠵᠦ ᠶᠢᠨ ᠪᠦᠷᠢᠯ ᠢᠶᠠᠷ ᠬᠤᠪᠢᠶᠠᠳ᠂ 0 ~ 20 cm ᠤᠨ ᠬᠥᠷᠦᠰᠦ ᠨᠢ ᠤᠰᠤᠨ ᠤ ᠪᠦᠷᠢᠯ ᠦᠨ ᠬᠡᠮᠵᠢᠶ᠎ᠡ ᠪᠡ 0 ~ 20 cm ᠤᠨ ᠬᠥᠷᠦᠰᠦ ᠨᠢ ᠳᠠᠪᠤᠰᠤᠨ ᠤ ᠪᠦᠷᠢᠯ ᠦᠨ ᠬᠡᠮᠵᠢᠶ᠎ᠡ ᠶᠢ ᠰᠢᠯᠭᠠᠭᠤᠷ ᠦᠵᠦᠯᠲᠡ᠂ ᠵᠢᠭᠠᠯᠲᠠ ᠪᠠᠷ ᠳᠤᠭᠤᠢᠷᠠᠯ ᠤᠨ ᠪᠠᠢᠳᠠᠯ ᠢ ᠦᠭᠡᠢ ᠳᠤᠭᠤᠢᠷᠠᠯ᠂ ᠬᠥᠩᠭᠡᠨ ᠳᠤᠭᠤᠢᠷᠠᠯ᠂ ᠳᠤᠮᠳᠠᠳᠤ ᠳᠤᠭᠤᠢᠷᠠᠯ ᠪᠠ ᠬᠦᠨᠳᠦ ᠳᠤᠭᠤᠢᠷᠠᠯ ᠭᠡᠵᠦ ᠳᠡᠰ ᠬᠤᠪᠢᠶᠠᠷᠢᠯᠠᠨ᠎ᠠ᠃

ᠪᠠᠢᠳᠠᠯ ᠳᠤᠭᠤᠢᠷᠠᠭᠰᠠᠨ ᠬᠡᠮᠵᠢᠶ᠎ᠡ ᠪᠡ ᠳᠡᠰ ᠬᠤᠪᠢᠶᠠᠷᠢ ᠶᠢᠨ ᠳᠡᠰ ᠬᠤᠪᠢᠶᠠᠷᠢᠯᠠᠬᠤ ᠰᠢᠯᠭᠠᠭᠤᠷ ᠦᠵᠦᠯᠲᠡ

ᠰᠢᠯᠭᠠᠭᠤᠷ ᠦᠵᠦᠯᠲᠡ ᠶᠢᠨ ᠵᠦᠢᠯ			ᠬᠤᠷᠢᠶᠠᠨ ᠤ ᠭᠡᠵᠦ ᠶᠢᠨ ᠦᠵᠦᠯᠲᠡ		
			ᠬᠥᠷᠦᠰᠦ ᠨᠢ ᠳᠠᠪᠤᠰᠤ ᠶᠢᠨ ᠬᠡᠮᠵᠢᠶ᠎ᠡ	ᠬᠥᠷᠦᠰᠦ ᠨᠢ ᠤᠰᠤᠨ ᠤ ᠪᠦᠷᠢᠯ	
		ᠬᠥᠷᠦᠰᠦ ᠨᠢ ᠭᠡᠵᠦ ᠲᠡᠭᠡᠷᠡ	ᠨᠡᠮᠡᠭᠳᠡᠭᠰᠡᠨ ᠬᠤᠪᠢ (%) ᠪᠠᠢᠳᠠᠯ ᠤᠨ ᠬᠡᠮᠵᠢᠶ᠎ᠡ ᠪᠡ ᠳᠠᠪᠤᠰᠤᠨ ᠤ ᠪᠦᠷᠢᠯ	ᠨᠡᠮᠡᠭᠳᠡᠭᠰᠡᠨ ᠬᠤᠪᠢ (%) ᠪᠠᠢᠳᠠᠯ ᠤᠨ ᠬᠡᠮᠵᠢᠶ᠎ᠡ ᠪᠡ ᠤᠰᠤᠨ ᠤ ᠪᠦᠷᠢᠯ	ᠨᠡᠮᠡᠭᠳᠡᠭᠰᠡᠨ ᠬᠤᠪᠢ (%) ᠨᠡᠮᠡᠭᠳᠡᠭᠰᠡᠨ ᠬᠡᠮᠵᠢᠶ᠎ᠡ ᠪᠡ ᠤᠰᠤᠨ ᠤ ᠪᠦᠷᠢᠯ ᠤᠨ ᠭᠡᠵᠦ ᠶᠢᠨ ᠪᠦᠷᠢᠯ
ᠳᠡᠰ ᠬᠤᠪᠢᠶᠠᠷᠢ ᠪᠡ ᠳᠡᠰ ᠬᠡᠮᠵᠢᠶ᠎ᠡ ᠳᠤᠭᠤᠢᠷᠠᠭᠰᠠᠨ ᠪᠠᠢᠳᠠᠯ	ᠳᠤᠭᠤᠢᠷᠠᠯ ᠬᠦᠨᠳᠦ	ᠪᠦᠷᠢᠨ ᠭᠡᠵᠦ ᠦᠭᠡᠢ ᠬᠥᠷᠦᠰᠦ᠂ ᠬᠥᠷᠦᠰᠦ ᠶᠢᠨ ᠭᠡᠵᠦ ᠲᠡᠭᠡᠷᠡ ᠪᠤᠯᠤᠨ ᠬᠡᠮᠵᠢᠶ᠎ᠡ ᠪᠡ	> 50	> 70	> 40
	ᠳᠤᠭᠤᠢᠷᠠᠯ ᠳᠤᠮᠳᠠᠳᠤ	ᠪᠠᠭᠠ ᠵᠡᠷᠭᠡ ᠳᠤᠭᠤᠢᠷᠠᠭᠰᠠᠨ ᠦᠭᠡᠢ ᠬᠤᠪᠢᠷᠠᠭᠰᠠᠨ ᠭᠡᠵᠦ ᠲᠡᠭᠡᠷᠡ ᠬᠥᠷᠦᠰᠦ	21 ~ 50	21 ~ 70	21 ~ 40
	ᠳᠤᠭᠤᠢᠷᠠᠯ ᠬᠥᠩᠭᠡᠨ	ᠬᠡᠰᠡᠭ ᠪᠤᠯᠤᠨ ᠨᠢᠭᠡ ᠬᠡᠰᠡᠭ ᠭᠡᠵᠦ ᠲᠡᠭᠡᠷᠡ ᠬᠥᠷᠦᠰᠦ	6 ~ 20	11 ~ 20	11 ~ 20
	ᠦᠭᠡᠢ ᠳᠤᠭᠤᠢᠷᠠᠯ	ᠪᠠᠭ᠎ᠠ ᠬᠡᠰᠡᠭ ᠪᠤᠶᠤ ᠦᠭᠡᠢ ᠭᠡᠵᠦ ᠲᠡᠭᠡᠷᠡ ᠬᠥᠷᠦᠰᠦ	0 ~ 5	0 ~ 10	0 ~ 10

（续表）

<table>
<tr><th colspan="3" rowspan="2">监 测 项 目</th><th colspan="4">草地盐碱化程度分级</th></tr>
<tr><th>未盐碱化</th><th>轻度盐碱化</th><th>中度盐碱化</th><th>重度盐碱化</th></tr>
<tr><td rowspan="3">必须监测项目</td><td>地表特征</td><td>盐碱斑面积占草地总面积相对百分数的增加率（%）</td><td>0 ～ 10</td><td>11 ～ 15</td><td>16 ～ 30</td><td>>30</td></tr>
<tr><td rowspan="2">0 ～ 20 cm 土层的土壤理化性质</td><td>土壤含盐量相对百分数的增加率（%）</td><td>0 ～ 10</td><td>11 ～ 40</td><td>41 ～ 60</td><td>>60</td></tr>
<tr><td>pH 值相对百分数的增加率（%）</td><td>0 ～ 10</td><td>11 ～ 20</td><td>21 ～ 40</td><td>>40</td></tr>
<tr><td rowspan="4">辅助监测项目</td><td rowspan="2">地下水</td><td>潜水位（cm）</td><td>200 ～ 300</td><td>150 ～ 200</td><td>100 ～ 150</td><td>100 ～ 150</td></tr>
<tr><td>矿化度相对百分数的增加率(%)</td><td>0 ～ 10</td><td>11 ～ 20</td><td>21 ～ 30</td><td>>30</td></tr>
<tr><td rowspan="2">0 ～ 20 cm 土层的土壤养分</td><td>有机质含量相对百分数的减少率（%）</td><td>0 ～ 10</td><td>11 ～ 20</td><td>21 ～ 40</td><td>>40</td></tr>
<tr><td>全氮含量相对百分数的减少率（%）</td><td>0 ～ 10</td><td>11 ～ 20</td><td>21 ～ 25</td><td>>25</td></tr>
</table>

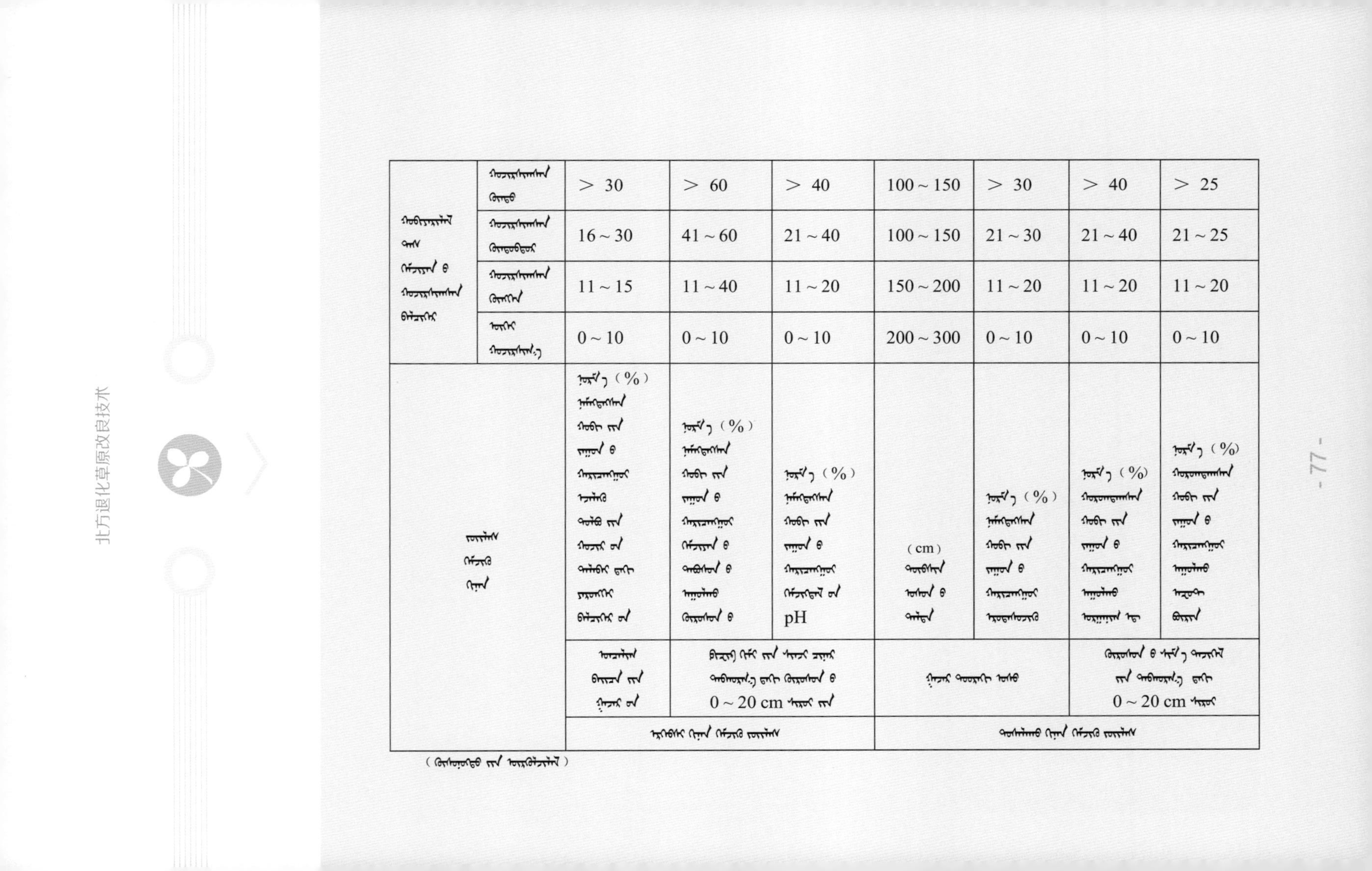

[illegible]	[illegible]	> 30	> 60	> 40	100 ~ 150	> 30	> 40	> 25
	[illegible]	16 ~ 30	41 ~ 60	21 ~ 40	100 ~ 150	21 ~ 30	21 ~ 40	21 ~ 25
	[illegible]	11 ~ 15	11 ~ 40	11 ~ 20	150 ~ 200	11 ~ 20	11 ~ 20	11 ~ 20
	[illegible]	0 ~ 10	0 ~ 10	0 ~ 10	200 ~ 300	0 ~ 10	0 ~ 10	0 ~ 10
[illegible]		[illegible] (%)	[illegible] (%)	[illegible] (%) pH	[illegible] (cm)	[illegible] (%)	[illegible] (%)	[illegible] (%)
		[illegible]	[illegible] 0 ~ 20 cm [illegible]		[illegible]		[illegible] 0 ~ 20 cm [illegible]	
		[illegible]			[illegible]			

([illegible])

(四)天然打草场退化

草原的打草或刈割利用是半干旱牧区草原最传统的利用方式之一，与放牧利用相辅相成，有助于保障家畜冬季补饲或舍饲的基础饲草供给。因此，对天然打草场的保护和合理利用是草原整个管理工作的一个重点，制订相关技术规范和标准对天然打草场可持续发展十分重要。

1. 相关术语及定义

(1)天然打草场：指长期刈割方式利用的草原。

(2)天然打草场退化：指天然打草场出现植被稀疏低矮、地上生物量减少、牧草品质下降及生境恶化的现象。

(3)中型禾草：指在正常水热条件下，植株高度一般达到45 ~ 80 cm的禾本科草类。天然打草场主要中型禾草植物名录参见下表。

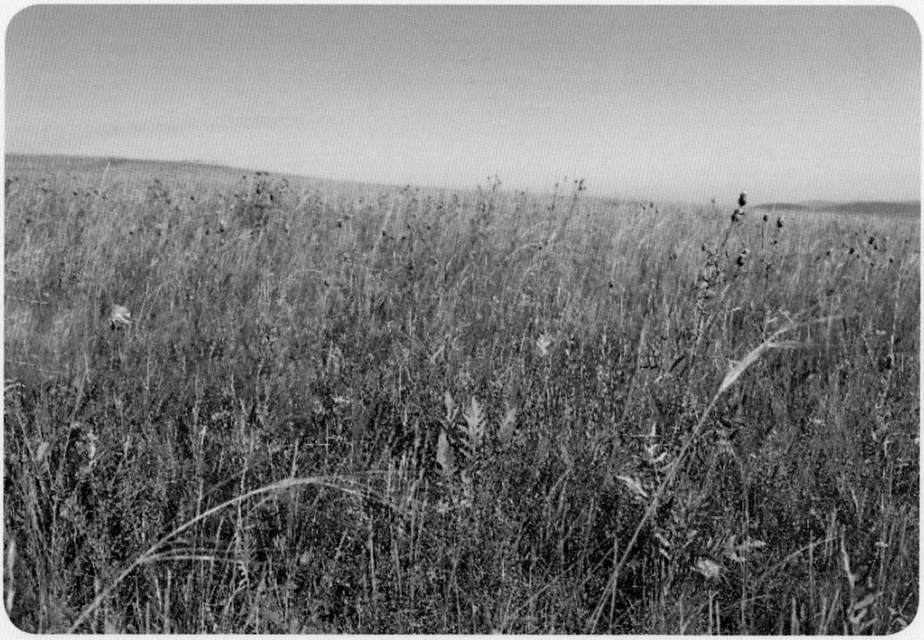

(3) ᠲᠠᠷᠢᠬᠤ ᠬᠡᠮᠵᠢᠶ᠎ᠡ ᠪᠠ ᠬᠡᠮᠵᠢᠶᠡᠯᠡᠬᠦ ᠲᠤᠬᠠᠢ: ᠮᠦᠷ ᠦᠨ ᠵᠠᠢ ᠂ ᠮᠥᠷ ᠦᠨ ᠳᠣᠲᠣᠷᠠᠬᠢ ᠵᠠᠢ ᠶᠢ ᠲᠣᠭᠲᠠᠭᠠᠬᠤ ᠳᠤ ᠂ ᠮᠥᠷ ᠦᠨ ᠬᠣᠭᠣᠷᠣᠨᠳᠤ ᠶᠢᠨ ᠵᠠᠢ ᠶᠢ 45 ~ 80 cm ᠪᠣᠯᠭᠠᠨ ᠬᠡᠮᠵᠢᠶᠡᠯᠡᠬᠦ ᠲᠤᠬᠠᠢ ᠲᠠᠯᠠᠪᠠᠢ ᠶᠢᠨ ᠪᠠᠶᠢᠳᠠᠯ ᠪᠣᠯᠤᠨ ᠲᠠᠷᠢᠯᠭ᠎ᠠ ᠶᠢᠨ ᠬᠡᠷᠡᠭᠴᠡᠭᠡ ᠳᠤ ᠲᠣᠬᠢᠷᠠᠮᠵᠢᠲᠠᠢ ᠪᠠᠢᠨ᠎ᠠ ᠃

天然打草场主要中型禾草植物名录

中文名	学名
羊　草	*Leymus chinensis*
赖　草	*Leymus secalinus*
冰　草	*Agropyron cristatum*
早熟禾属	*Poa*
无芒雀麦	*Bromus inermis*
野古草	*Arundinella anomala*
拂子茅	*Calamagrostis epigeios*
鸭　茅	*Dactylis glomerata*
披碱草	*Elymus dahuricus*
垂穗披碱草	*Elymus nutans*
贝加尔针茅	*Stipa baicalensis*
大针茅	*Stipa grandis*
克氏针茅	*Stipa krylovii*
长芒草	*Stipa bungeana*
星星草	*Puccinellia tenuiflora*
高羊茅	*Festuca elata*

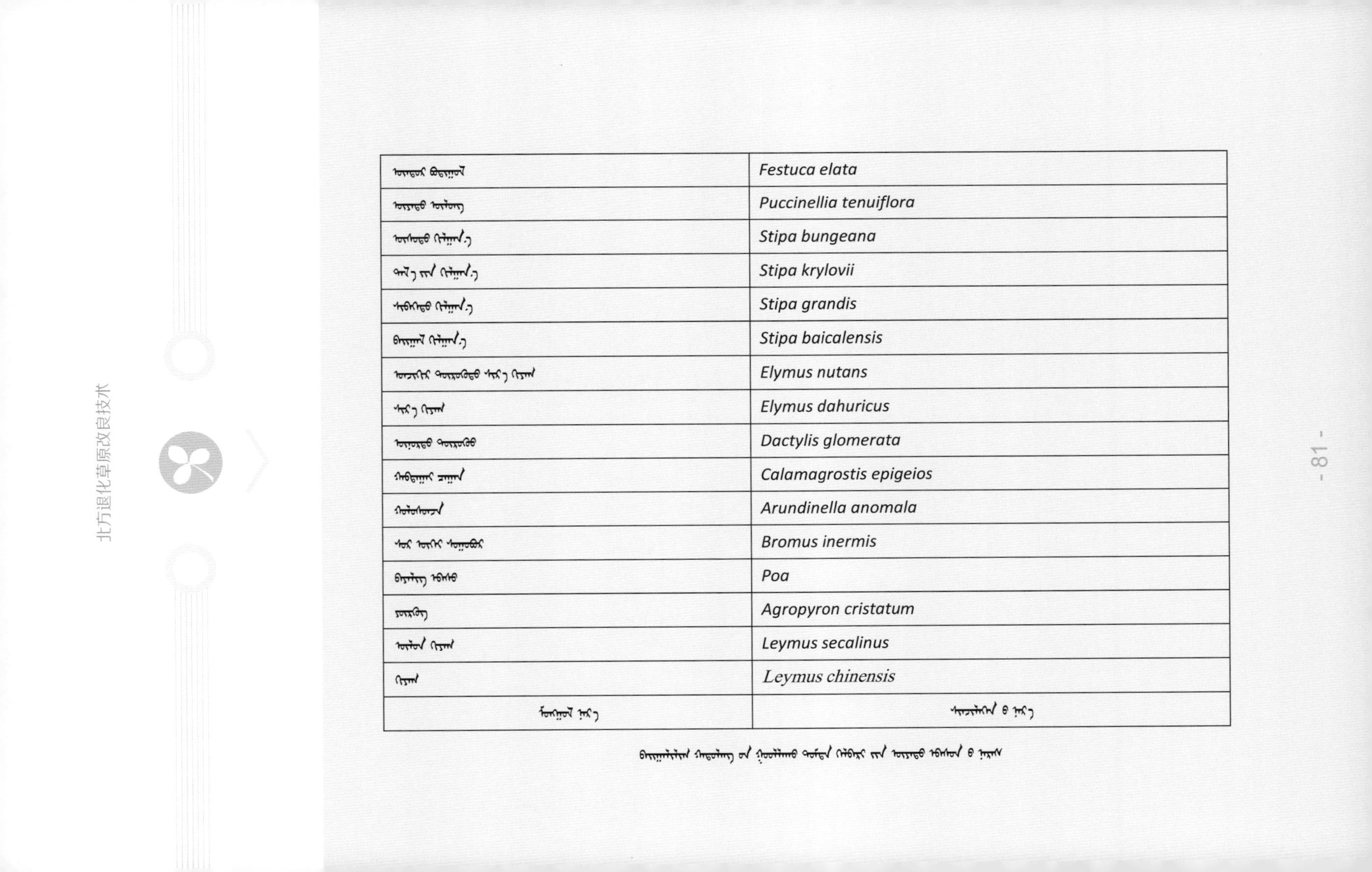

[illegible]	*Festuca elata*
[illegible]	*Puccinellia tenuiflora*
[illegible]	*Stipa bungeana*
[illegible]	*Stipa krylovii*
[illegible]	*Stipa grandis*
[illegible]	*Stipa baicalensis*
[illegible]	*Elymus nutans*
[illegible]	*Elymus dahuricus*
[illegible]	*Dactylis glomerata*
[illegible]	*Calamagrostis epigeios*
[illegible]	*Arundinella anomala*
[illegible]	*Bromus inermis*
[illegible]	*Poa*
[illegible]	*Agropyron cristatum*
[illegible]	*Leymus secalinus*
[illegible]	*Leymus chinensis*
[illegible]	[illegible]

[illegible]

（4）平均高度：指草群的平均自然高度，单位以cm表示。

（5）地上生物量：指单位面积植物地上绿色部分的干物质量，单位以kg/hm^2表示。

（6）盖度：指植物地上部分垂直投影面积占地表面积的比例，单位以%表示。

（7）凋落物量：指单位面积凋落死亡植物体的干物质量，单位以kg/hm^2表示。

（8）退化指示植物：指具有指示天然打草场质量下降的植物。天然打草场退化的常见指示植物名录参见下表。

天然打草场退化的常见指示植物名录

草原类型	天然打草场主要退化指标植物
温性草甸草原	冷蒿（*Artemisia frigida*）、糙隐子草（*Cleistogenes squarrosa*）、星毛委陵菜（*Potentilla acaulis*）、寸草苔（*Carex duriuscula*）、狼毒（*Stellera chamaejasme*）、狼毒大戟（*Euphorbia fischeriana*）、披针叶黄华（*Thermopsis lanceolata*）等
温性草原	冷蒿、糙隐子草、星毛委陵菜、寸草苔、狼毒、狼毒大戟等
低地草甸	冷蒿、莲座蓟（*Cirsium esculentum*）、马蔺（*Iris lactea*）、鹅绒委陵菜（*Potentilla anserina*）、车前（*Plantago asiatica*）、寸草苔等
山地草甸	马先蒿属（*Pedicularis*）、黄帚橐吾（*Ligularia virgaurea*）、露蕊乌头（*Aconitum gymnandrum*）、小花草玉梅（*Anemone rivularis*）、鹅绒委陵菜、车前等

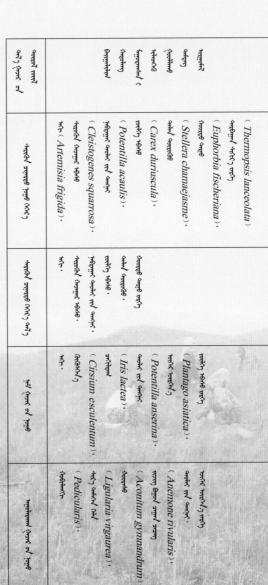

ᠪᠡᠯᠴᠢᠭᠡᠷ ᠤᠨ ᠬᠣᠷᠣᠭᠳᠠᠯ ᠤᠨ ᠵᠡᠷᠭᠡ	ᠪᠡᠯᠴᠢᠭᠡᠷ ᠤᠨ ᠬᠣᠷᠣᠭᠳᠠᠯ ᠢ ᠢᠯᠡᠳᠬᠡᠭᠴᠢ ᠤᠷᠭᠤᠮᠠᠯ
ᠬᠥᠩᠭᠡᠨ ᠵᠡᠷᠭᠡ ᠬᠣᠷᠣᠭᠳᠠᠯ	(*Thermopsis lanceolata*) (*Euphorbia fischeriana*)· (*Stellera chamaejasme*)· (*Carex duriuscula*)· (*Potentilla acaulis*)· (*Cleistogenes squarrosa*)· ᠠᠭᠢ (*Artemisia frigida*)·
ᠬᠥᠩᠭᠡᠨ ᠵᠡᠷᠭᠡ ᠡᠴᠡ ᠳᠤᠮᠳᠠ	ᠠᠭᠢ·
ᠳᠤᠮᠳᠠ ᠵᠡᠷᠭᠡ ᠢᠨ ᠬᠣᠷᠣᠭᠳᠠᠯ	(*Plantago asiatica*)· (*Potentilla anserina*)· (*Iris lactea*)· (*Cirsium esculentum*)· ᠠᠭᠢ·
ᠬᠦᠨᠳᠦ ᠵᠡᠷᠭᠡ ᠢᠨ ᠬᠣᠷᠣᠭᠳᠠᠯ	(*Anemone rivularis*)· (*Aconitum gymnandrum*)· (*Ligularia virgaurea*)· (*Pedicularis*)·

(8) ᠪᠣᠯᠵᠣᠯᠲᠤ ... ᠪᠣᠯᠪᠠᠰᠤᠷᠠᠭᠤᠯᠬᠤ ᠪᠠ ᠪᠡᠯᠳᠬᠡᠬᠦ ᠬᠡᠷᠡᠭᠲᠡᠢ᠃

(7) ... kg/hm² ...᠃

(6) ... % ...᠃

(5) ... kg/hm² ...᠃

(4) ... cm ...᠃

（9）温性草甸草原：指在温带半湿润地区呈地带性分布，主要由中旱生多年生丛生禾草及根茎禾草和中旱生、中生杂类草组成的一类草原。

（10）温性草原：指在温带半干旱气候条件下呈地带性分布，以典型旱生的多年生丛生禾草占绝对优势地位的一类草原。

（11）山地草甸：指温性气候带温度和降水充沛的条件下，在山地垂直带上，由丰富的中生草本植物为主发育形成的一类草原。

（12）低地草甸：指在土壤湿润或地下水丰富的条件下，由中生、湿中生多年生草本植物为主形成的一类隐域性草原。

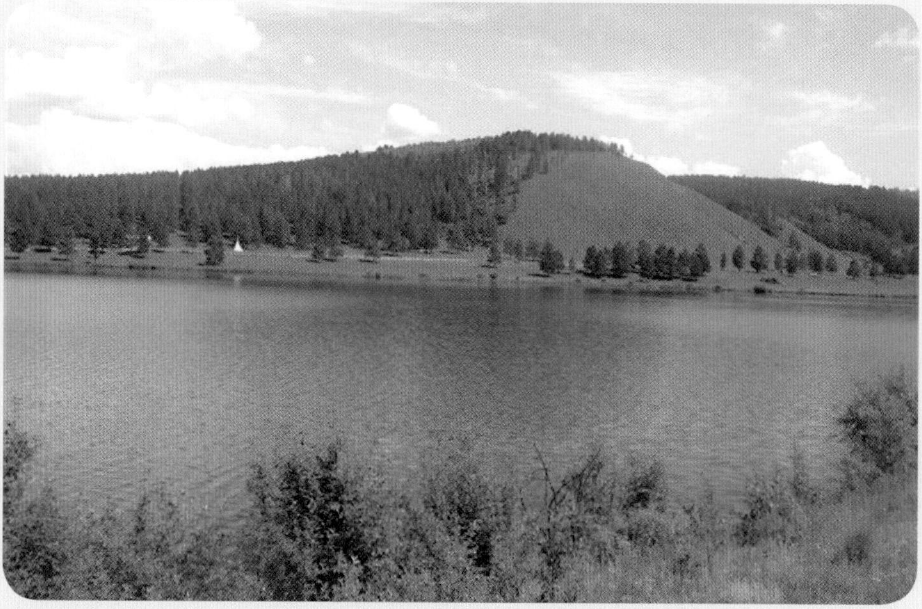

ᠪᠠᠢᠭᠤᠯᠬᠤ ᠪᠣᠯᠤᠮᠵᠢᠲᠠᠢ ᠪᠠᠢᠳᠠᠭ ᠪᠤᠢ ᠣᠯᠠᠨ ᠨᠠᠰᠤᠲᠤ ᠡᠪᠡᠰᠦ ᠶᠢᠨ ᠤᠷᠭᠤᠮᠠᠯ ᠮᠥᠨ᠃

（12）ᠬᠠᠷ ᠡᠪᠡᠰᠦ ᠶᠢᠨ ᠲᠥᠷᠦᠯ᠄ ᠣᠯᠠᠨ ᠨᠠᠰᠤᠲᠤ ᠪᠤᠶᠤ ᠡᠪᠡᠰᠦ ᠤᠷᠭᠤᠮᠠᠯ ᠂ ᠨᠠᠷᠢᠨ ᠰᠢᠷᠢᠭᠦᠨ ᠂ ᠰᠠᠯᠠᠭᠠ ᠲᠠᠢ ᠂ ᠪᠥᠭᠡᠳ ᠣᠯᠠᠨ ᠨᠠᠰᠤᠲᠤ ᠡᠪᠡᠰᠦ ᠶᠢᠨ ᠤᠷᠭᠤᠮᠠᠯ ᠪᠣᠯᠤᠨ᠎ᠠ ᠃

（11）ᠬᠠᠮᠢᠶᠠᠷᠠᠬᠤ ᠡᠪᠡᠰᠦ ᠶᠢᠨ ᠲᠥᠷᠦᠯ᠄ ᠨᠢᠭᠡ ᠨᠠᠰᠤᠲᠤ ᠪᠤᠶᠤ ᠣᠯᠠᠨ ᠨᠠᠰᠤᠲᠤ ᠡᠪᠡᠰᠦ ᠤᠷᠭᠤᠮᠠᠯ ᠂ ᠨᠠᠷᠢᠨ ᠰᠢᠷᠢᠭᠦᠨ ᠂ ᠬᠠᠮᠢᠶᠠᠷᠠᠬᠤ ᠡᠪᠡᠰᠦ ᠶᠢᠨ ᠲᠥᠷᠦᠯ ᠦᠨ ᠤᠷᠭᠤᠮᠠᠯ ᠪᠣᠯᠤᠨ᠎ᠠ ᠃

（10）ᠨᠢᠭᠡ ᠨᠠᠰᠤᠲᠤ ᠡᠪᠡᠰᠦ ᠶᠢᠨ ᠲᠥᠷᠦᠯ᠄ ᠨᠢᠭᠡ ᠨᠠᠰᠤᠲᠤ ᠪᠤᠶᠤ ᠬᠣᠶᠠᠷ ᠨᠠᠰᠤᠲᠤ ᠡᠪᠡᠰᠦ ᠤᠷᠭᠤᠮᠠᠯ ᠂ ᠨᠠᠷᠢᠨ ᠰᠢᠷᠢᠭᠦᠨ ᠂ ᠪᠥᠭᠡᠳ ᠨᠢᠭᠡ ᠨᠠᠰᠤᠲᠤ ᠡᠪᠡᠰᠦ ᠶᠢᠨ ᠤᠷᠭᠤᠮᠠᠯ ᠪᠣᠯᠤᠨ᠎ᠠ ᠃

（9）ᠨᠢᠭᠡ ᠨᠠᠰᠤᠲᠤ ᠡᠪᠡᠰᠦ ᠶᠢᠨ ᠲᠥᠷᠦᠯ᠄ ᠨᠢᠭᠡ ᠨᠠᠰᠤᠲᠤ ᠡᠪᠡᠰᠦ ᠤᠷᠭᠤᠮᠠᠯ ᠂ ᠨᠠᠷᠢᠨ ᠰᠢᠷᠢᠭᠦᠨ ᠂ ᠰᠠᠯᠠᠭᠠ ᠲᠠᠢ ᠪᠥᠭᠡᠳ

2. 天然打草场退化指标测定与评定值计算

（1）抽样设置。

① 时间：在降水量正常年份7月15日～8月20日的盛草期测定。

② 样地设置：样地要设置在有代表性的地段；每个样地代表面积以不小于100 hm^2为宜；不足100 hm^2的打草场按一个样地处理。采用定位、目视判断和访问调查方法进行描述。

③ 样方布设：在样地内代表性地段设置样线，沿样线以10～30 m的间隔布设5～7个1 m^2样方。

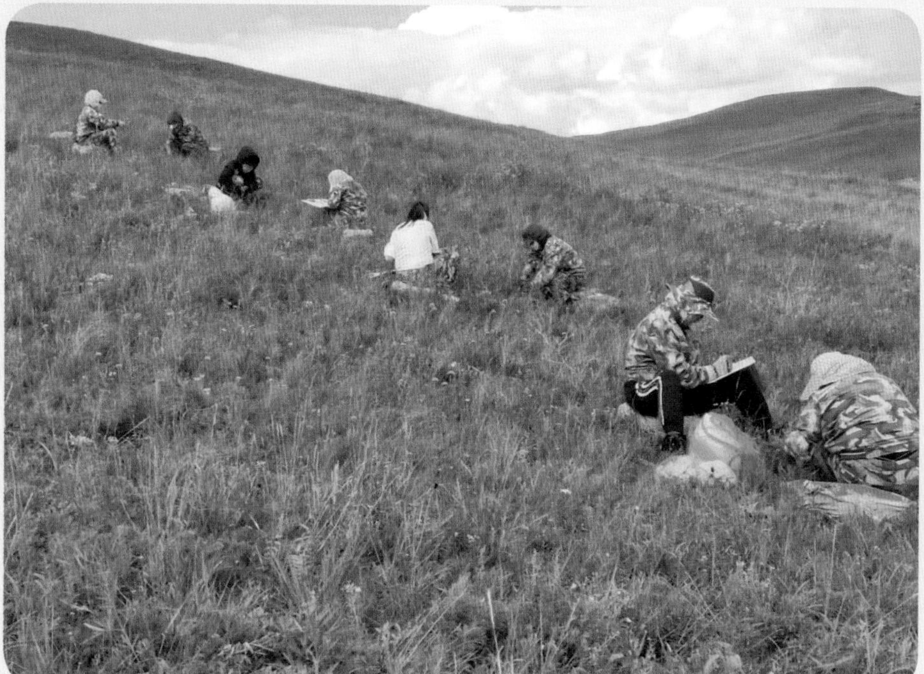

5 ~ 7 [illegible] 1 m^2 [illegible]

③ [illegible] 10 ~ 30 m [illegible]

[illegible] 100 hm^2 [illegible] 100 hm^2 [illegible]

② [illegible]

① [illegible] 7 [illegible] 15 [illegible] ~ 8 [illegible] 20 [illegible]

(1) [illegible]

2. [illegible]

（2）指标测定方法。

① 平均高度：测定从地面至草群顶部的自然高度。每个样方内随机测定7～10次，计算平均值，单位以cm表示。

② 地上生物量：各样方内全部植物按中型禾草、退化指示植物、其他植物分别齐地面剪割，称取鲜重；取500 g装袋，鲜重不足500 g的应全部收获带回。带回的样品经80～105℃烘干至恒重。按样方数据计算样地单位面积生物量，单位以kg/hm^2表示。

③ 盖度：分植物种类用网格法估测1 m^2样方内的植物地上部分垂直投影面积占样方内地表面积的比例，单位以%表示。

④ 中型禾草比例：按②测定的全部植物地上生物量，计算中型禾草地上生物量占全部植物地上生物量的百分比，单位以%表示。

⑤ 凋落物量：收集各样方内全部凋落物，称取鲜重；取500 g装入袋内，鲜重不足500 g的应全部收获带回。带回的样品经80～105℃烘干至恒重。按样方数据计算样地单位面积凋落物量，单位以kg/hm^2表示。

⑥ 退化指示植物比例：按②测定的全部植物地上生物量，计算退化指示植物地上生物量占全部植物地上生物量的百分比，单位以%表示。

⑦ 裸斑、盐碱斑比例：采用样线法测定样地内裸斑或盐碱斑的比例。选择有代表性的地段，量取100 m样线（或其他特定长度），沿线观察裸斑或盐碱斑，并量取斑块的长度。结果为样线上裸斑或盐碱斑块长度总和与测线总长度之比，单位以%表示。

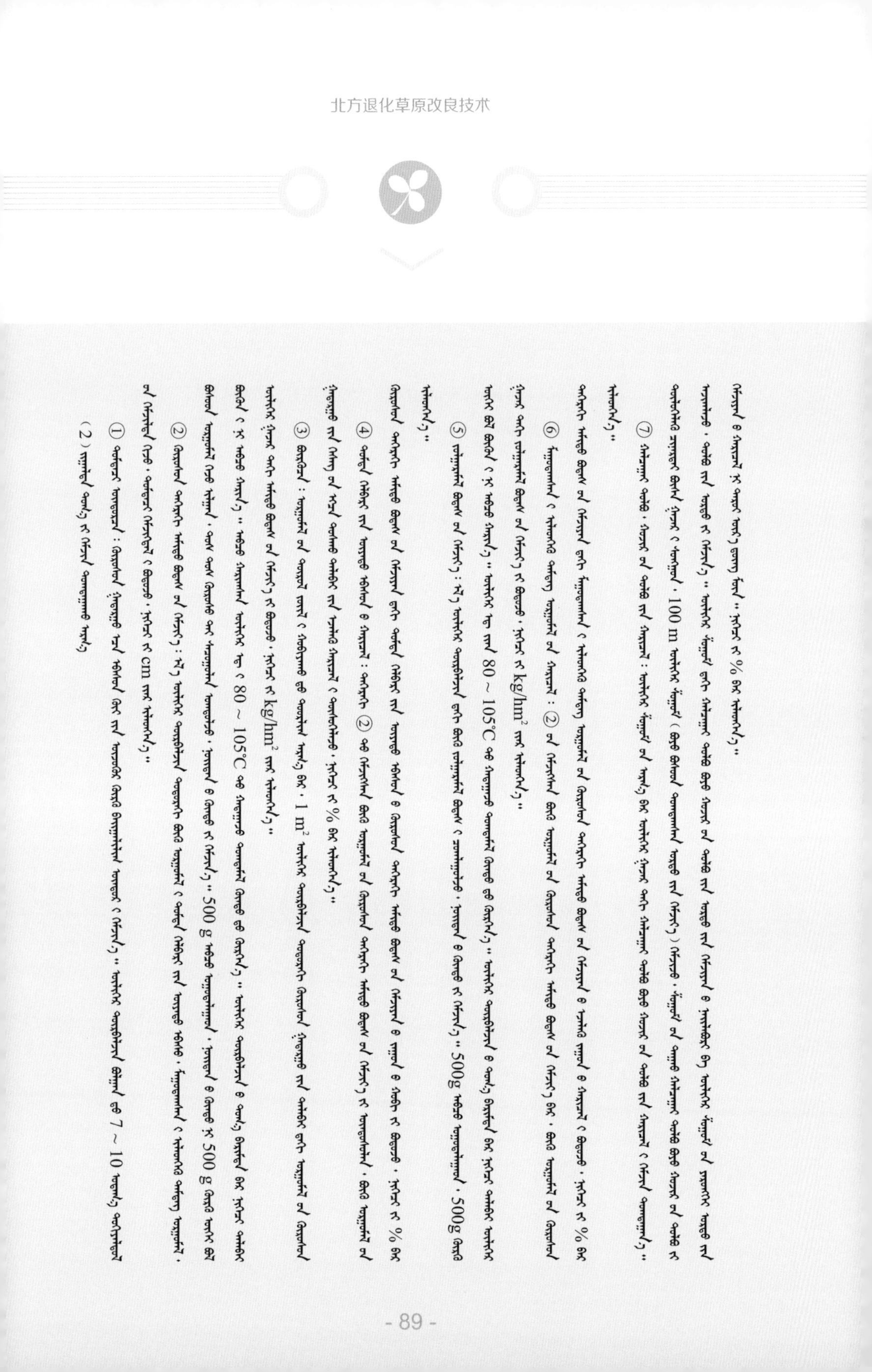

[illegible] % [illegible]

[illegible] 100 m [illegible]

⑦ [illegible]

[illegible] % [illegible]

⑥ [illegible] ② [illegible] kg/hm² [illegible]

[illegible] 80 ~ 105℃ [illegible]

⑤ [illegible] 500g [illegible] 500g [illegible]

[illegible] % [illegible]

④ [illegible] ② [illegible] % [illegible]

③ [illegible] 1 m² [illegible] kg/hm² [illegible]

[illegible] 80 ~ 105℃ [illegible] 500 g [illegible] 500 g [illegible]

② [illegible] cm [illegible]

① [illegible] 7 ~ 10 [illegible]

（2）[illegible]

（3）综合评定值计算：应按前面的方法获取各退化分级指标的测定值，然后在下面两个表中查找相对应的赋分值，再按以下公式计算。

$$S=0.2X_1+0.2X_2+0.15X_3+0.15X_4+0.1X_5+0.1X_6+0.1X_7$$

式中：

S——天然打草场退化分级综合评定值；

X_1——平均高度测定值的赋分值；

X_2——地上生物量测定值的赋分值；

X_3——盖度测定值的赋分值；

X_4——中型禾草比例值的赋分值；

X_5——凋落物量测定值的赋分值；

X_6——退化指示植物比例的赋分值；

X_7——裸斑、盐碱斑测定比例的赋分值。

天然打草场退化分级正向指标测定值相应赋分

项 目		赋 分 值				
指 标	草原类型	100	77.5	55	32.5	10
平均高度（cm）	温性草甸草原	≥55	55～47	47～40	40～32	<32
	温性草原	≥46	46～39	39～32	32～25	<25

（cm） [illegible]	[illegible]	≥46	46～39	39～32	32～25	<25
[illegible]	[illegible]	≥55	55～47	47～40	40～32	<32
[illegible]	[illegible]	100	77.5	55	32.5	10
[illegible]	[illegible]					

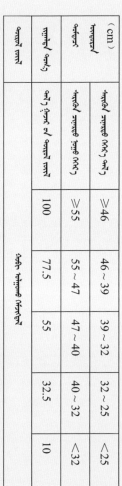

[illegible]

X_7— [illegible]

X_6— [illegible]

X_5— [illegible]

X_4— [illegible]

X_3— [illegible]

X_2— [illegible]

X_1— [illegible]

S— [illegible]

[illegible]：

$$S = 0.2X_1 + 0.2X_2 + 0.15X_3 + 0.15X_4 + 0.1X_5 + 0.1X_6 + 0.1X_7$$

[illegible]

（3）[illegible]

（续表）

项 目		赋 分 值				
平均高度（cm）	山地草甸	≥50	50～43	43～37	37～30	<30
	低地草甸	≥80	80～70	70～59	59～49	<49
地上生物量（kg/hm^2）	温性草甸草原	≥1 800	1 800～1 440	1 440～1 080	1 080～720	<720
	温性草原	≥1 200	1 200～960	960～720	720～480	<480
	山地草甸	≥1 600	1 600～1 267	1 267～933	933～600	<600
	低地草甸	≥2 500	2 500～2 000	2 000～1 500	1 500～1 000	<1 000
盖度（%）	温性草甸草原	≥85	85～70	70～55	55～40	<40
	温性草原	≥60	60～49	49～37	37～26	<26
	山地草甸	≥90	90～77	77～64	64～51	<51
	低地草甸	≥98	98～86	86～73	73～61	<61

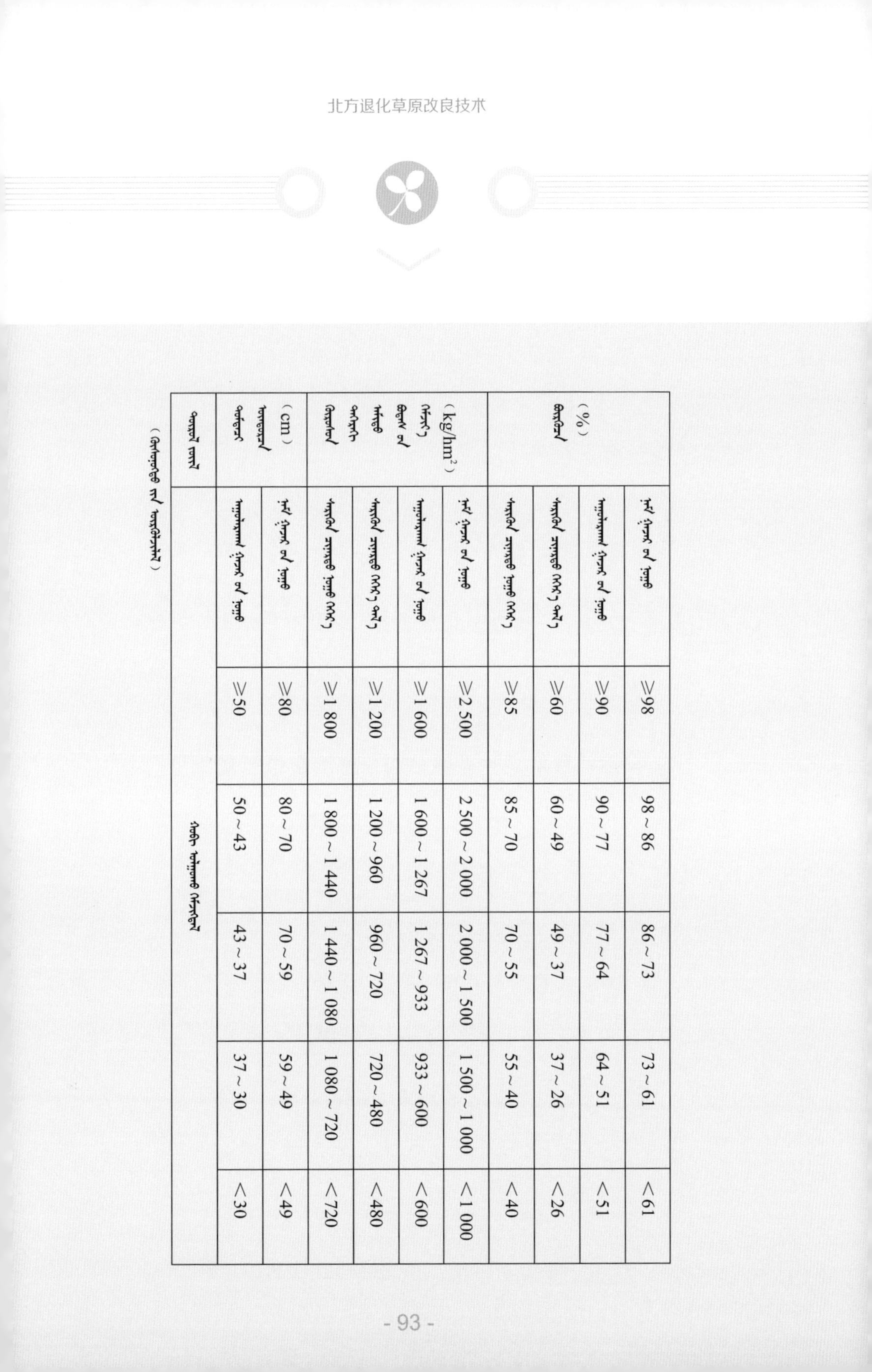

[illegible]（%）	[illegible]	≥98	98～86	86～73	73～61	＜61
	[illegible]	≥90	90～77	77～64	64～51	＜51
	[illegible]	≥60	60～49	49～37	37～26	＜26
	[illegible]	≥85	85～70	70～55	55～40	＜40
[illegible]（kg/hm²）	[illegible]	≥2 500	2 500～2 000	2 000～1 500	1 500～1 000	＜1 000
	[illegible]	≥1 600	1 600～1 267	1 267～933	933～600	＜600
	[illegible]	≥1 200	1 200～960	960～720	720～480	＜480
	[illegible]	≥1 800	1 800～1 440	1 440～1 080	1 080～720	＜720
[illegible]（cm）	[illegible]	≥80	80～70	70～59	59～49	＜49
	[illegible]	≥50	50～43	43～37	37～30	＜30
[illegible]	[illegible]					

（[illegible]）

（续表）

项　目	赋　分　值				
中型禾草比例（%）	≥ 50	50 ～ 37	37 ～ 23	23 ～ 10	<10
凋落物量（kg/hm^2）	≥ 400	400 ～ 300	300 ～ 200	200 ～ 100	<100

天然打草场退化分级负向指标测定值相应赋分

项　目	赋　分　值				
指标	100	−10	−35	−60	−85
退化指示植物比例（%）	0 ～ 2	2 ～ 5	5 ～ 8	8 ～ 11	≥ 11
裸斑、盐碱斑比例（%）	0 ～ 2	2 ～ 6	6 ～ 10	10 ～ 14	≥ 14

[illegible] (%)	0 ~ 2	2 ~ 6	6 ~ 10	10 ~ 14	≥ 14
[illegible] (%)	0 ~ 2	2 ~ 5	5 ~ 8	8 ~ 11	≥ 11
[illegible]	100	− 10	− 35	− 60	− 85
[illegible]	[illegible]				

[illegible]

[illegible] (kg/hm^2)		≥400	400 ~ 300	300 ~ 200	200 ~ 100	<100
[illegible] (%)		≥50	50 ~ 37	37 ~ 23	23 ~ 10	<10
[illegible]	[illegible]					

([illegible])

3. 天然打草场退化分级

天然打草场退化分级见下表。

天然打草场退化分级

综合指标评定值（S）	分　级
75% ~ 100%	未退化
50% ~ 75%	轻度退化
25% ~ 50%	中度退化
<25%	重度退化

3. ᠪᠣᠷᠣᠭᠤᠵᠢᠯ ᠤᠨ ᠬᠡᠭᠡᠷ᠎ᠡ ᠬᠣᠪᠢᠷᠠᠯᠲᠠ ᠶ᠋ᠢᠨ ᠳᠡᠰ ᠬᠡᠮᠵᠢᠶ᠎ᠡ

ᠪᠣᠷᠣᠭᠤᠵᠢᠯ ᠤᠨ ᠬᠡᠭᠡᠷ᠎ᠡ ᠬᠣᠪᠢᠷᠠᠯᠲᠠ ᠶ᠋ᠢᠨ ᠳᠡᠰ ᠬᠡᠮᠵᠢᠶ᠎ᠡ ᠶ᠋ᠢ ᠳᠣᠣᠷᠠᠬᠢ ᠬᠦᠰᠦᠨᠦᠭ ᠲᠦ ᠵᠢᠭᠠᠪᠠ ::

ᠪᠣᠷᠣᠭᠤᠵᠢᠯ ᠤᠨ ᠬᠡᠭᠡᠷ᠎ᠡ ᠬᠣᠪᠢᠷᠠᠯᠲᠠ ᠶ᠋ᠢᠨ ᠳᠡᠰ ᠬᠡᠮᠵᠢᠶ᠎ᠡ

ᠳᠡᠰ ᠬᠡᠮᠵᠢᠶ᠎ᠡ	ᠳᠠᠪᠤᠰᠤᠯᠢᠭ ᠬᠥᠷᠥᠰᠦᠨ ᠦ ᠡᠵᠡᠯᠡᠬᠦ ᠬᠠᠷᠢᠴᠠᠭ᠎ᠠ（S）
ᠬᠣᠪᠢᠷᠠᠯᠲᠠ ᠦᠭᠡᠢ	75%～100%
ᠬᠥᠩᠭᠡᠨ ᠬᠣᠪᠢᠷᠠᠯᠲᠠ	50%～75%
ᠳᠤᠮᠳᠠᠳᠤ ᠬᠣᠪᠢᠷᠠᠯᠲᠠ	25%～50%
ᠬᠦᠨᠳᠦ ᠬᠣᠪᠢᠷᠠᠯᠲᠠ	<25%

五、如何改良退化草原

草原改良指在不破坏或很少破坏原生植被的条件下，用生态学基本原理和方法，通过各种农艺措施，改变天然草群赖以生存的环境条件，帮助原生植被恢复；必要时引入适宜当地生存的野生种或驯化种，改变天然草群成分，增加优良牧草密度和盖度，提高草原生产力。

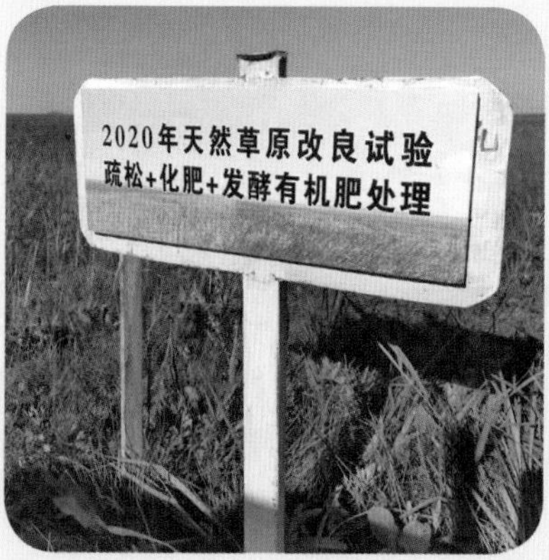

目前，北方退化草原改良措施有：围栏封育、浅翻轻耙、划破草皮、破土切根、耙地、松土、补播、施肥。

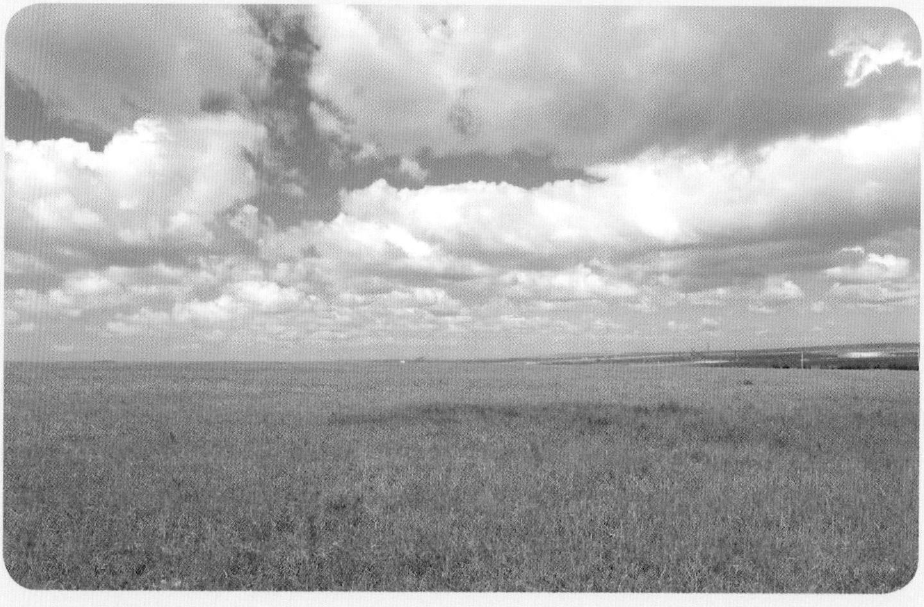

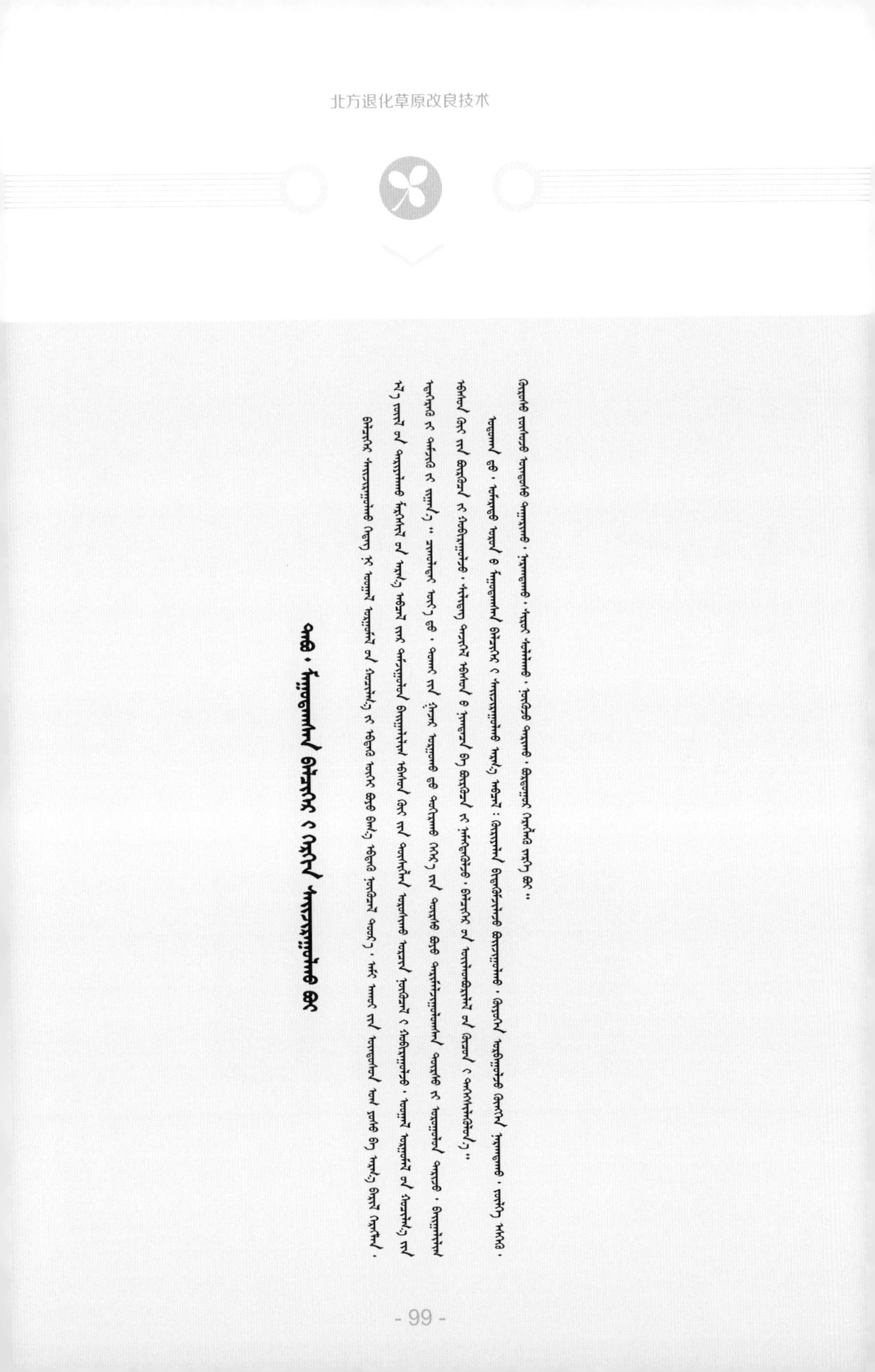

[illegible]

(一)围栏封育

草原围栏封育就是把草原暂时封闭一段时期，在此期间不进行放牧或割草，让牧草有休养生息的机会，积累足够的营养物质，逐渐恢复草原生产力，使退化的草原得到自然更新改良。

草原实施围栏封育后，植被盖度和土壤表面有机物增加，减少了水分的蒸发，遏制表层土壤风蚀、水蚀；改善了土壤的结构和通透性，提高了土壤肥力，促进草原生态系统的良性循环。

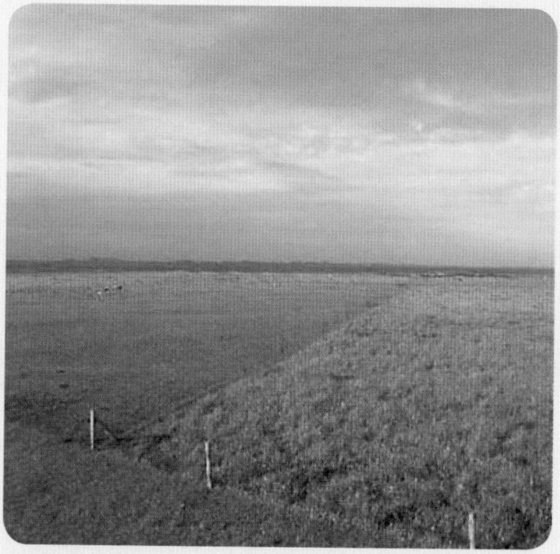

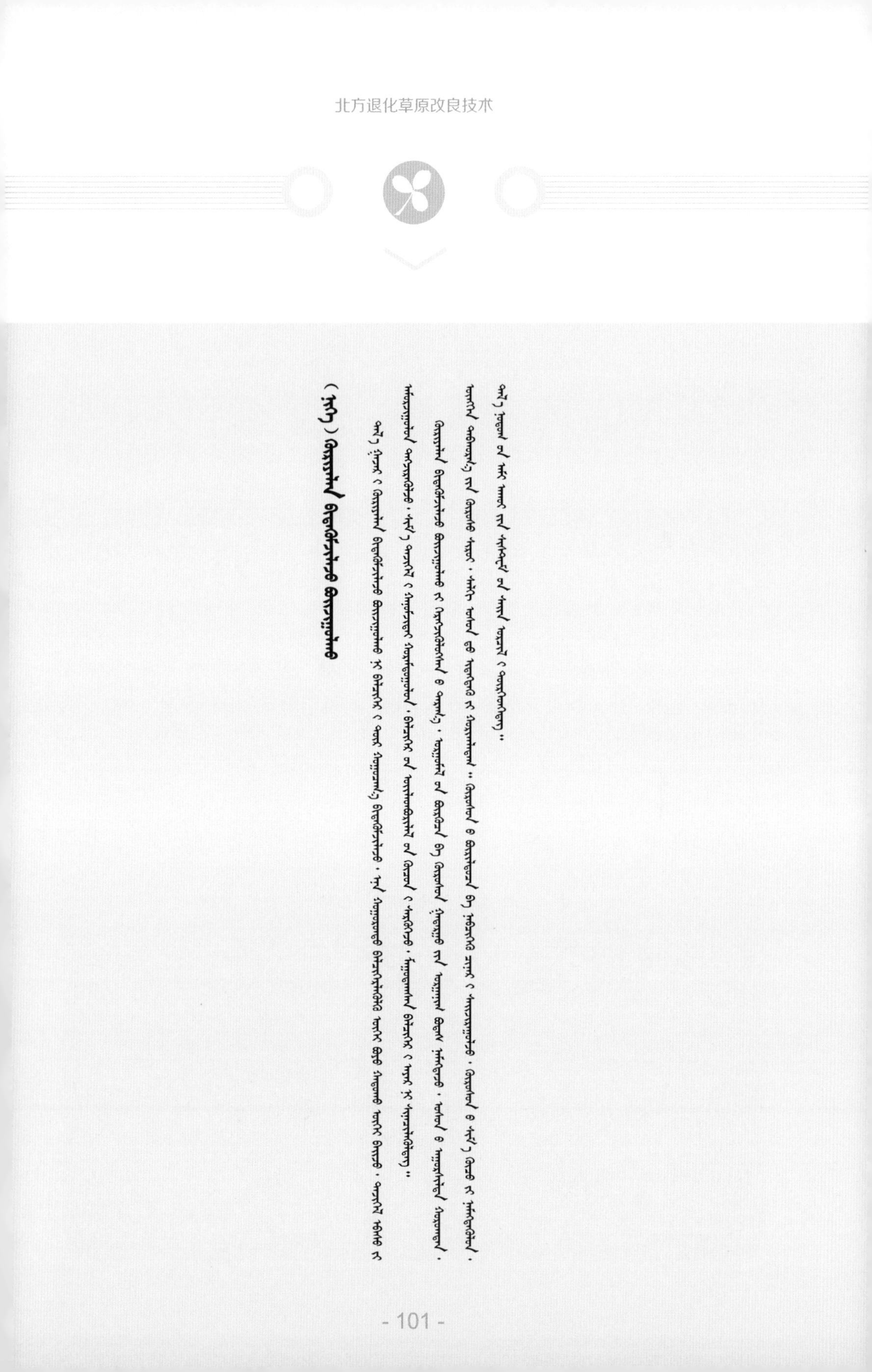

[illegible]

[illegible]

[illegible]

技术方法

（1）围栏封育草原的选择：选择草原植被群落较好、以禾本科牧草为主、现在已经发生变化、地形平坦的地块作为草场进行封育。封育退化草原要选择目前已经发生严重退化、沙化、盐碱化的各类草原，以适应生产的需要。

（2）围栏种类：可供选择的围栏种类有刺铁丝围栏、网格围栏、电围栏、生物围栏等。

（3）围栏建设：围栏建设先要进行实地勘测，根据土壤条件、草地植被生长状况、草地生产力来确定规模。确定围栏线路和区域后，用水泥柱架设刺线，进行围封。小立柱间距4～5 m，每100 m设1根中间柱；架设5根刺线，间距20 cm，底边刺线距地面20 cm。围栏高1.5～2.0 m，地上部分取齐。为了方便草原监测、防虫防火、管护等作业，在适当的位置要留围栏门。门宽4～6 m，以能顺畅通过各类作业车辆为宜。围栏必须保证封闭状态，才能“围得住”。

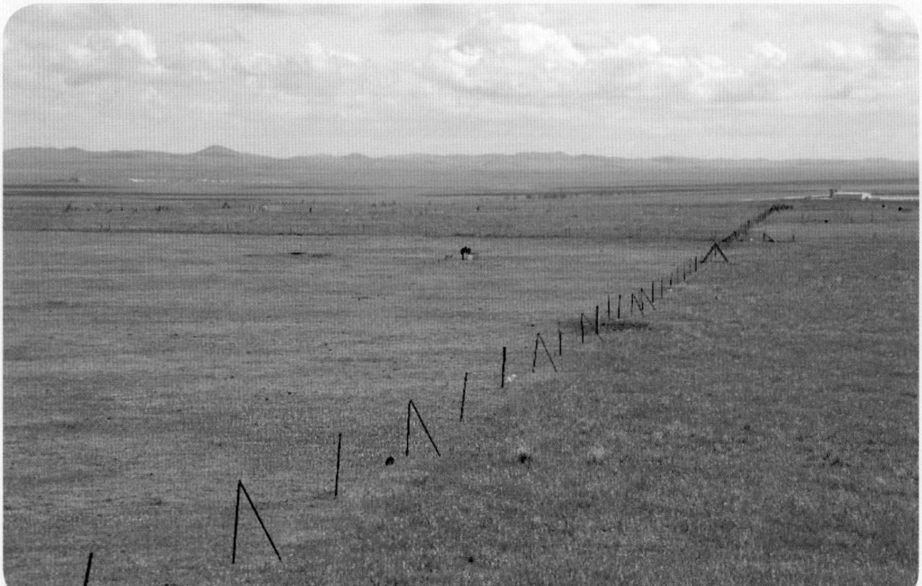

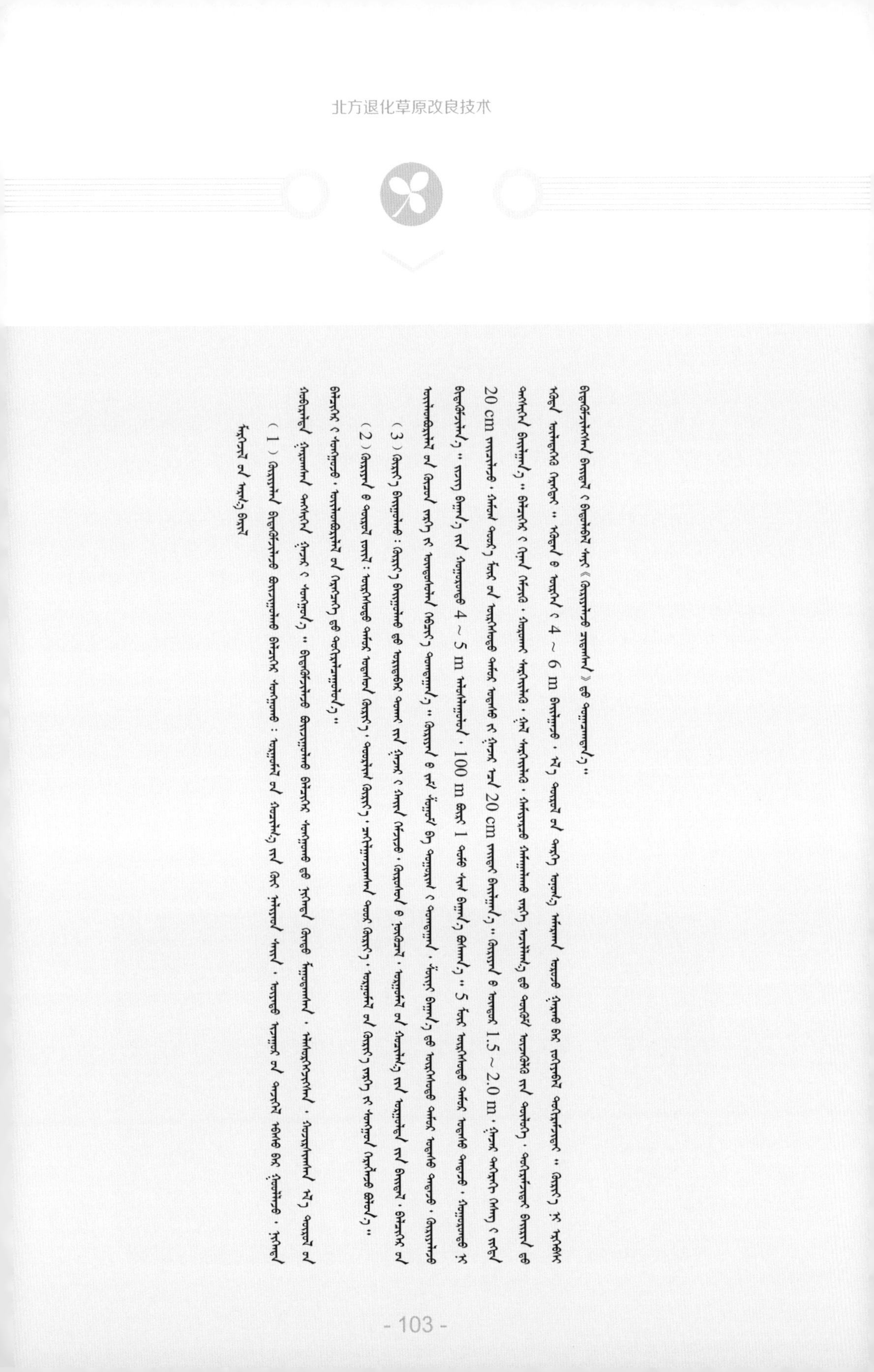

[illegible] 《[illegible]》 [illegible]

[illegible] 4 ~ 6 m [illegible]

[illegible]

20 cm [illegible] 20 cm [illegible] 1.5 ~ 2.0 m [illegible]

[illegible] 4 ~ 5 m [illegible] 100 m [illegible] 1 [illegible] 5 [illegible]

[illegible]

（3）[illegible]

（2）[illegible]

[illegible]

[illegible]

（1）[illegible]

[illegible]

（4）封育时间：封育年限要根据草原面积大小、退化程度、草群恢复速度来确定。补播或新建立的改良草地一般封育2年后可以轻度利用；轻度退化草原封育时间应在1年左右；中度退化草原封育时间应为2～3年；坡度大于25°的重度退化草原封育时间为5年以上。

封育时段有3种：① 全年封育草原，即一年四季均封育；② 夏秋季封育，留作冬季利用；③ 每年两段封育，即春季封育，留作夏季利用，秋季再度封育，留作冬季利用。另外，小块草原可以实行逐年轮流封育，植被恢复到原来的水平时，可以适当加以利用。

（5）围栏封育与其他措施综合改良：封育草原与植树造林、耙地松土、补播牧草、灌水和排水、施肥等改良措施相结合，效果更为显著。

（6）封育草地的保护：为了防止家畜进入封育的草原，应设置保护围栏。围栏应因地制宜，以“简便易行、牢固耐用”为原则。

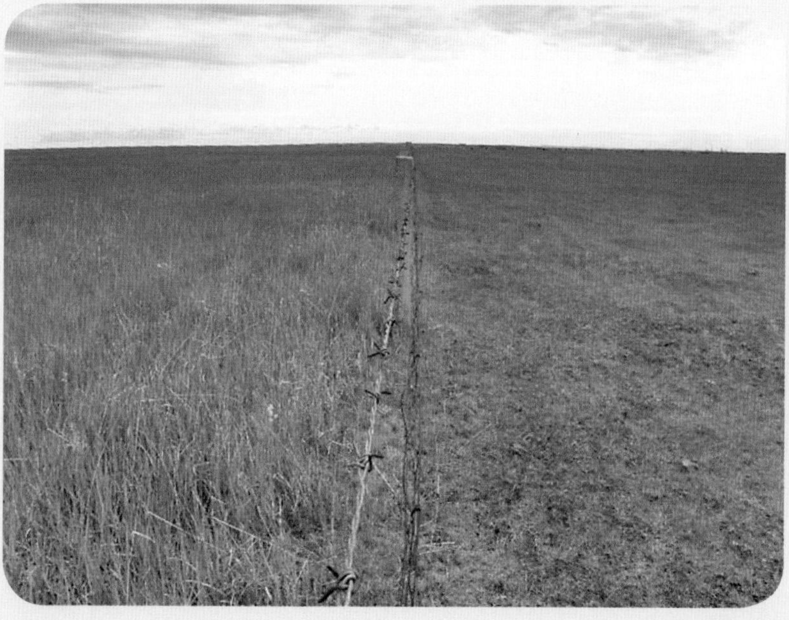

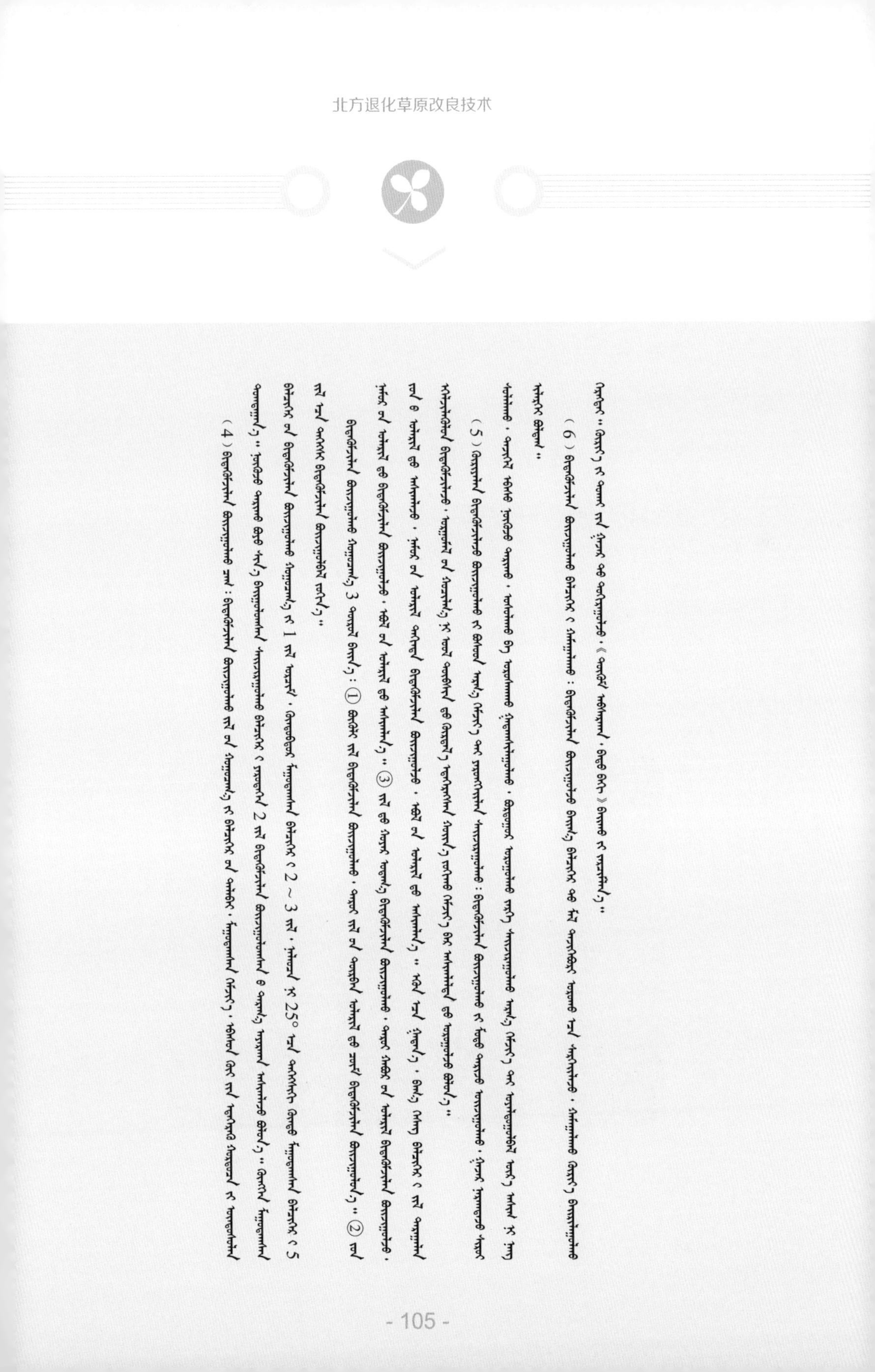

（二）浅翻轻耙

浅翻轻耙就是草原耕翻后，再利用重轻耙进行土壤耙地处理。

技术方法

（1）浅翻轻耙深度：浅翻轻耙深度控制在10 ～ 15 cm，土块要耙碎，土壤要耙平、耙实或压实。

（2）适用对象：浅翻轻耙适用于根茎型禾草占优势的草原，如羊草+杂类草、羊草+贝加尔针茅+杂类草、羊草+寸草苔+杂类草、小叶樟、小叶樟+杂类草类型，而且是土壤比较疏松的轻度或中度退化、盐碱化草原。

（3）作业季节的选择：浅翻轻耙应在土层解冻10 ～ 15 cm或墒情（土壤湿度）较好的雨季进行。

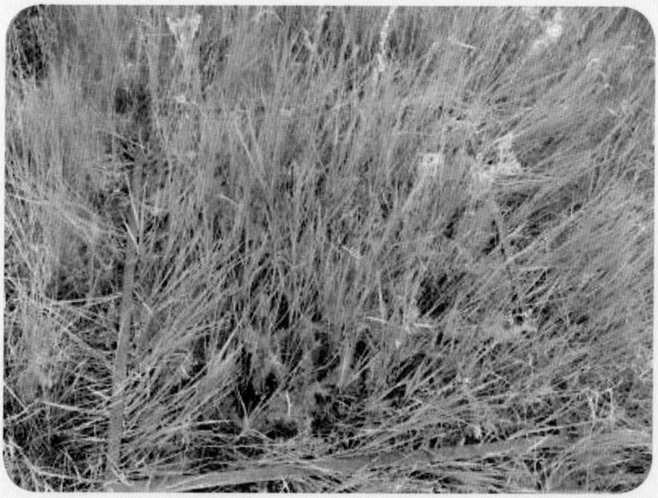

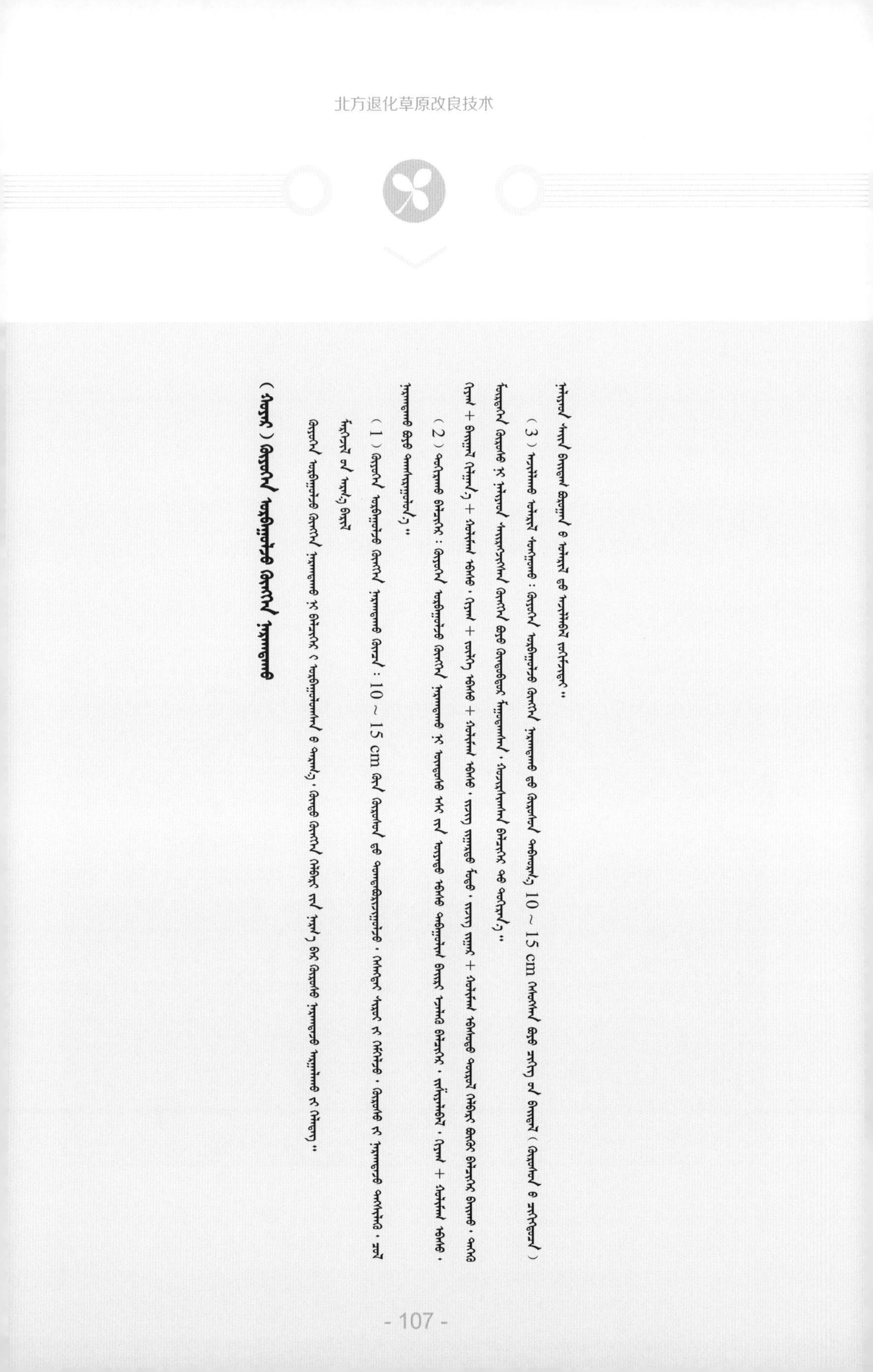

[illegible]

（3）[illegible] 10 ~ 15 cm [illegible]（[illegible]）[illegible]

[illegible] + [illegible] + [illegible] · [illegible] + [illegible] + [illegible] · [illegible] + [illegible]

（2）[illegible]：[illegible] · [illegible] + [illegible] ·

[illegible]

（1）[illegible]：10 ~ 15 cm [illegible]

[illegible]

[illegible]

（[illegible]）[illegible]

（4）浅翻轻耙技术参数：土层深厚、靠根茎进行营养繁殖的羊草为优势种的退化草原应进行10～15 cm的耕翻，再用轻耙耙碎土块、耱平土壤。土层较浅、盐碱化严重的草原不能耕翻，只能采用小角度轻耙作业。

（5）浅翻轻耙机具的选择：一般情况下，用机引五铧犁、三铧犁或者单铧犁翻地；耙地可选用机引的圆盘犁、缺口中耙、重耙等。

（6）浅翻轻耙草原的管理：浅翻轻耙草原应该禁牧，待植被完全恢复后方可进行合理利用，如适时刈割。浅翻轻耙后的草原要加强鼠虫害的防治。

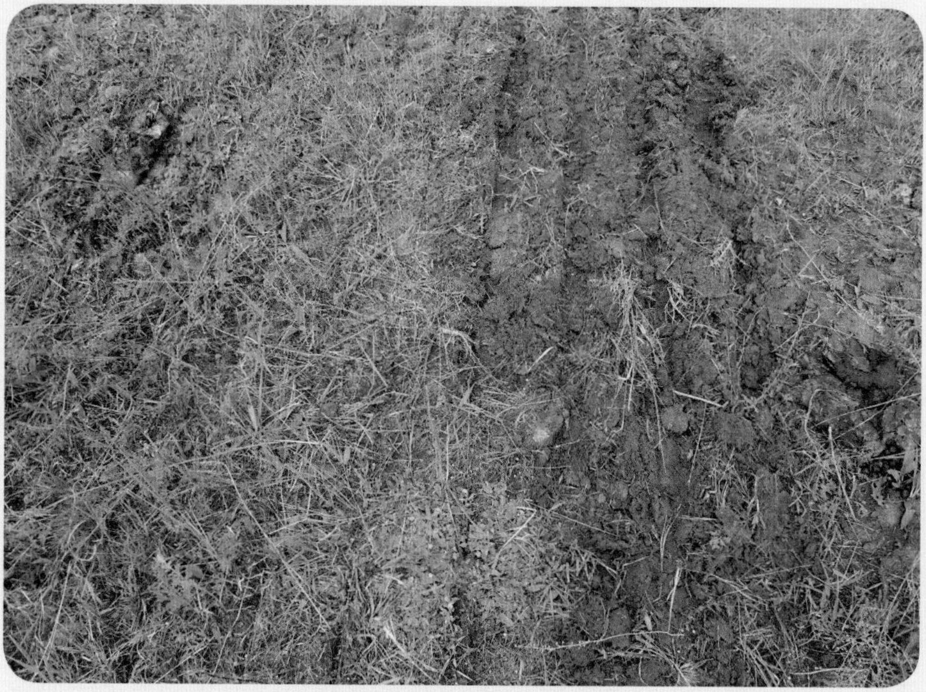

ᠭᠠᠵᠠᠷ ᠤᠨ ᠬᠥᠷᠦᠰᠦ ᠰᠡᠯᠡᠬᠦ ᠭᠦᠨ ᠢ 10 ~ 15 cm ᠲᠣᠬᠢᠷᠠᠭᠤᠯᠬᠤ ᠪᠠ · ᠮᠠᠰᠢᠨ ᠤ ᠭᠦᠨ ᠢ ᠬᠠᠮᠢᠶᠠᠷᠤᠯᠬᠤ ᠶᠢᠨ ᠬᠠᠮᠲᠤ · ᠬᠥᠷᠦᠰᠦ ᠶᠢ ᠰᠡᠯᠡᠬᠦ ᠪᠠᠷ ᠠᠵᠢᠯᠯᠠᠨ᠎ᠠ :: ᠬᠥᠷᠦᠰᠦᠨ

（三）划破草皮

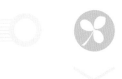

划破草皮是指在尽可能减少破坏天然植被的前提下，通过对草皮划缝处理来破除絮结层，以改善土壤通透性，间接地提高土壤养分以达到改良草原的目的。这是改良退化草原的有效方法之一，通常与施肥等措施结合使用。

1. 划破草皮的作用

通过划破草皮，可以改善和增加草原土壤的通气条件和透水性，提高土壤肥力，从而使根系充分呼吸，并从土壤中吸收大量养分，牧草生长顺利。土壤通透性的改善可以调节土壤pH、抑制厌氧微生物、增加好氧微生物的活性，其结果是优良牧草逐渐增多，植被组成得到改善，提高草地生产能力。

划破草皮还有助于天然播种。在草皮紧密的草丛中，牧草种子成熟后脱落在草皮上，而不是被表层土掩埋覆盖，就不能发芽出苗。若进行划破草皮，使牧草种子落在裂缝里，易被掩埋，有利于种子在来年顺利发芽生长，幼苗也能顺利发育，最终有助于改良草地。

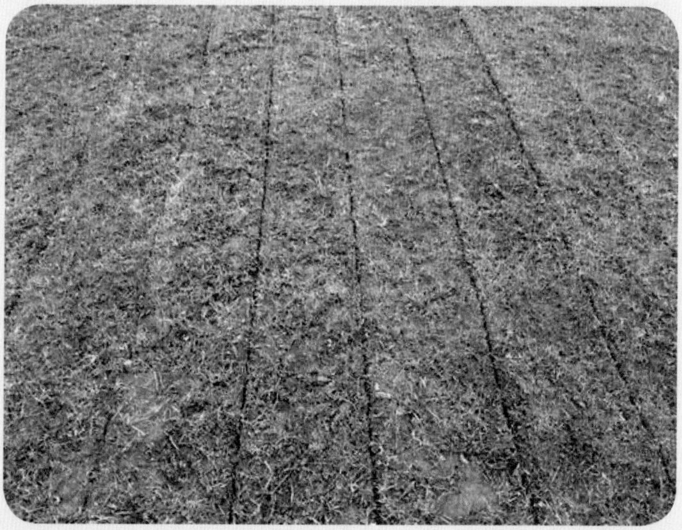

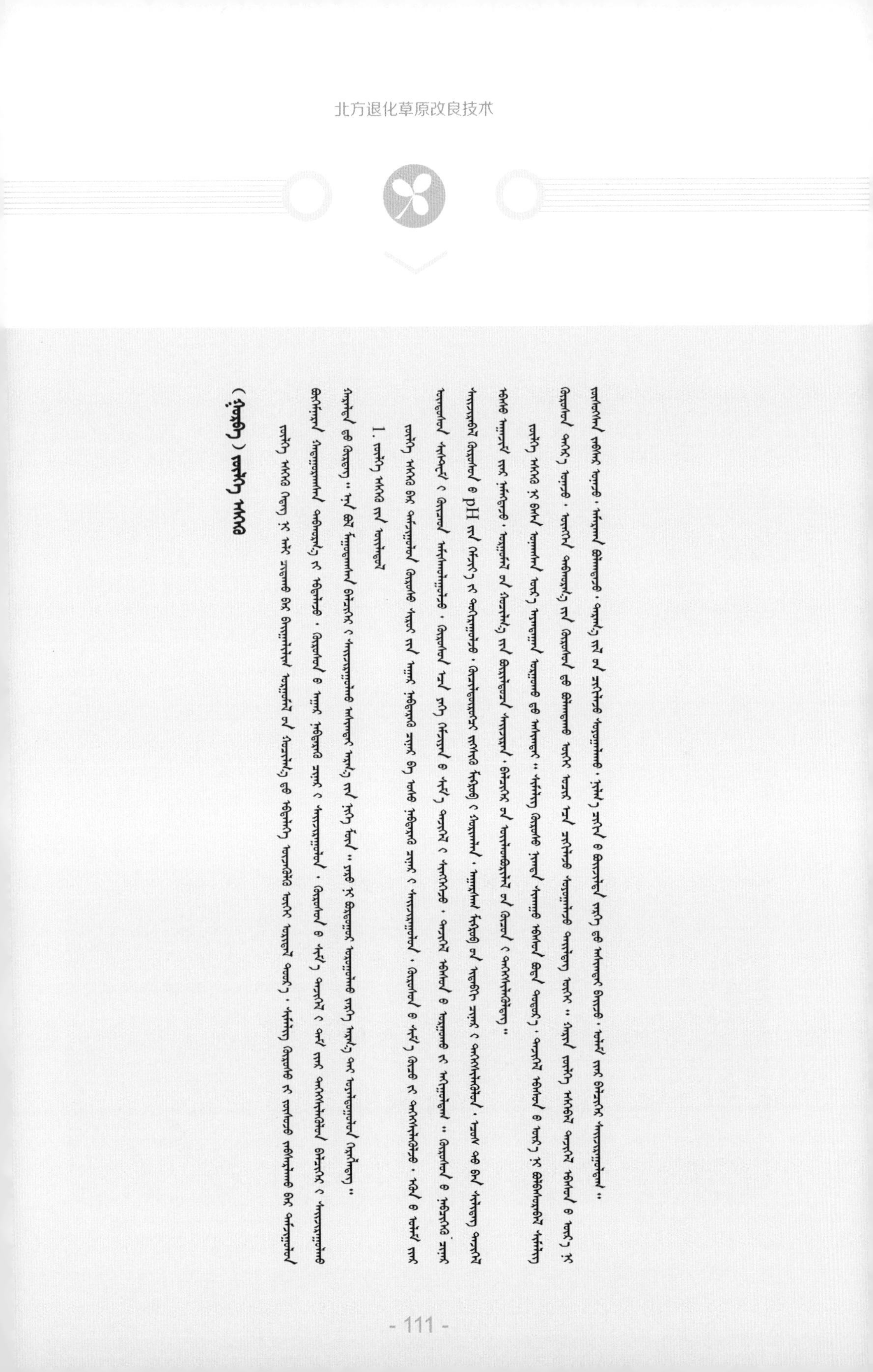

[illegible]

[illegible]

[illegible]

1. [illegible]

[illegible]

[illegible]

2. 划破草皮的技术方法

（1）适用对象：划破草皮适用于寒冷潮湿的高山草甸和土壤水分常年较多的草原。这些草原放牧利用时间过长时，有机质逐渐增多，地表往往形成一层坚实的生草土，土壤通透性不良，产草量下降，可采用划破草皮的措施进行改良。

（2）机具的选择：划破草皮所用机具一般为五铧犁或小型悬耕机改装的划破机。

（3）深度：划破深度应根据草皮的薄厚来确定，过浅不能达到划破的目的，一般可控制在8 ～ 15 cm为宜。

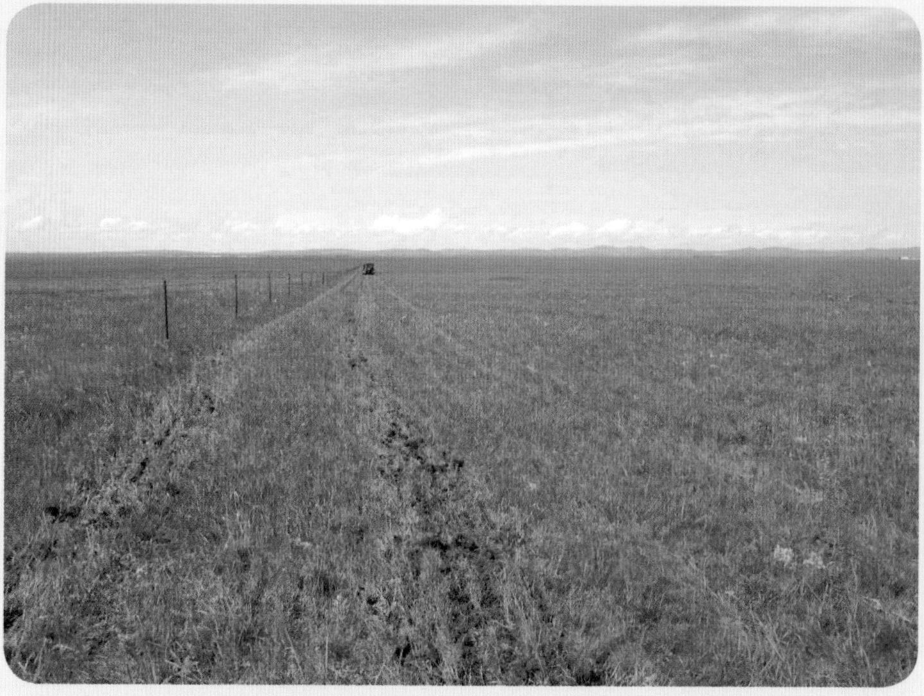

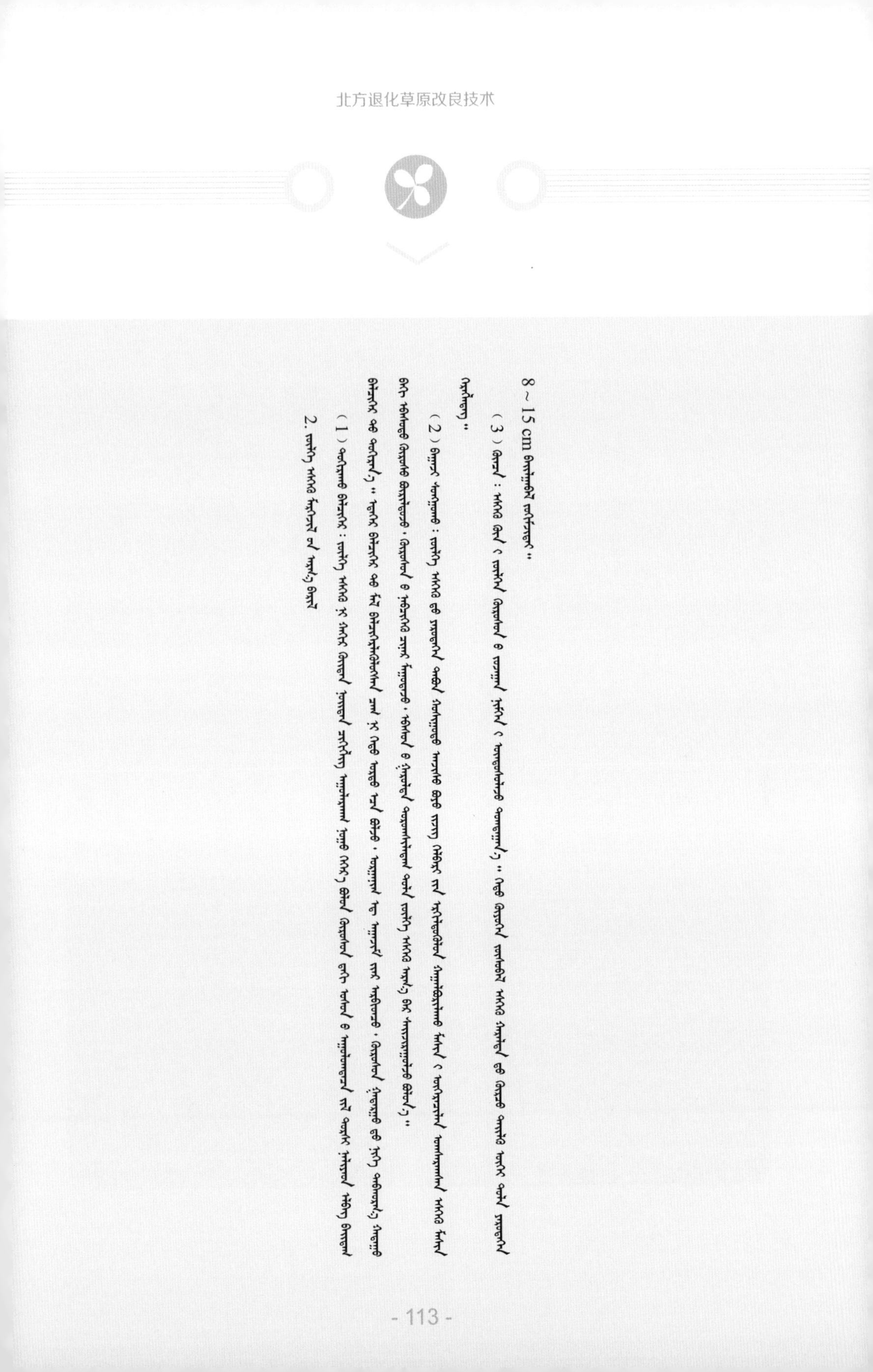

[illegible]

（4）行距：划破行距一般以30 ～ 60 cm为宜。机具划破的裂隙幅度较大时，行距可以较宽；裂隙幅度较小时，行距可以较窄。在草皮不甚紧密时，其行距可以稍宽；十分紧密时，行距应较窄。行距过宽达不到划破草皮的改良效果，太窄会因天然草皮整个翻转或整块移位而不利于牧草的恢复。

（5）时间：划破草皮通常以早春和晚秋为最好。早春冰冻融化后，土壤含水量比较高，牧草返青不久，植物生长比较缓慢，植株矮小，对牧草的损害较轻，可以接纳较多的降水，同时温度逐渐升高，有利于牧草当年生长。晚秋进行划破草皮处理，可以把天然的种子掩埋，又因为刈割或放牧后植株较矮，可以减轻对植被的破坏。

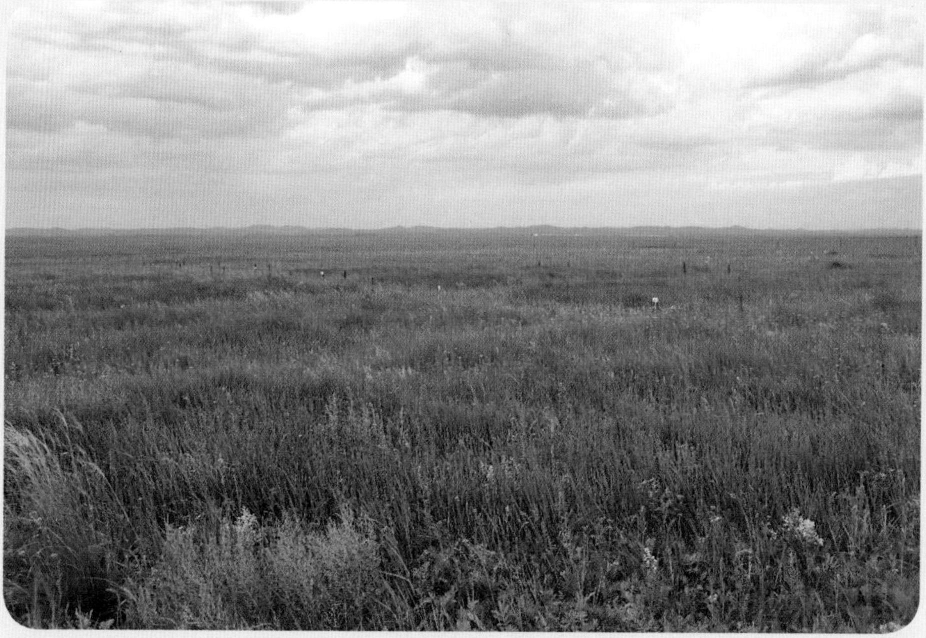

(4) ᠮᠥᠷ ᠦᠨ ᠵᠠᠢ : ᠮᠥᠷ ᠦᠨ ᠵᠠᠢ ᠶᠢ ᠶᠡᠷᠦᠳᠡ 30 ~ 60 cm ᠲᠣᠬᠢᠷᠠᠭᠤᠯᠪᠠᠯ ᠲᠣᠬᠢᠷᠠᠮᠵᠢᠲᠠᠢ :: ᠲᠠᠷᠢᠮᠠᠯ ᠤᠨ ᠭᠠᠵᠠᠷ ᠤᠨ ᠬᠤᠷ᠎ᠠ ᠤᠷᠤᠭᠤᠯᠲᠠ ᠶᠢᠨ ᠬᠡᠮᠵᠢᠶ᠎ᠡ ᠪᠡᠷ ᠮᠥᠷ ᠦᠨ ᠵᠠᠢ ᠶᠢ ᠲᠣᠭᠲᠠᠭᠠᠬᠤ ᠂ ᠬᠤᠷ᠎ᠠ ᠤᠷᠤᠭᠤᠯᠲᠠ ᠶᠢᠨ ᠬᠡᠮᠵᠢᠶ᠎ᠡ ᠶᠡᠬᠡ ᠭᠠᠵᠠᠷ ᠲᠤ ᠮᠥᠷ ᠦᠨ ᠵᠠᠢ ᠶᠢ ᠪᠠᠭᠠᠰᠬᠠᠵᠤ ᠪᠣᠯᠤᠨ᠎ᠠ :: ᠬᠤᠷ᠎ᠠ ᠤᠷᠤᠭᠤᠯᠲᠠ ᠪᠠᠭ᠎ᠠ ᠭᠠᠵᠠᠷ ᠲᠤ ᠮᠥᠷ ᠦᠨ ᠵᠠᠢ ᠶᠢ ᠶᠡᠬᠡᠰᠬᠡᠵᠦ ᠪᠣᠯᠤᠨ᠎ᠠ :: ᠲᠠᠷᠢᠮᠠᠯ ᠤᠨ ᠭᠠᠵᠠᠷ ᠲᠤ ᠮᠥᠷ ᠦᠨ ᠵᠠᠢ ᠶᠢ ᠪᠠᠭᠠᠰᠬᠠᠵᠤ ᠪᠣᠯᠤᠨ᠎ᠠ :: ᠪᠣᠯᠳᠠᠭ ᠤᠨ ᠪᠡᠯᠴᠢᠭᠡᠷ ᠪᠤᠶᠤ ᠬᠠᠳᠠᠯᠠᠬᠤ ᠪᠡᠯᠴᠢᠭᠡᠷ ᠲᠦ ᠮᠠᠯ ᠤᠨ ᠬᠢᠵᠠᠭᠠᠷᠯᠠᠬᠤ ᠂ ᠥᠪᠡᠰᠦ ᠨᠢ ᠮᠠᠯ ᠤᠨ ᠬᠤᠯᠤᠭᠠᠨ᠎ᠠ ᠳᠤ ᠲᠣᠬᠢᠷᠠᠮᠵᠢᠲᠠᠢ ::

(四)破土切根

破土切根是利用主动型的盘齿类切刀，强制切土壤板结层，将羊草横走根茎切断，地表除形成极小切缝并伴随局部疏松外，不会造成任何土壤翻垡、地表起垄、扬沙扬尘等破坏土壤环境现象。同时，纵向或网状的切缝相当于将整体板结的土层划分成一个个小的板结单元体，实现一种间隔疏松、虚实并存的土壤状态，使土壤朝着有利于植物生长的环境转变。

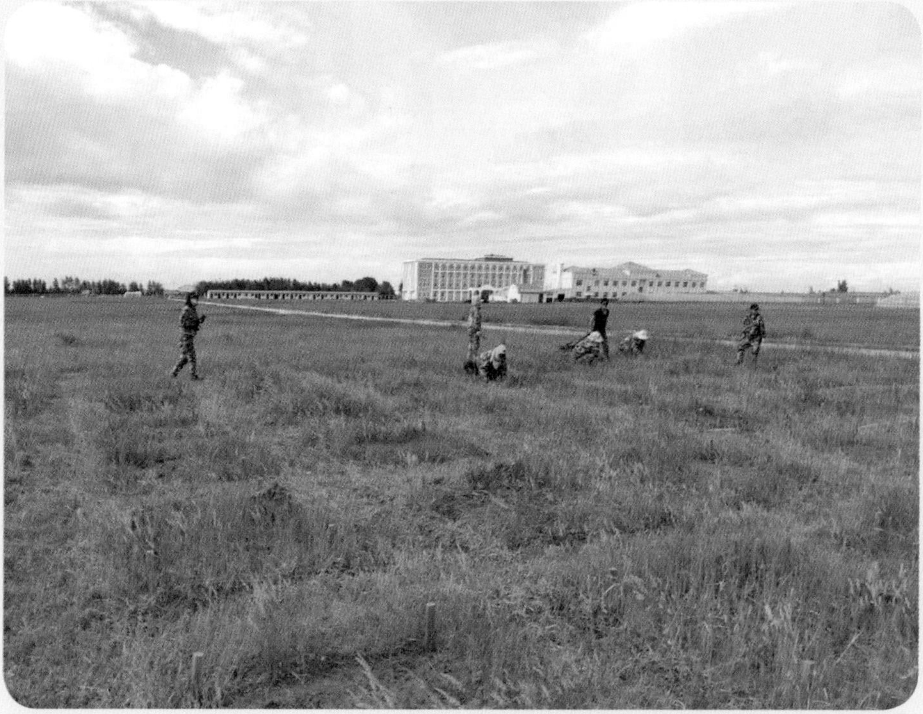

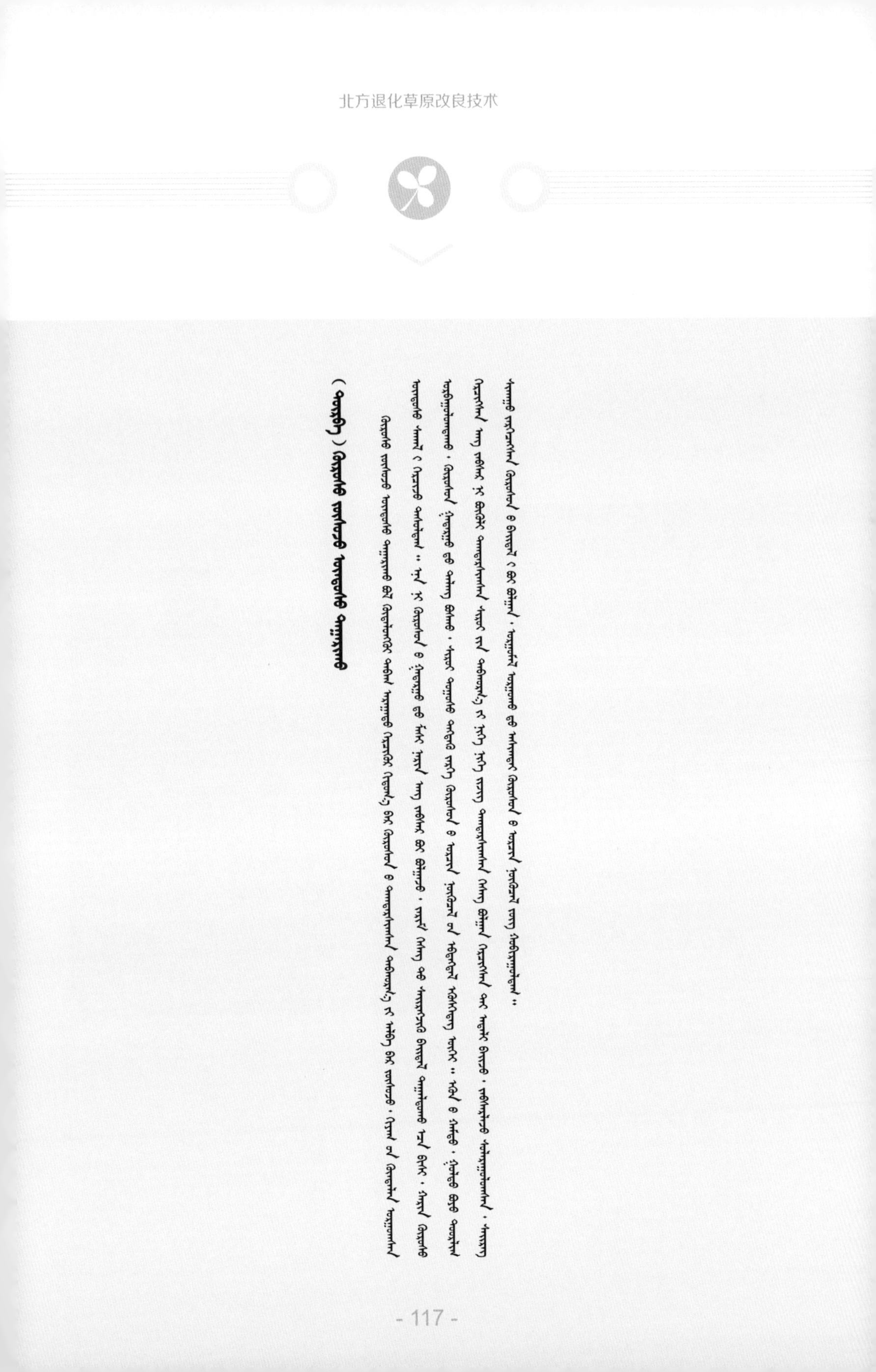

1. 切根适用对象

破土切根是天然退化羊草草原生态恢复与治理的优良改良方法。一方面，因为羊草是多年生根茎型禾草，切断根茎可以促使羊草加快自我繁殖；另一方面，可以起到松土的作用，改善土壤结构，提高土壤透气性和蓄水能力，为羊草生长发育创造有利的土壤环境。

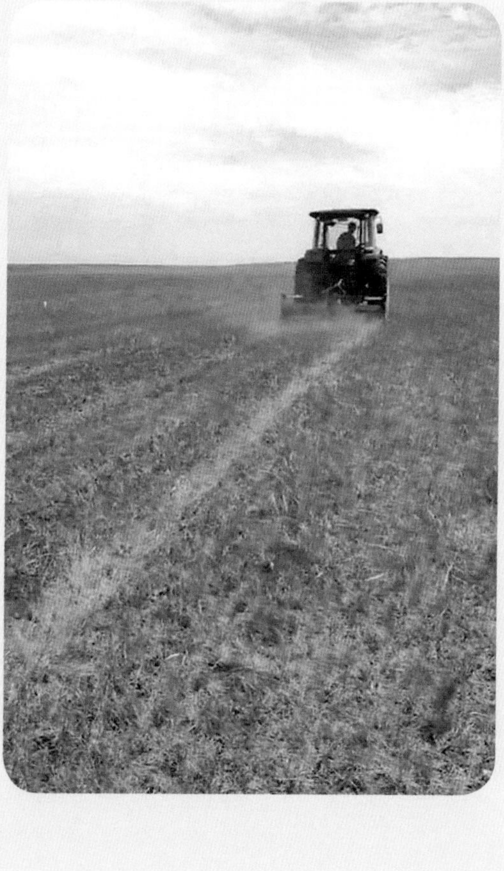

2. 切根机具的选择

切根机械一般采用盘齿式草地破土切根机。

3. 切根的深度

切根深度以12 ～ 15 cm为宜，宽度一般控制在20 ～ 40 cm。

4. 切根的方式

切根方式有两种：一种是单向式，切根宽度以20 ～ 30 cm为宜；另一种是垂直交叉式，呈“井”子形切根，切根宽度以30 ～ 40 cm为宜。

ᠲᠠᠷᠢᠯᠭ᠎ᠠ ᠶᠢᠨ ᠮᠥᠷ ᠦᠨ 12 ~ 15 cm · ᠵᠢᠷᠤᠭᠠᠰᠤ ᠶᠢᠨ ᠵᠠᠢ 20 ~ 40 cm ᠪᠠᠶᠢᠯᠭᠠᠨ᠎ᠠ ᠃

ᠲᠠᠷᠢᠯᠭ᠎ᠠ ᠶᠢᠨ ᠦᠷᠭᠡᠨ ᠮᠥᠷ ᠳᠦ ᠬᠣᠶᠠᠷ ᠮᠥᠷ ᠢ ᠨᠢᠭᠡ ᠪᠦᠯᠦᠭ ᠪᠣᠯᠭᠠᠨ ᠂ ᠪᠦᠯᠦᠭ ᠦᠨ ᠳᠣᠲᠣᠷᠠᠬᠢ ᠮᠥᠷ ᠂ ᠲᠠᠷᠢᠯᠭ᠎ᠠ ᠶᠢᠨ ᠮᠥᠷ ᠦᠨ 20 ~ 30 cm ᠪᠠᠶᠢᠯᠭᠠᠨ᠎ᠠ ᠃ ᠪᠦᠯᠦᠭ ᠦᠨ ᠵᠠᠢ

ᠬᠣᠷᠣᠭᠳᠠᠯ ᠮᠥᠷ ᠂ ᠮᠥᠷ《 井 》ᠬᠡᠯᠪᠡᠷᠢ ᠶᠢᠨ ᠮᠥᠷᠯᠡᠭᠦᠯᠬᠦ ᠲᠠᠷᠢᠯᠭ᠎ᠠ ᠂ ᠵᠠᠢ ᠶᠢᠨ 30 ~ 40 cm ᠪᠠᠶᠢᠯᠭᠠᠨ᠎ᠠ ᠃

（五）松土改良

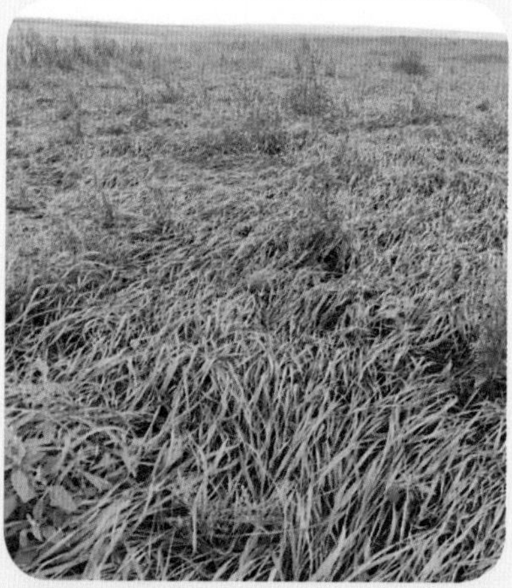

松土是利用机械进行条状窄带间隔松土，以此改良退化羊草草原或盐碱化草原的重要方法。松土也叫少耕法，不翻垡草原土壤，地表植被破坏率小于30%，减少了草原沙化的可能。

1. 松土适用对象

松土改良适用于降水量在250～350 mm，以丛生禾草为主的干旱半干旱草原上进行。

在黑龙江、吉林、辽宁、内蒙古、宁夏、甘肃、青海和新疆，对以丛生禾草为主，兼有根茎禾草伴生的典型草原、草甸和沼泽植被进行松土改良，均可产生明显效果。松土改良对草原的有效期可达5～6年。

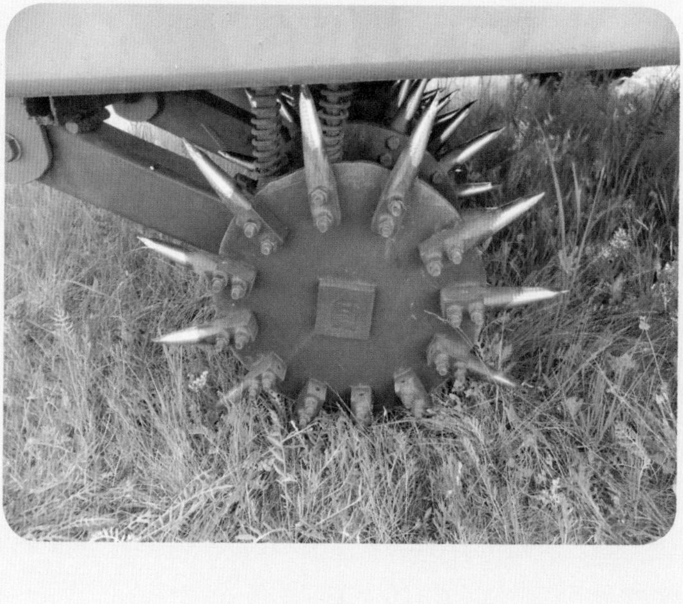

(ᠬᠣᠶᠠᠷ) ᠪᠡᠯᠴᠢᠭᠡᠷ ᠬᠠᠮᠠᠭᠠᠯᠠᠨ ᠰᠠᠶᠢᠵᠢᠷᠠᠭᠤᠯᠬᠤ

ᠪᠡᠯᠴᠢᠭᠡᠷ ᠬᠠᠮᠠᠭᠠᠯᠠᠬᠤ ᠪᠣᠯ ᠲᠣᠳᠣᠷᠬᠠᠢ ᠬᠤᠭᠤᠴᠠᠭ᠎ᠠ ᠳᠤ ᠮᠠᠯ ᠪᠡᠯᠴᠢᠭᠡᠬᠦ ᠶᠢ ᠬᠣᠷᠢᠭᠯᠠᠨ ᠪᠡᠯᠴᠢᠭᠡᠷ ᠦᠨ ᠤᠷᠭᠤᠮᠠᠯ ᠢ ᠰᠡᠷᠭᠦᠭᠡᠬᠦ ᠂ ᠨᠠᠢᠷᠠᠯᠭ᠎ᠠ ᠶᠢ ᠰᠠᠶᠢᠵᠢᠷᠠᠭᠤᠯᠬᠤ ᠠᠷᠭ᠎ᠠ ᠮᠥᠨ ᠪᠣᠯᠤᠨ᠎ᠠ ᠃ ᠬᠠᠮᠠᠭᠠᠯᠠᠬᠤ ᠶᠢᠨ ᠬᠤᠭᠤᠴᠠᠭ᠎ᠠ ᠶᠢ ᠪᠡᠯᠴᠢᠭᠡᠷ ᠦᠨ ᠪᠠᠶᠢᠳᠠᠯ ᠪᠣᠯᠤᠨ ᠭᠠᠵᠠᠷ ᠤᠨ ᠨᠥᠬᠦᠴᠡᠯ ᠳᠦ ᠲᠣᠬᠢᠷᠠᠭᠤᠯᠤᠨ ᠲᠣᠭᠲᠠᠭᠠᠨ᠎ᠠ ᠃

1. ᠪᠡᠯᠴᠢᠭᠡᠷ ᠬᠠᠮᠠᠭᠠᠯᠠᠬᠤ ᠳᠤ ᠲᠣᠬᠢᠷᠠᠬᠤ ᠨᠥᠬᠦᠴᠡᠯ

ᠪᠡᠯᠴᠢᠭᠡᠷ ᠬᠠᠮᠠᠭᠠᠯᠠᠨ ᠰᠠᠶᠢᠵᠢᠷᠠᠭᠤᠯᠬᠤ ᠶᠢ ᠵᠢᠯ ᠦᠨ ᠬᠤᠷ᠎ᠠ ᠶᠢᠨ ᠬᠡᠮᠵᠢᠶ᠎ᠡ 250 ~ 350 mm ᠪᠣᠯᠬᠤ ᠬᠠᠭᠤᠷᠠᠢ ᠪᠣᠯᠤᠨ ᠬᠠᠭᠠᠰ ᠬᠠᠭᠤᠷᠠᠢ ᠣᠷᠣᠨ ᠳᠤ ᠬᠡᠷᠡᠭᠯᠡᠬᠦ ᠳᠦ ᠲᠣᠬᠢᠷᠠᠮᠵᠢᠲᠠᠢ ᠂ ᠤᠷᠭᠤᠮᠠᠯ ᠤᠨ ᠪᠦᠷᠬᠦᠴᠡ 30% ᠡᠴᠡ ᠳᠣᠣᠷ᠎ᠠ ᠪᠣᠯᠤᠭᠰᠠᠨ ᠂ ᠬᠣᠬᠢᠷᠠᠯ ᠨᠢ ᠬᠦᠨᠳᠦ ᠪᠣᠯᠤᠭᠰᠠᠨ ᠪᠡᠯᠴᠢᠭᠡᠷ ᠢ ᠬᠠᠮᠠᠭᠠᠯᠠᠨ᠎ᠠ ᠃

ᠪᠡᠯᠴᠢᠭᠡᠷ ᠬᠠᠮᠠᠭᠠᠯᠠᠬᠤ ᠶᠢᠨ ᠬᠤᠭᠤᠴᠠᠭ᠎ᠠ ᠶᠢ ᠪᠡᠯᠴᠢᠭᠡᠷ ᠦᠨ ᠬᠣᠬᠢᠷᠠᠯ ᠤᠨ ᠵᠡᠷᠭᠡ ᠳᠡᠰ ᠪᠣᠯᠤᠨ ᠰᠡᠷᠭᠦᠬᠦ ᠴᠢᠳᠠᠯ ᠢ ᠦᠨᠳᠦᠰᠦᠯᠡᠨ ᠲᠣᠭᠲᠠᠭᠠᠬᠤ ᠬᠡᠷᠡᠭᠲᠡᠢ ᠂ ᠶᠡᠷᠦ ᠶᠢᠨ ᠪᠡᠷ ᠬᠠᠮᠠᠭᠠᠯᠠᠬᠤ ᠬᠤᠭᠤᠴᠠᠭ᠎ᠠ ᠨᠢ 5 ~ 6 ᠵᠢᠯ ᠪᠣᠯᠤᠨ᠎ᠠ ᠃

2. 松土改良要求

松土改良的农艺要求是切断根茎型牧草的横走根系，避免根茎相互撕扯，实现耕作层间隔疏松，改善土壤结构，提高土壤透气性和蓄水能力，避免土壤翻垡和减少原有地表植被破坏，保护草原生态系统。

3. 松土机具的选择

松土机械一般为草原松土施肥机，作业幅宽2～3 m；机架前后两排安装若干个犁铲，铲柄刃口锋利，用于切断羊草根系；铲刀下连接鸭掌式松土器，用于松动土壤。通常在机架上层安装施肥箱，输肥管连接在犁铲后面，当机械行走时，肥料即落入犁沟。1985年，吉林省农业科学院等单位研制出草原松土施肥机，能普遍适用于退化羊草草原松土改良。

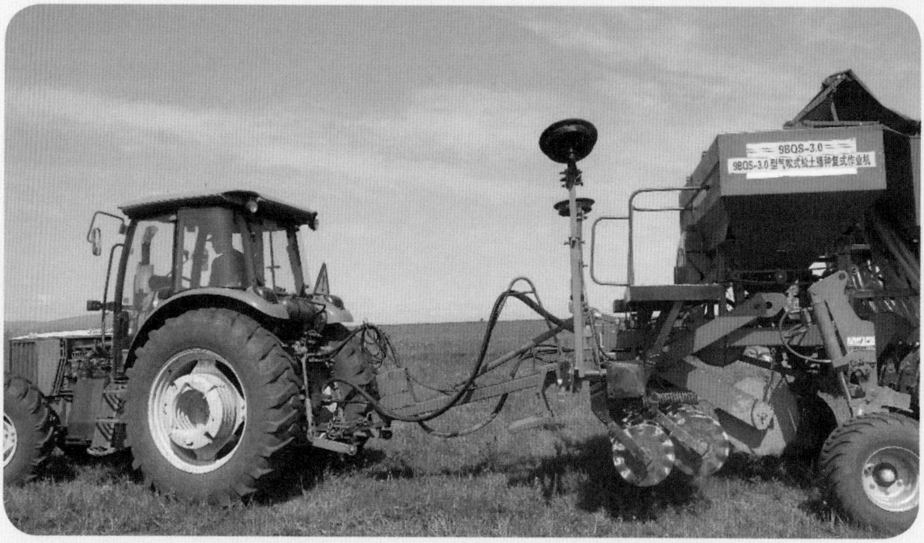

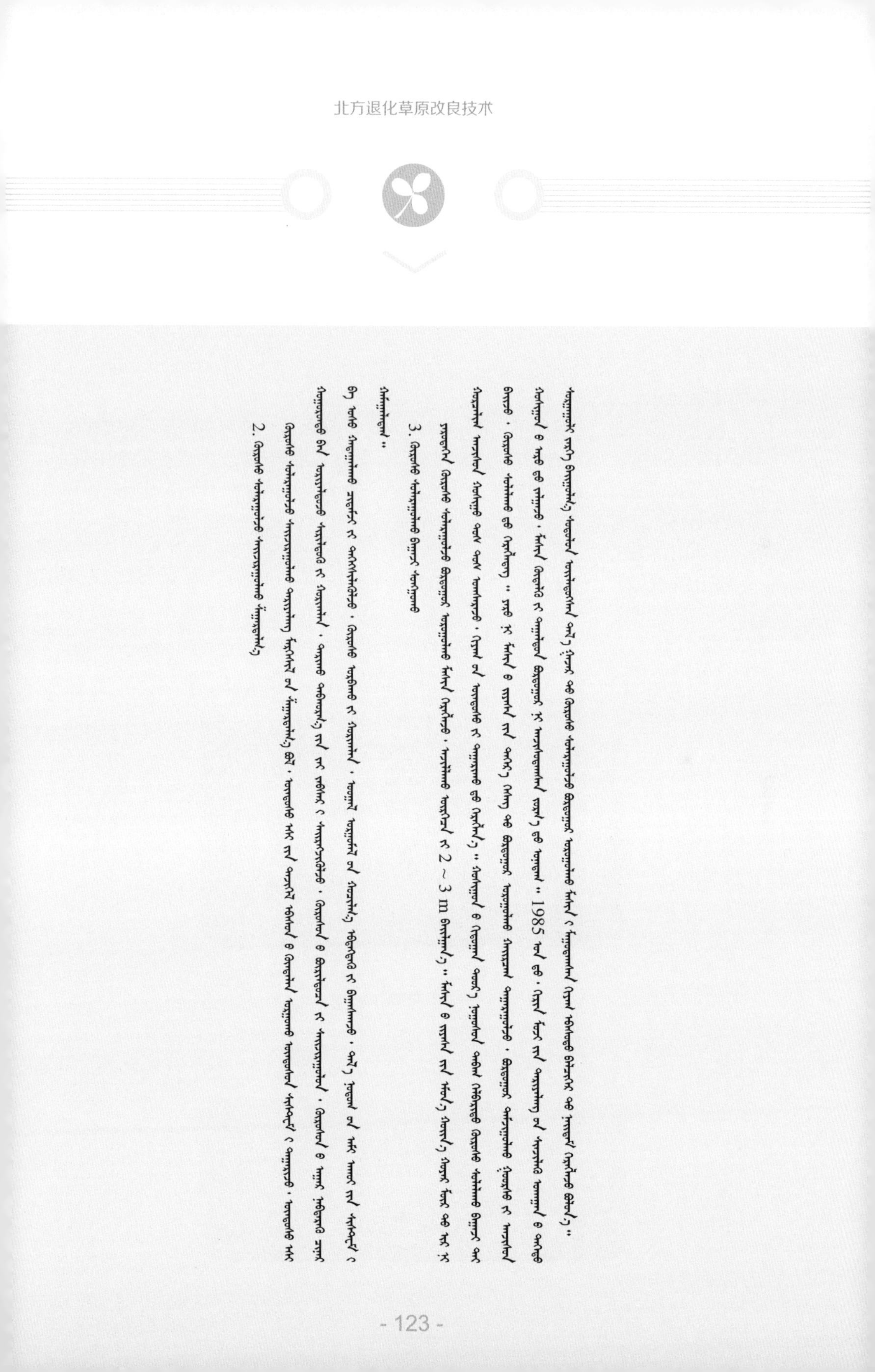

[illegible] 1985 [illegible] 2 ~ 3 m [illegible] ::

3. [illegible]

[illegible] ::

2. [illegible]

4. 松土时间

松土时间一般在6月中下旬至10月末，此时期耕层（18 ～ 20 cm）土壤含水率在15 % ～ 18%。在吉林省西部草原地区，最佳作业时间是6月首次降透雨后，此时羊草稀疏低矮，杂类草较少，土质疏松，便于作业，有利于羊草根茎延伸和芽的生长。

5. 松土深度

松土深度以15 ～ 20 cm为宜，并在松土后镇压。

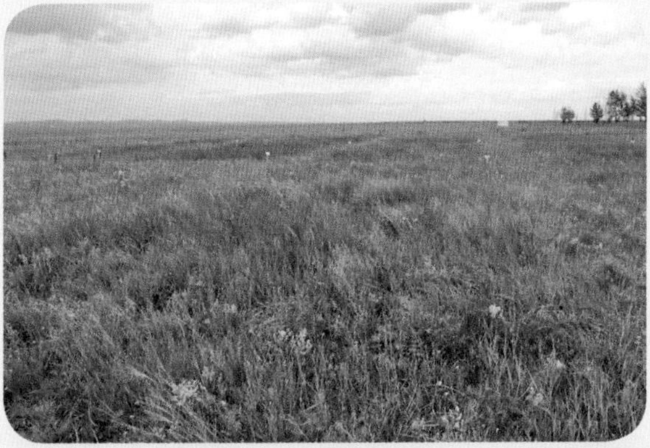

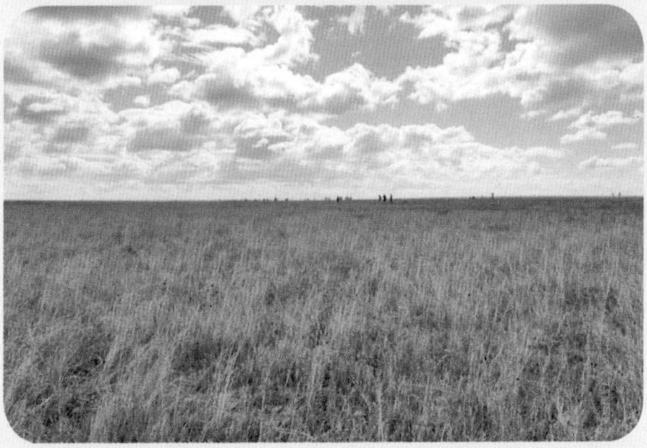

4. ᠪᠣᠷᠣᠭᠣ ᠬᠠᠳᠤᠯᠠᠯᠲᠠ ᠶᠢᠨ ᠴᠠᠭ

ᠰᠠᠯᠪᠤᠷᠢ 6 ᠰᠠᠷ᠎ᠠ ᠶᠢᠨ ᠳᠤᠮᠳᠠ ᠡᠴᠡ 10 ᠰᠠᠷ᠎ᠠ ᠶᠢᠨ ᠳᠤᠮᠳᠠ ᠬᠦᠷᠲᠡᠯ᠎ᠡ ᠪᠣᠷᠣᠭᠣ ᠬᠠᠳᠤᠯᠠᠯᠲᠠ ᠶᠢ ᠭᠦᠢᠴᠡᠳᠬᠡᠨ᠎ᠡ ᠃ ᠬᠠᠳᠤᠯᠠᠯᠲᠠ ᠶᠢᠨ ᠦᠨᠳᠦᠷ ᠢ ᠨᠢᠭᠡᠳᠦᠭᠡᠷ ᠦᠶ᠎ᠡ ᠳᠦ ᠪᠡᠨ ᠬᠠᠳᠤᠯᠠᠬᠤ ᠦᠨᠳᠦᠷ (18 ~ 20 cm) ᠤᠨ ᠪᠡᠨ ᠮᠥᠩᠭᠦᠯᠡᠬᠦ ᠭᠦᠨ ᠬᠦᠷᠡᠩ ᠢ ᠡᠬᠢᠯᠡᠭᠦᠯᠦᠨ᠎ᠡ ᠃ ᠴᠢᠭ ᠬᠡᠮᠵᠢᠶ᠎ᠡ ᠨᠢ 15% ~ 18% ᠪᠣᠯᠪᠠᠯ ᠃ ᠬᠠᠳᠤᠯᠠᠯᠲᠠ ᠪᠠᠷ ᠪᠠᠭᠤᠯᠭᠠᠬᠤ ᠳᠤ ᠬᠠᠳᠤᠯᠠᠯᠲᠠ ᠶᠢᠨ ᠴᠠᠭ ᠢ ᠲᠣᠭᠲᠠᠭᠠᠬᠤ ᠪᠣᠯᠤᠨ᠎ᠠ ᠃

5. ᠪᠣᠷᠣᠭᠣ ᠬᠠᠳᠤᠯᠠᠯᠲᠠ ᠶᠢᠨ ᠦᠨᠳᠦᠷ

ᠪᠣᠷᠣᠭᠣ ᠬᠠᠳᠤᠯᠠᠯᠲᠠ ᠶᠢᠨ ᠦᠨᠳᠦᠷ ᠢ 15 ~ 20 cm ᠪᠣᠯᠭᠠᠨ ᠲᠣᠭᠲᠠᠭᠠᠪᠠᠯ ᠰᠠᠢᠨ ᠃ ᠪᠣᠷᠣᠭᠣ ᠬᠠᠳᠤᠯᠠᠯᠲᠠ ᠪᠠᠨ ᠪᠤᠶᠤ ᠭᠡᠭᠡᠭᠡᠯᠡᠭᠦᠯᠦᠨ᠎ᠡ ᠃

（六）补播

补播是在不破坏或少破坏原有植被的情况下，适当补充播种一些适应性强、饲用价值高的牧草，以增加草群的种类和覆盖度，是提高草地生产力和质量的草原治标改良措施。

1. 补播地段的选择

补播地段应综合考虑当地降水量、地形、土壤、植被类型和退化程度。如果没有灌溉条件，半荒漠草原至少要有200 mm的年降水量，草原至少要有300 mm的年降水量，同时要求地形较为平坦。一般可选择地势稍低的地方，如盆地、谷地、缓坡和河漫滩。

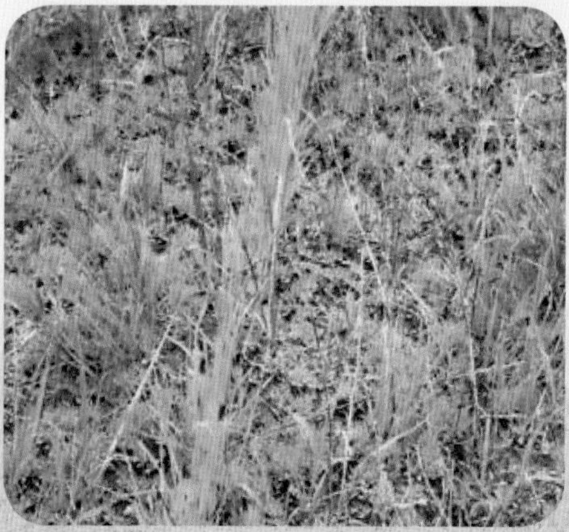

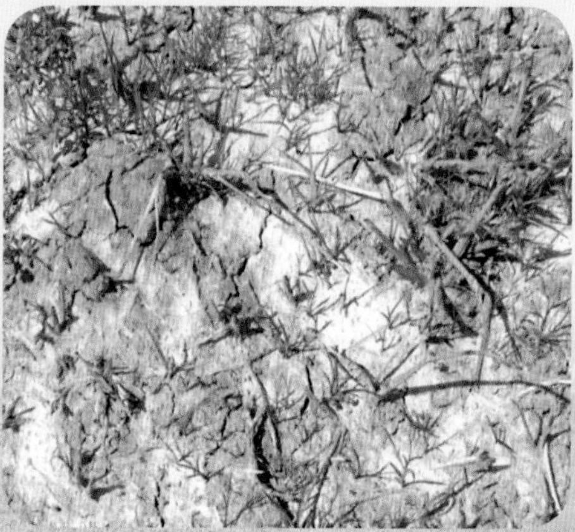

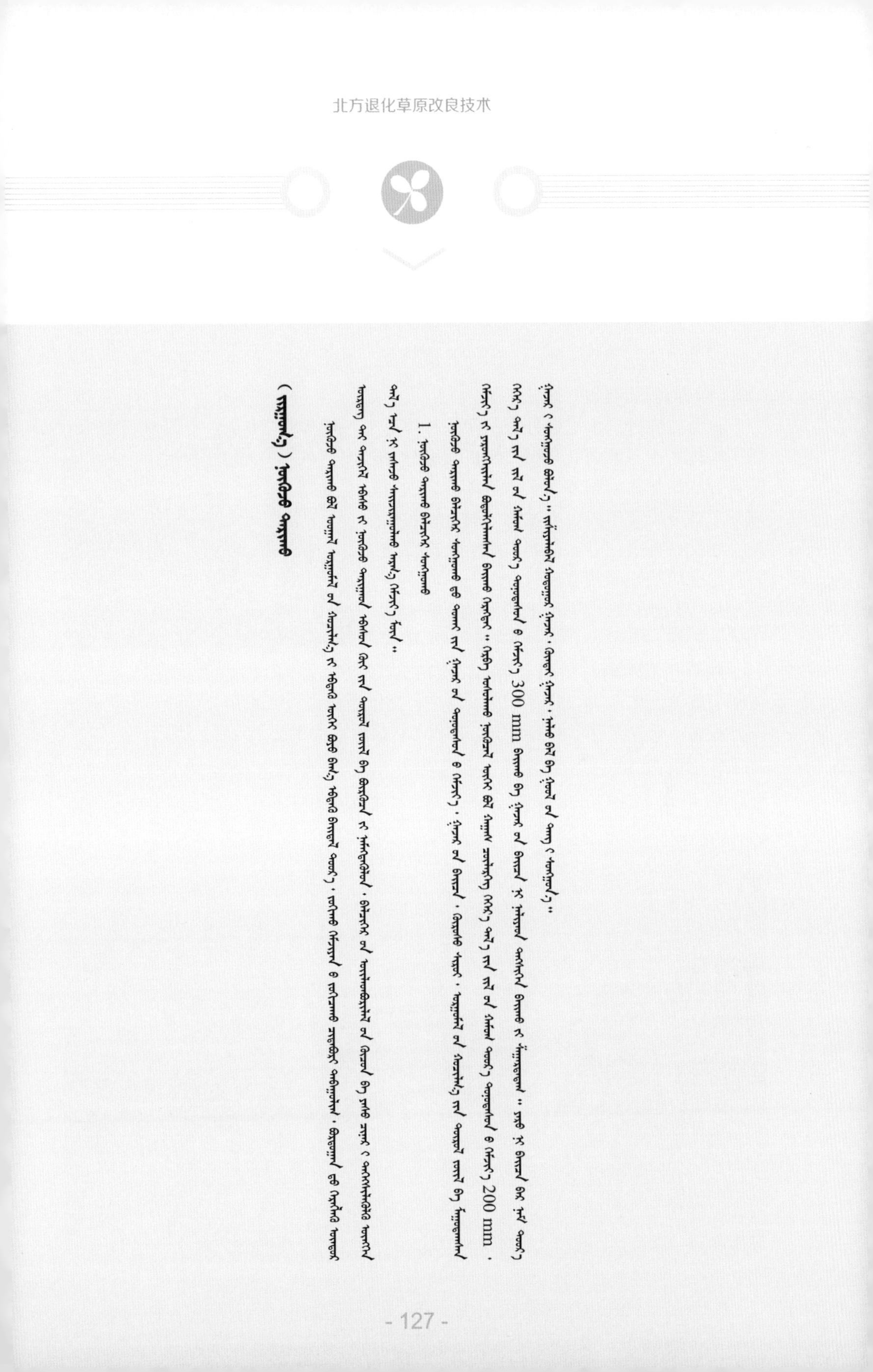

2. 补播前的地面处理

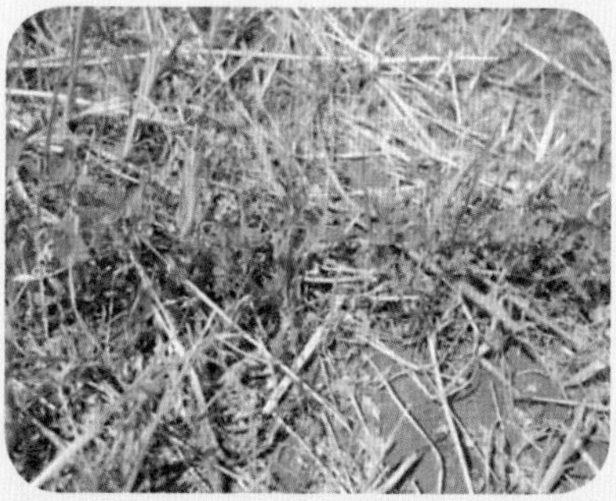

补播前进行一次地面处理是保证补播有效的措施之一。地面处理可采用机械进行部分耕翻和松耙，为种子入土创造条件，同时破坏一部分原有植被，以减弱其对补播牧草的竞争力。松土机具一般用圆盘耙或松土铲，作业时松土宽度在10 cm以上，松土深度15 ～ 25 cm。松土原则上要求地下松土范围越大越好，而地表开沟越小越好。这样有利于牧草扎根，同时增加土壤的保湿能力，改善土壤的理化性状。此外，也可以在补播前进行重牧或采用化学除草剂消灭一部分植物，减少原有草群的竞争，有利于补播牧草的生长。

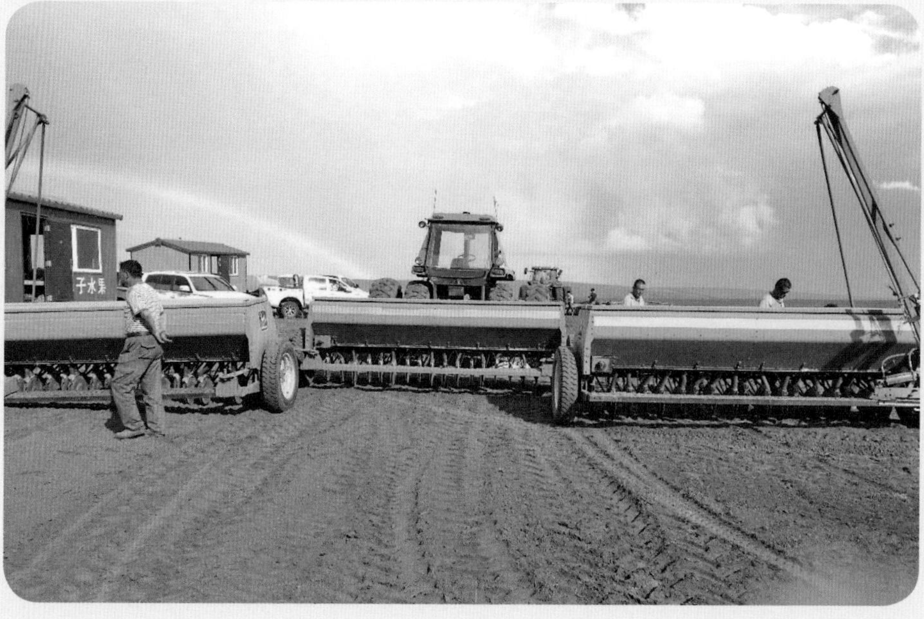

2. ᠬᠥᠷᠦᠰᠦ ᠰᠤᠯᠠᠯᠠᠬᠤ ᠲᠤᠰ ᠮᠠᠰᠢᠨ ᠢ ᠰᠣᠩᠭᠣᠬᠤ ᠬᠡᠷᠡᠭᠯᠡᠬᠦ

ᠬᠥᠷᠦᠰᠦ ᠰᠤᠯᠠᠯᠠᠬᠤ ᠲᠤᠰ ᠮᠠᠰᠢᠨ ᠢ ᠰᠣᠩᠭᠣᠬᠤ ᠳᠤ ᠬᠥᠷᠦᠰᠦ ᠰᠤᠯᠠᠯᠠᠬᠤ ᠮᠠᠰᠢᠨ ᠤ ᠬᠡᠮᠵᠢᠶ᠎ᠡ ᠳᠦ ᠲᠠᠢ ᠬᠥᠷᠦᠰᠦ ᠰᠤᠯᠠᠯᠠᠬᠤ ᠮᠠᠰᠢᠨ ᠤ ᠬᠡᠷᠡᠭᠯᠡᠭᠡ ᠶᠢ ᠬᠠᠷᠭᠠᠯᠵᠠᠬᠤ ᠴᠢᠬᠤᠯᠠ ᠪᠠᠢᠨ᠎ᠠ ᠃ ᠪᠣᠯᠤᠨ ᠪᠣᠯᠤᠨ ᠰᠤᠯᠠᠯᠠᠬᠤ ᠬᠡᠮᠵᠢᠶ᠎ᠡ ᠨᠢ ᠬᠡᠷᠡᠭᠯᠡᠬᠦ ᠬᠡᠮᠵᠢᠶ᠎ᠡ ᠶᠢᠨ ᠬᠠᠷᠢᠴᠠᠭ᠎ᠠ ᠳᠦ ᠲᠤᠬᠢᠷᠠᠨ᠎ᠠ ᠃ ᠬᠥᠷᠦᠰᠦ ᠰᠤᠯᠠᠯᠠᠬᠤ ᠮᠠᠰᠢᠨ ᠤ ᠵᠦᠢᠯ ᠨᠢ ᠣᠯᠠᠨ ᠵᠦᠢᠯ ᠪᠠᠢᠬᠤ ᠪᠥᠭᠡᠳ ᠬᠥᠷᠦᠰᠦ ᠰᠤᠯᠠᠯᠠᠬᠤ ᠴᠢᠯᠠᠭᠤ ᠵᠢᠨ ᠪᠠᠨ ᠰᠤᠯᠠᠯᠠᠭᠰᠠᠨ ᠤ ᠬᠡᠮᠵᠢᠶ᠎ᠡ ᠨᠢ 10 cm ᠡᠴᠡ ᠳᠣᠣᠭᠰᠢ ᠃ ᠬᠠᠮᠤᠭ ᠤᠨ ᠭᠦᠨ 15 ~ 25 cm ᠪᠣᠯᠤᠨ᠎ᠠ ᠃ ᠬᠥᠷᠦᠰᠦ ᠰᠤᠯᠠᠯᠠᠬᠤ ᠲᠤᠰ ᠮᠠᠰᠢᠨ ᠢ ᠰᠣᠩᠭᠣᠬᠤ ᠳᠤ ᠬᠥᠷᠦᠰᠦ ᠨᠢ ᠬᠠᠲᠠᠭᠤ ᠵᠥᠭᠡᠯᠡᠨ ᠂ ᠨᠣᠶᠤᠭᠤ ᠬᠤᠷ᠎ᠠ ᠶᠢᠨ ᠪᠠᠶᠢᠳᠠᠯ ᠢ ᠪᠣᠳᠣᠯᠴᠠᠬᠤ ᠬᠡᠷᠡᠭᠲᠡᠢ ᠃ ᠪᠠᠷᠢᠮᠲᠠ ᠳᠤ ᠬᠥᠷᠦᠰᠦ ᠰᠤᠯᠠᠯᠠᠬᠤ ᠲᠤᠰ ᠮᠠᠰᠢᠨ ᠤ ᠲᠣᠬᠢᠷᠠᠭᠤᠯᠤᠯᠲᠠ ᠶᠢ ᠰᠠᠢᠵᠢᠷᠠᠭᠤᠯᠬᠤ ᠬᠡᠷᠡᠭᠲᠡᠢ ᠂ ᠡᠩ ᠤᠨ ᠬᠡᠷᠡᠭᠯᠡᠭᠡ ᠨᠢ ᠬᠦᠷᠳᠦᠨ ᠪᠠᠢᠵᠤ ᠪᠣᠯᠬᠤ ᠦᠭᠡᠢ ᠂ ᠬᠥᠷᠦᠰᠦ ᠰᠤᠯᠠᠯᠠᠬᠤ ᠮᠠᠰᠢᠨ ᠤ ᠬᠡᠮᠵᠢᠶ᠎ᠡ ᠶᠢ ᠲᠣᠬᠢᠷᠠᠭᠤᠯᠬᠤ ᠬᠡᠷᠡᠭᠲᠡᠢ ᠪᠠᠢᠨ᠎ᠠ ᠃ ᠬᠥᠷᠦᠰᠦ ᠰᠤᠯᠠᠯᠠᠬᠤ ᠮᠠᠰᠢᠨ ᠤ ᠬᠥᠳᠡᠯᠭᠡᠭᠡᠨ ᠤ ᠬᠤᠷᠳᠤᠴᠠ ᠨᠢ ᠬᠡᠲᠦ ᠬᠤᠷᠳᠤᠨ ᠪᠠᠢᠵᠤ ᠪᠣᠯᠬᠤ ᠦᠭᠡᠢ ᠂ ᠦᠭᠡᠰ ᠪᠡᠷ ᠬᠥᠷᠦᠰᠦ ᠨᠢ ᠬᠦᠨᠳᠦ ᠪᠠᠢᠪᠠᠯ ᠬᠥᠳᠡᠯᠭᠡᠭᠡᠨ ᠤ ᠬᠤᠷᠳᠤᠴᠠ ᠶᠢ ᠪᠠᠭᠤᠷᠠᠭᠤᠯᠬᠤ ᠬᠡᠷᠡᠭᠲᠡᠢ ᠪᠡᠷ ᠬᠥᠷᠦᠰᠦ ᠰᠤᠯᠠᠯᠠᠬᠤ ᠴᠢᠨᠠᠷ ᠢ ᠬᠠᠩᠭᠠᠬᠤ ᠶᠢᠨ ᠲᠤᠯᠠᠭ᠎ᠠ ᠬᠥᠷᠦᠰᠦ ᠰᠤᠯᠠᠯᠠᠬᠤ ᠲᠤᠰ ᠮᠠᠰᠢᠨ ᠤ ᠬᠡᠷᠡᠭᠯᠡᠭᠡ ᠶᠢ ᠰᠠᠢᠵᠢᠷᠠᠭᠤᠯᠬᠤ ᠬᠡᠷᠡᠭᠲᠡᠢ ᠬᠢᠪᠡ ::

3. 补播牧草品种的选择

最好选择适应当地土壤和气候条件的野生牧草，或经驯化栽培的优良牧草进行补播。在干旱区补播应选择具有抗旱、抗寒和根深特点的牧草；在沙化区应选择超旱生的防风固沙牧草；在盐渍地应选择耐盐碱性牧草。牧草的饲用价值方面，建议选择适口性好、营养价值和产量较高的牧草进行补播。牧草的利用方式方面，建议根据不同的利用方式，选择不同的株丛类型的牧草品种，例如打草场应选择上繁草类，放牧应选择下繁草类。

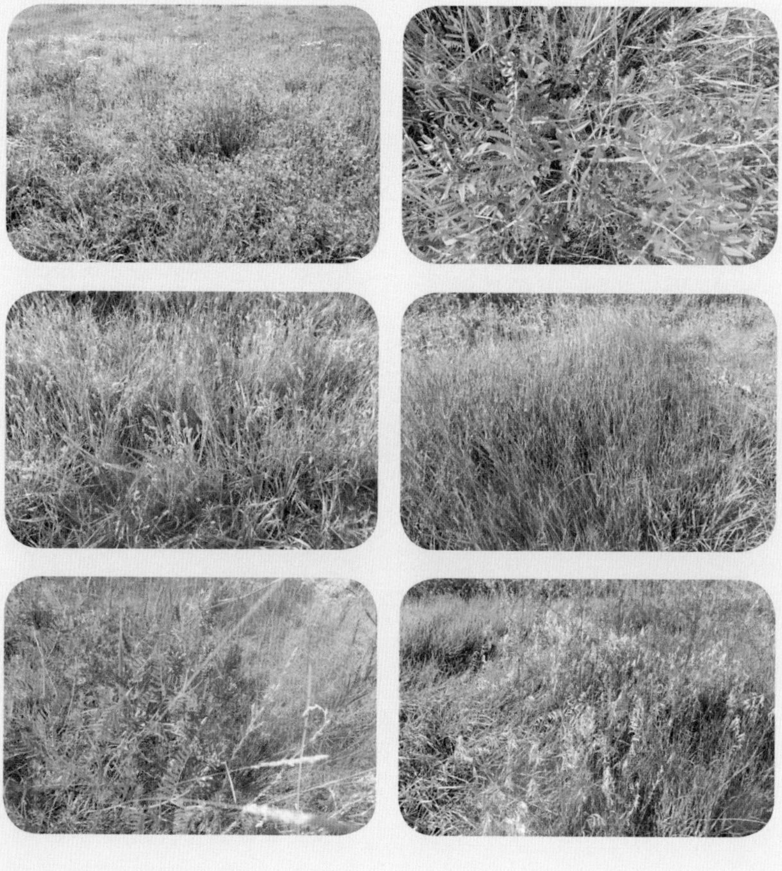

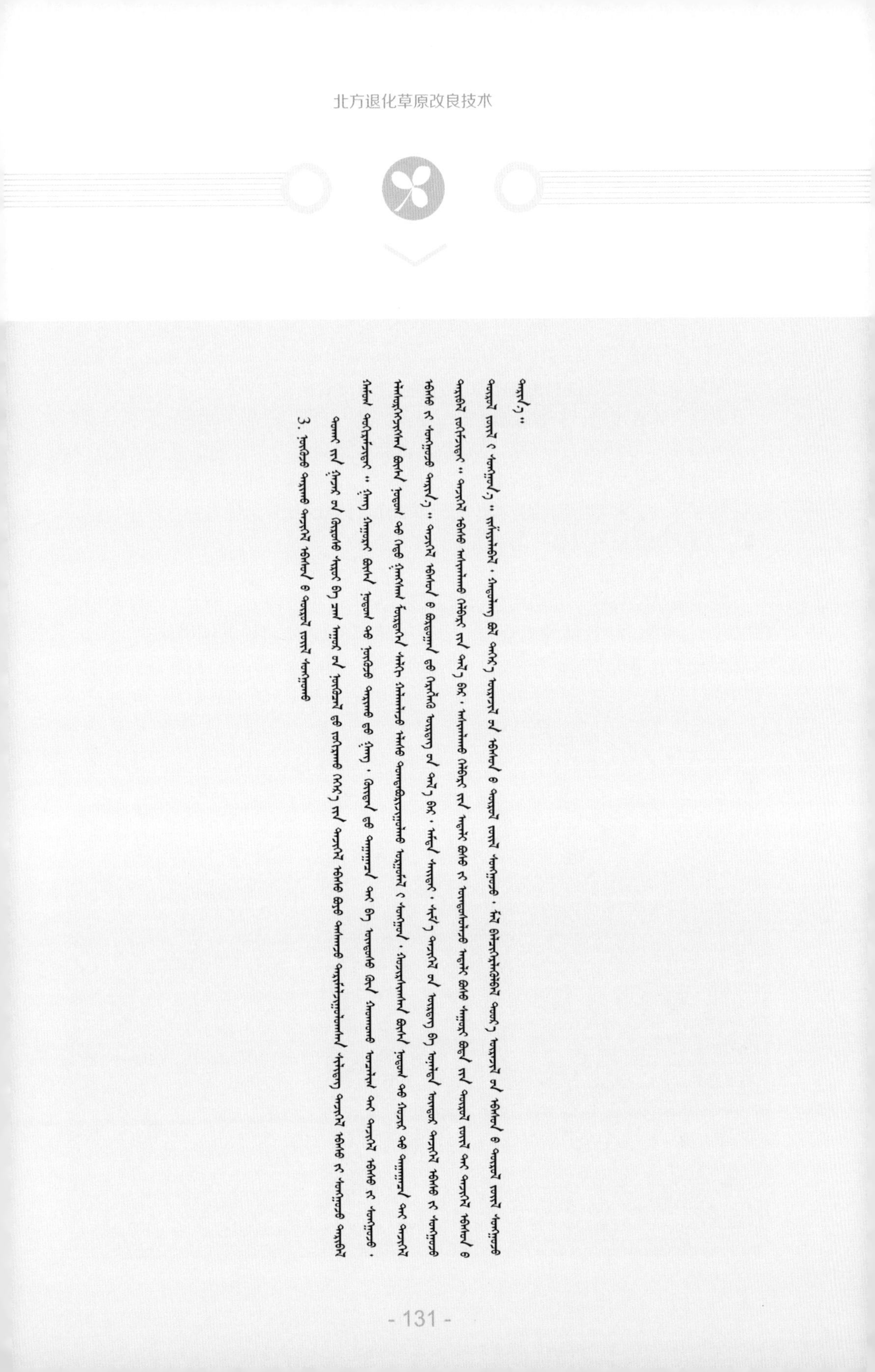

[illegible]

[illegible]

3. [illegible]

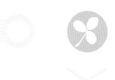

不同草原类型可供补播的牧草品种应该综合地形、气候、土壤等自然条件，以及草原退化程度进行补播改良。

典型草原可补播的牧草品种有杂花苜蓿、羊茅、冰草、锦鸡儿等；温性草甸草原可补播的牧草品种有无芒雀麦、披碱草、老芒麦、鸭茅、早熟禾、黄花苜蓿、红豆草、三叶草、野豌豆等；低地草甸可补播的牧草品种有黄花苜蓿、百脉根、布顿氏大麦、偃麦草、苇状羊茅、赖草等。

4. 补播前种子处理

野生牧草的种子，在适应恶劣的外部环境的演化过程中，形成了特殊的形态和类型，例如豆科牧草种皮坚硬（或种子硬实），禾本科牧草种子休眠。因此，在选好补播牧草种子后，必须进行播种前处理，提高发芽率。豆科牧草的硬实种子可通过机械、温水或化学处理，能有效地破除休眠。禾本科牧草种子可通过晒种、热温或者沙藏处理，能有效地缩短休眠期。

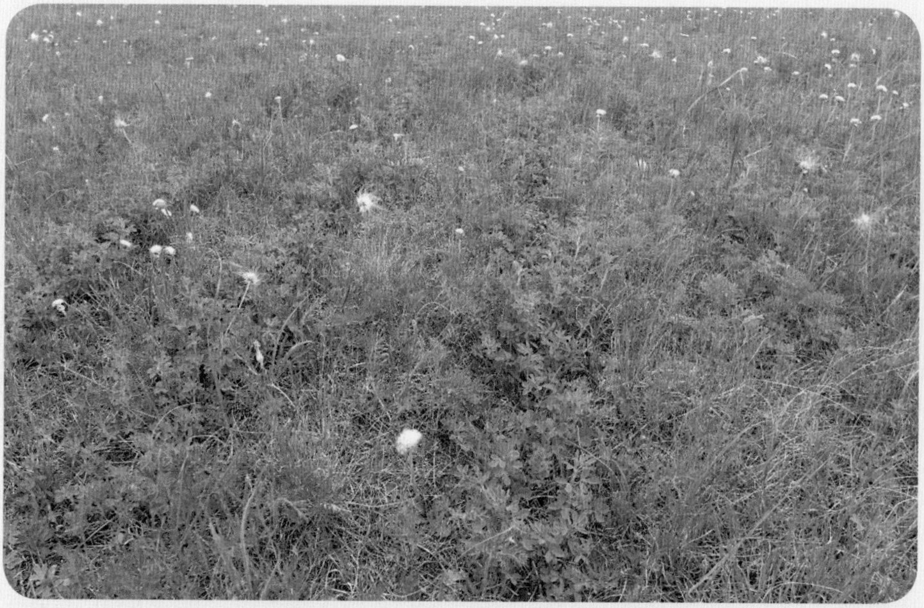

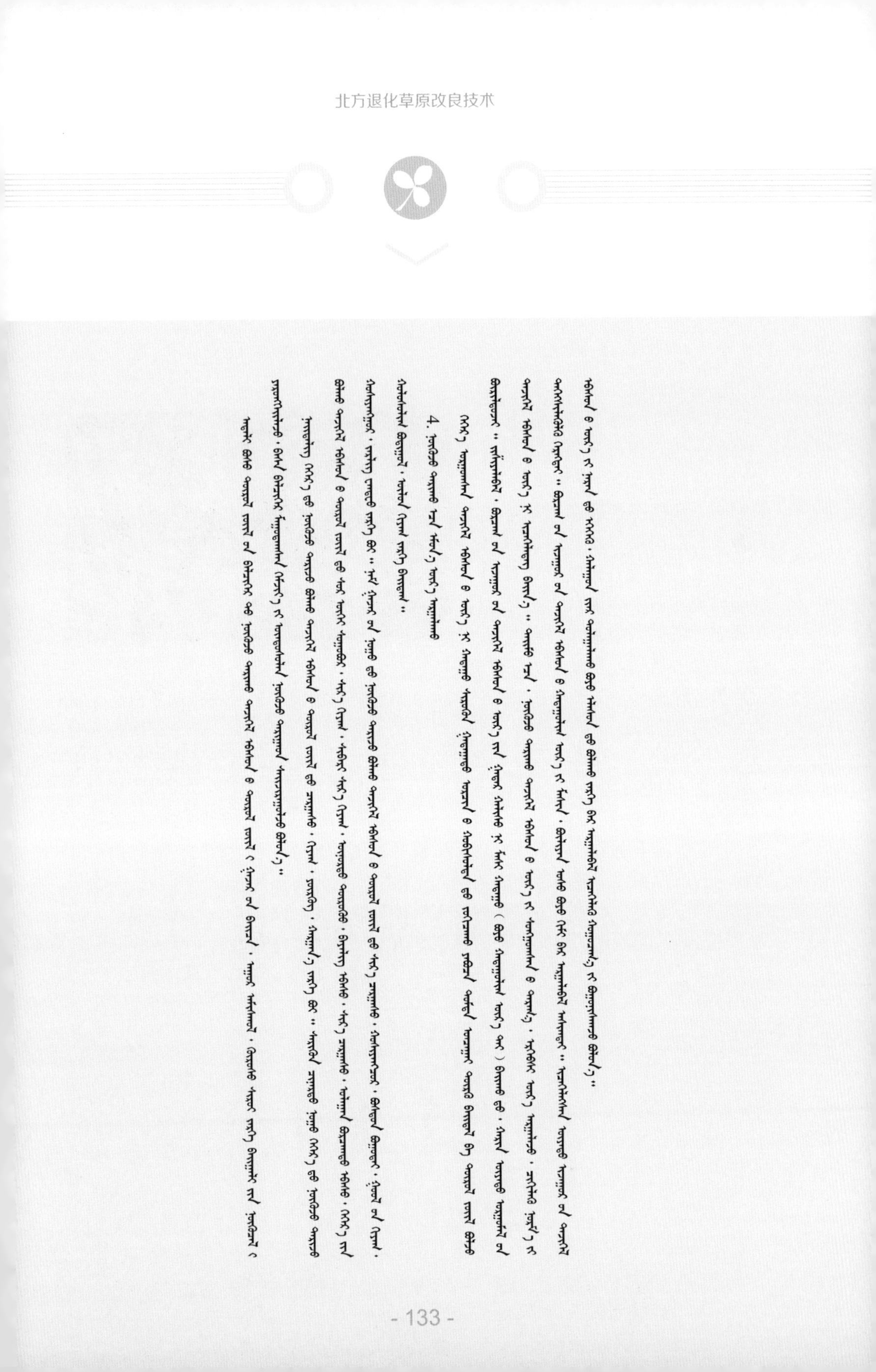

[illegible]

4. [illegible]

[illegible]

5. 补播时期

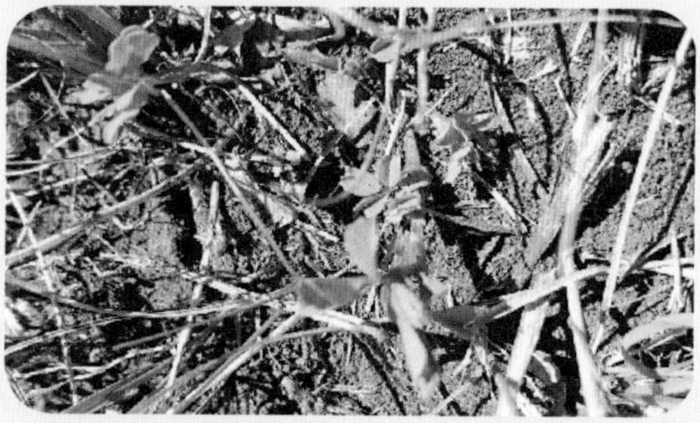

选择适宜的补播时期是补播成功的关键，要根据原有植被的发育状况和土壤水分条件来确定。原则上，应选择在原有植被生长发育最弱的时期补播，这样可以减少原有植被对补播牧草幼苗的抑制作用。由于在春秋季牧草生长较弱，所以一般都在春秋季补播。例如，新疆北部草原，春季正是积雪融化时，土壤水分状况好，也是原有草地植被生长最弱时期。但是，我国大多数草原地区，冬季降雨不多，春季又干旱缺雨，风沙大，春季补播有一定困难，因而以初夏补播较适合。此时原有植物生长不旺盛，雨季又将来临，土壤水分充足，补播成功的希望较大。

6. 补播方式

草原补播采用撒播和条播方式。撒播可用飞机播种、人工撒插，或利用羊群播种。若面积不大，最简单的方法是人工撒播。在大面积的沙漠地区，或土壤基质疏松的草原上，可采用飞机播种。飞机播种速度快，面积大，作业范围广，适用于地势开阔的沙化、退化严重的草原和黄土丘陵，是建立半人工草地的最好方法。条播多采用草原松土补播机进行一次性作业，松土、补播、镇压同步进行，效果较好。

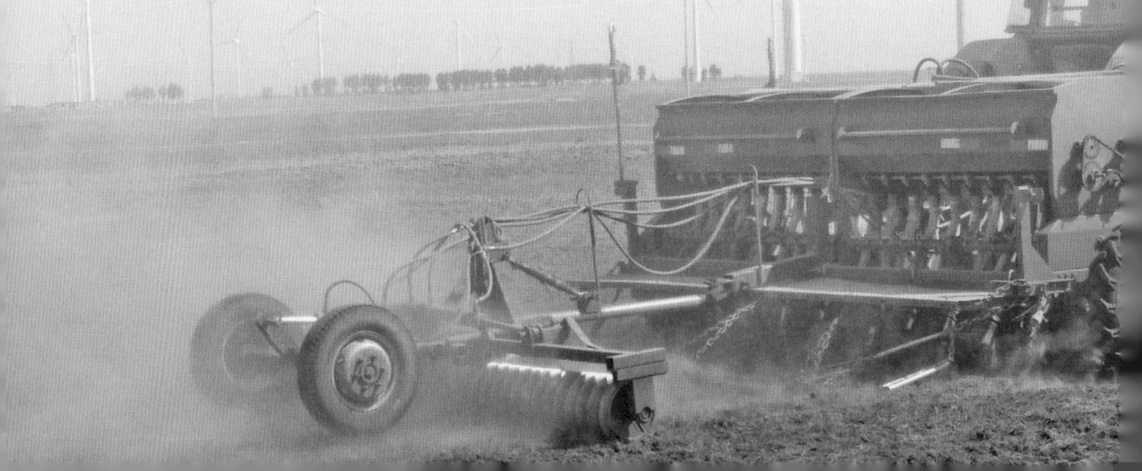

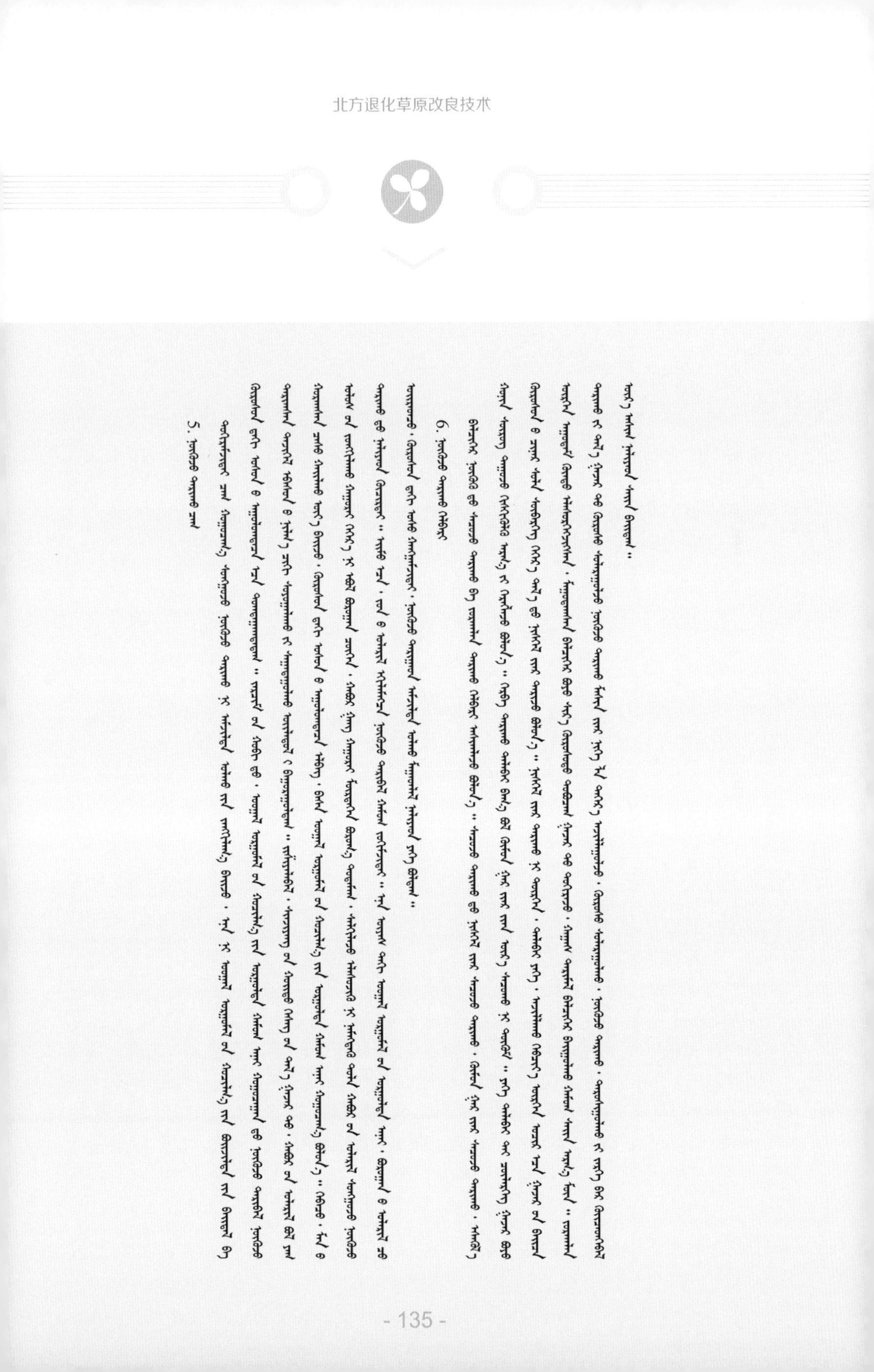

[illegible]

6. [illegible]

[illegible]

5. [illegible]

7. 播种量

播种量与牧草种类、用途、土壤、气候等因素有关。在一定条件下，它主要决定于种子的千粒重和单株所需的营养面积。一般而言，种子由小到大，每公顷播种量3 ～ 15 kg；每平方米的成苗数为10 ～ 50株。因此，根据牧草的千粒重和每公顷地上所需的有发芽能力的种子数来计算播种量。

每公顷播种量可按照下式计算：

$$X=\frac{H\times N\times M}{10^6\times A}$$

式中：

X——播种量（kg/hm^2）

H——千粒重（g）

N——每平方米需有发芽力的种子数（粒）

A——种子用价，是其纯度与发芽率的乘积

M——667 m^2

其中，N根据实测和大量播种量资料推算，一般牧草为200 ～ 500粒/m^2。水肥条件好、种子小，计算时可取下限（200粒/m^2），相反则取上限，而中等水平可按350粒/m^2计算。

8. 补播深度和间隔

补播深度应根据草种大小、土壤质地决定。在质地疏松的土壤上可播深些，在黏重的土壤上可播浅些；大的牧草种子可深些，小的牧草种子可浅些，一般牧草的播种深度不应超过3 ～ 4 cm。不同牧草种子的间隔应有区别，苜蓿、草木樨为2 ～ 3 cm，无芒雀麦和羊草为4 ～ 5 cm，冰草为1 ～ 2cm，披碱草和碱草为3 ～ 4 cm，狐茅、沙打旺为0.5 ～ 1 cm。有些牧草种子很小，如红三叶、看麦娘、木地肤，可以直接撒播在湿润的草地上而不必覆土。

7. ᠲᠠᠷᠢᠬᠤ ᠬᠡᠮᠵᠢᠶ᠎ᠡ

ᠲᠠᠷᠢᠬᠤ ᠬᠡᠮᠵᠢᠶ᠎ᠡ ᠨᠢ ᠲᠠᠷᠢᠮᠠᠯ ᠤᠷᠤᠭ ᠤᠨ ᠲᠥᠷᠥᠯ · ᠴᠢᠨᠠᠷ · ᠪᠣᠯᠵᠤ · ᠬᠥᠷᠥᠰᠦ ᠨᠢᠭᠲᠠᠷᠠᠭ ᠮᠡᠲᠦ ᠵᠦᠢᠯ ᠡᠴᠡ ᠬᠠᠮᠢᠶᠠᠷᠤᠨ᠎ᠠ ᠃ ᠶᠡᠷᠦ ᠳᠡᠭᠡᠨ ᠮᠥᠬᠥᠯᠢᠭ ᠨᠢ ᠦᠷ᠎ᠡ ᠶᠢᠨ

ᠲᠠᠷᠢᠬᠤ ᠬᠡᠮᠵᠢᠶ᠎ᠡ ᠨᠢ ᠮᠢᠩᠭᠠᠨ ᠮᠥᠬᠥᠯᠢᠭ ᠦᠨ ᠵᠢᠩ ᠪᠠ ᠨᠢᠭᠡ ᠮᠥᠴᠢ ᠶᠢᠨ ᠰᠠᠭᠤᠯᠭ᠎ᠠ ᠶᠢᠨ ᠲᠣᠭ᠎ᠠ ᠵᠡᠷᠭᠡ ᠡᠴᠡ ᠬᠠᠮᠢᠶᠠᠷᠤᠨ᠎ᠠ ᠃ ᠶᠡᠷᠦ ᠳᠡᠭᠡᠨ · ᠦᠷ᠎ᠡ ᠶᠢᠨ ᠲᠠᠷᠢᠬᠤ ᠭᠦᠨ ᠢ ᠲᠣᠭᠲᠠᠭᠠᠬᠤ · ᠰᠠᠶᠢᠨ ᠦᠷ᠎ᠡ 3 ~ 15 kg · ᠲᠠᠷᠢᠬᠤ

ᠲᠠᠷᠢᠮᠠᠯ ᠰᠠᠭᠤᠯᠭ᠎ᠠ ᠶᠢᠨ ᠲᠣᠭ᠎ᠠ ᠨᠢ 10 ~ 15 ᠰᠠᠶ᠀ ᠪᠣᠯᠤᠨ᠎ᠠ ᠃ ᠲᠠᠷᠢᠬᠤ ᠦᠶ᠎ᠡ ᠳᠦ ᠮᠢᠩᠭᠠᠨ ᠮᠥᠬᠥᠯᠢᠭ ᠦᠷ᠎ᠡ ᠶᠢᠨ ᠵᠢᠩ ᠢ ᠰᠠᠶᠢᠨ ᠦᠷ᠎ᠡ ᠶᠢᠨ ᠬᠡᠷᠡᠭᠯᠡᠬᠦ ᠦᠨ᠎ᠡ ᠪᠠᠷ ᠤᠷᠢᠳᠴᠢᠯᠠᠨ ᠲᠣᠭᠠᠴᠠᠨ᠎ᠠ ᠃

ᠲᠣᠭᠠᠴᠠᠬᠤ ᠨᠢ ᠲᠠᠷᠢᠬᠤ ᠬᠡᠮᠵᠢᠶ᠎ᠡ ᠶᠢ ᠪᠣᠳᠣᠬᠤ ᠠᠷᠭ᠎ᠠ ᠨᠢ ᠳᠠᠷᠠᠭᠠᠬᠢ ᠮᠡᠲᠦ ᠪᠣᠢ:

$$X=\frac{H\times N\times M}{10^{6}\times A}$$

X — ᠲᠠᠷᠢᠬᠤ ᠬᠡᠮᠵᠢᠶ᠎ᠡ (kg/hm²)

H — ᠮᠢᠩᠭᠠᠨ ᠮᠥᠬᠥᠯᠢᠭ ᠦᠨ ᠵᠢᠩ (g)

N — ᠨᠢᠭᠡ ᠮᠦ ᠭᠠᠵᠠᠷ ᠲᠤ ᠪᠠᠢᠬᠤ ᠬᠦᠴᠦᠨ ᠲᠡᠢ ᠰᠠᠭᠤᠯᠭ᠎ᠠ ᠶᠢᠨ ᠲᠣᠭ᠎ᠠ (ᠮᠥᠬᠥᠯᠢᠭ)

A — ᠦᠷ᠎ᠡ ᠶᠢᠨ ᠴᠡᠪᠡᠷᠯᠢᠭ ᠦᠨ ᠬᠡᠮᠵᠢᠶ᠎ᠡ · ᠨᠠᠬᠢᠯᠠᠯᠲᠠ ᠶᠢᠨ ᠬᠤᠪᠢ ᠪᠠ ᠰᠠᠶᠢᠨ ᠦᠷ᠎ᠡ ᠶᠢᠨ ᠬᠡᠷᠡᠭᠯᠡᠭᠡ

M — 667 m²

ᠨᠢᠭᠡ ᠳᠦ · N ᠢ ᠪᠣᠳᠣᠬᠤ ᠳᠦᠷᠢᠮ ᠪᠣᠯ ᠲᠠᠷᠢᠬᠤ ᠬᠡᠮᠵᠢᠶ᠎ᠡ ᠶᠢᠨ ᠨᠥᠬᠥᠴᠡᠯ ᠦᠨ ᠰᠤᠳᠤᠯᠤᠯ ᠢ ᠦᠨᠳᠦᠰᠦᠯᠡᠨ ᠲᠣᠭᠲᠠᠭᠠᠬᠤ ᠪᠣᠯᠤᠨ᠎ᠠ ᠃ ᠡᠨᠡ ᠨᠢ ᠲᠠᠷᠢᠮᠠᠯ ᠤᠷᠤᠭ ᠨᠢ ᠪᠠᠭᠠ 200 ~ 500

ᠮᠥᠬᠥᠯᠢᠭ /m² ᠪᠣᠯᠤᠨ᠎ᠠ ᠃ ᠬᠤᠪᠢ ᠪᠣᠳᠣᠯᠭ᠎ᠠ ᠳᠤ ᠣᠷᠣᠯᠴᠠᠬᠤ ᠰᠣᠨᠭᠤᠯᠲᠠ · ᠦᠷ᠎ᠡ ᠶᠢ ᠲᠠᠷᠢᠬᠤ ᠦᠶ᠎ᠡ · ᠲᠣᠬᠢᠷᠠᠭᠤᠯᠤᠯᠲᠠ ᠪᠣᠯᠬᠤ ᠳᠤ ᠪᠠᠨ ᠰᠠᠶᠢᠨ ᠲᠣᠭᠠᠴᠠᠬᠤ ᠬᠡᠮᠵᠢᠶ᠎ᠡ (200 ᠮᠥᠬᠥᠯᠢᠭ /m²) ᠨᠢ ᠰᠠᠶᠢᠨ · ᠪᠠᠭ᠎ᠠ ᠳᠠᠭᠠᠨ

ᠰᠣᠷᠢᠯᠲᠠ ᠪᠣᠯᠭᠠᠬᠤ ᠰᠠᠯᠠᠭᠠᠯᠠᠬᠤ ᠲᠠᠷᠢᠮᠠᠯ ᠨᠢ · ᠭᠡᠳᠡᠭᠡ ᠲᠠᠷᠢᠬᠤ ᠬᠡᠮᠵᠢᠶ᠎ᠡ ᠶᠢᠨ ᠲᠣᠭᠠᠴᠠᠯ ᠳᠤ ᠪᠠᠢᠬᠤ ᠪᠣᠯᠪᠠᠰᠤ 350 ᠮᠥᠬᠥᠯᠢᠭ /m² ᠡᠴᠡ ᠪᠠᠭᠠᠰᠬᠤ ᠪᠣᠯᠤᠨ᠎ᠠ ᠃

8. ᠲᠠᠷᠢᠬᠤ ᠭᠦᠨ ᠪᠠ ᠠᠷᠭ᠎ᠠ

ᠲᠠᠷᠢᠬᠤ ᠭᠦᠨ ᠢ ᠦᠷ᠎ᠡ ᠶᠢᠨ ᠬᠡᠮᠵᠢᠶ᠎ᠡ · ᠬᠥᠷᠥᠰᠦᠨ ᠦ ᠴᠢᠭᠢᠭ ᠲᠡᠶ ᠡᠰᠡᠬᠦ ᠵᠡᠷᠭᠡ ᠨᠥᠬᠥᠴᠡᠯ ᠳᠦ ᠲᠣᠬᠢᠷᠠᠭᠤᠯᠬᠤ ᠬᠡᠷᠡᠭᠲᠡᠢ ᠃ ᠵᠢᠵᠢᠭ ᠮᠥᠬᠥᠯᠢᠭ ᠲᠡᠢ ᠪᠠᠭ᠎ᠠ ᠦᠷ᠎ᠡ · ᠲᠣᠮᠣ ᠮᠥᠬᠥᠯᠢᠭ ᠲᠡᠢ ᠪᠠᠭ᠎ᠠ ᠦᠷ᠎ᠡ · ᠲᠠᠷᠢᠬᠤ

ᠦᠷ᠎ᠡ ᠨᠢ ᠲᠣᠮᠣ ᠦᠶ᠎ᠡ · ᠰᠢᠷᠭᠤᠭ ᠦᠷ᠎ᠡ ᠨᠢ ᠪᠠᠭ᠎ᠠ ᠦᠶ᠎ᠡ · ᠭᠦᠨᠵᠡᠭᠡᠷ ᠲᠠᠷᠢᠬᠤ ᠭᠦᠨ ᠨᠢ 3 ~ 4 cm ᠪᠠᠢᠬᠤ ᠰᠢᠭ ᠲᠠᠢ ᠪᠣᠯᠤᠨ᠎ᠠ ᠃ ᠬᠥᠷᠥᠰᠦ ᠨᠢ ᠦᠷ᠎ᠡ ᠶᠢᠨ ᠨᠢᠭᠲᠠᠷᠠᠭᠤᠯᠬᠤ ᠳᠤ ᠨᠢ

ᠦᠷ᠎ᠡ ᠨᠢ ᠪᠠᠭ᠎ᠠ ᠦᠶ᠎ᠡ · ᠲᠠᠷᠢᠬᠤ ᠦᠷ᠎ᠡ ᠶᠢᠨ ᠪᠠᠭᠠᠰᠬᠤ ᠦᠶ᠎ᠡ ᠳᠦ ᠭᠦᠨᠵᠡᠭᠡᠷ ᠲᠠᠷᠢᠬᠤ ᠭᠦᠨ ᠨᠢ 3 ~ 4 cm ᠪᠠᠢᠬᠤ ᠰᠢᠭ ᠲᠠᠢ ᠪᠣᠯᠤᠨ᠎ᠠ ᠃ ᠬᠥᠷᠥᠰᠦ ᠨᠢ ᠦᠷ᠎ᠡ ᠶᠢᠨ ᠪᠦᠷᠬᠦᠭᠦᠯᠬᠦ ᠨᠢ

ᠪᠦᠷᠬᠦᠭᠦᠯᠬᠦ ᠪᠠᠨ ᠬᠥᠩᠭᠡᠨ ᠬᠥᠷᠥᠰᠦ ᠃ ᠰᠢᠪᠠᠷ · ᠪᠠᠭᠠᠰᠬᠤ ᠰᠢᠭ ᠢ ᠦᠷ᠎ᠡ ᠨᠢ ᠪᠦᠷᠬᠦᠭᠦᠯᠬᠦ ᠨᠢ 2 ~ 3 cm · ᠬᠦᠨᠳᠦ ᠬᠥᠷᠥᠰᠦ ᠲᠠᠢ ᠭᠠᠵᠠᠷ ᠲᠤ ᠦᠷ᠎ᠡ ᠨᠢ ᠪᠦᠷᠬᠦᠭᠦᠯᠬᠦ ᠨᠢ 4 ~ 5 cm · ᠡᠯᠡᠰᠦᠨ ᠳᠦ

ᠦᠷ᠎ᠡ ᠨᠢ ᠪᠦᠷᠬᠦᠭᠦᠯᠬᠦ ᠨᠢ 1 ~ 2 cm · ᠬᠠᠭᠤᠷᠠᠢ ᠭᠠᠵᠠᠷ ᠲᠤ ᠴᠢᠭᠢᠭ ᠲᠡᠢ ᠭᠠᠵᠠᠷ ᠲᠤ ᠦᠷ᠎ᠡ ᠨᠢ ᠪᠦᠷᠬᠦᠭᠦᠯᠬᠦ ᠨᠢ 3 ~ 4 cm · ᠦᠷ᠎ᠡ ᠶᠢᠨ ᠬᠠᠷᠢᠴᠠᠯ · ᠬᠥᠷᠥᠰᠦ ᠶᠢᠨ ᠴᠢᠭᠢᠭ ᠲᠤ ᠦᠷ᠎ᠡ ᠨᠢ ᠪᠦᠷᠬᠦᠭᠦᠯᠬᠦ ᠨᠢ

0.5 ~ 1 cm ᠪᠠᠢᠬᠤ ᠪᠠᠷ ᠲᠣᠬᠢᠷᠠᠭᠤᠯᠤᠨ᠎ᠠ ᠃ ᠡᠩ ᠤᠨ ᠲᠠᠷᠢᠮᠠᠯ ᠤᠷᠤᠭ ᠤᠨ ᠦᠷ᠎ᠡ ᠨᠢ ᠵᠢᠵᠢᠭ ᠪᠠᠢᠳᠠᠭ ᠃ ᠰᠢᠷᠬᠡᠭ ᠰᠢᠷᠢᠯᠵᠢ ᠶᠢᠨ ᠲᠥᠷᠥᠯ · ᠦᠷ᠎ᠡ ᠶᠢᠨ ᠬᠡᠮᠵᠢᠶ᠎ᠡ · ᠪᠦᠷᠬᠦᠭᠦᠯᠬᠦ ᠭᠦᠨ ᠢ ᠨᠢᠭᠲᠠᠷᠠᠭᠤᠯᠬᠤ

ᠬᠡᠷᠡᠭᠲᠡᠢ ᠪᠣᠯᠤᠨ᠎ᠠ · ᠵᠢᠵᠢᠭ ᠦᠷ᠎ᠡ ᠲᠠᠢ ᠲᠥᠷᠥᠯ · ᠲᠠᠷᠢᠬᠤ ᠪᠠᠷ ᠪᠦᠷᠬᠦᠭᠦᠯᠦᠯᠳᠡ ᠭᠦᠨ ᠲᠠᠷᠢᠬᠤ ᠪᠣᠯᠤᠨ᠎ᠠ ᠃

9. 镇压覆土

牧草种子播后最好进行镇压，使其与土壤紧密接触，有利于种子吸水发芽。但对于水分较多的黏土和盐分含量大的土壤则不宜镇压种子，以免引起返盐和土层板结。一般采用耱地、镇压器镇压，或用畜力、拖拉机拖带树枝或灌木编的拖耙拉耱。

10. 补播后管理

为了保护幼苗，保持土壤水分，常在补播地上覆盖一层枯草或秸秆，以改善补播地段的小气候。有条件的地区，可以结合补播进行施肥和灌水，这是提高产量的有效措施，也有利于补播幼苗当年定居。另外，刚补播的草地幼苗嫩弱，根系浅，经不起践踏。应加强围封管理，当年必须禁牧，第二年以后可以进行秋季割草或冬季放牧；还应注意防鼠、防病虫害，确保幼苗不受危害。

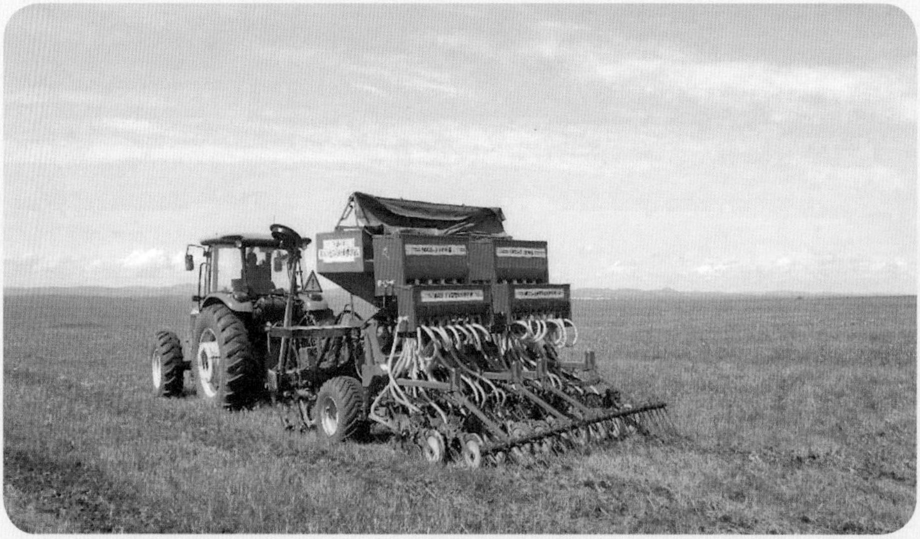

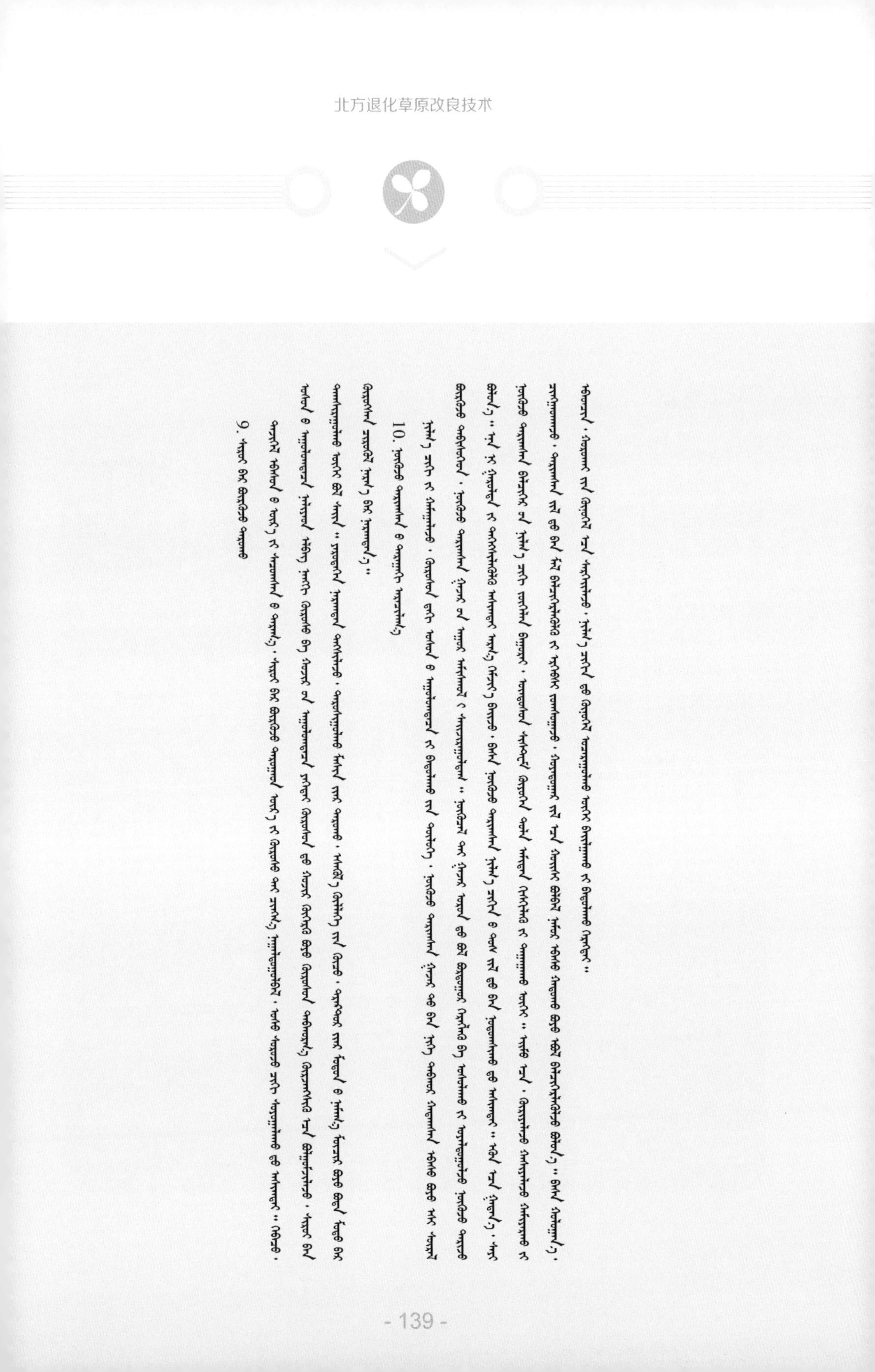

[illegible]

10. [illegible]

9. [illegible]

（七）施肥

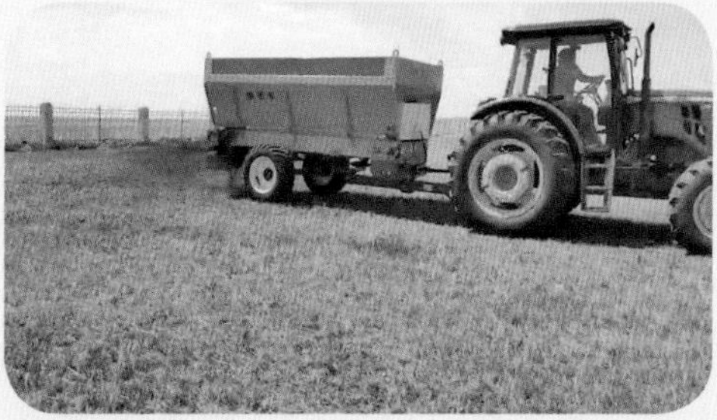

草原应注意施肥，以保持较高且稳定的生产水平。合理施肥是提高土壤肥力、促进牧草生长发育、提高牧草产量、改善草群植物成分、增加调节牧草营养物质含量和饲用价值的一项关键技术。

1. 施肥时间

依据不同草原类型、土壤营养状况和施肥目的确定施肥时间。一般基肥的施肥时间在4～6月，追肥时间在7～8月。

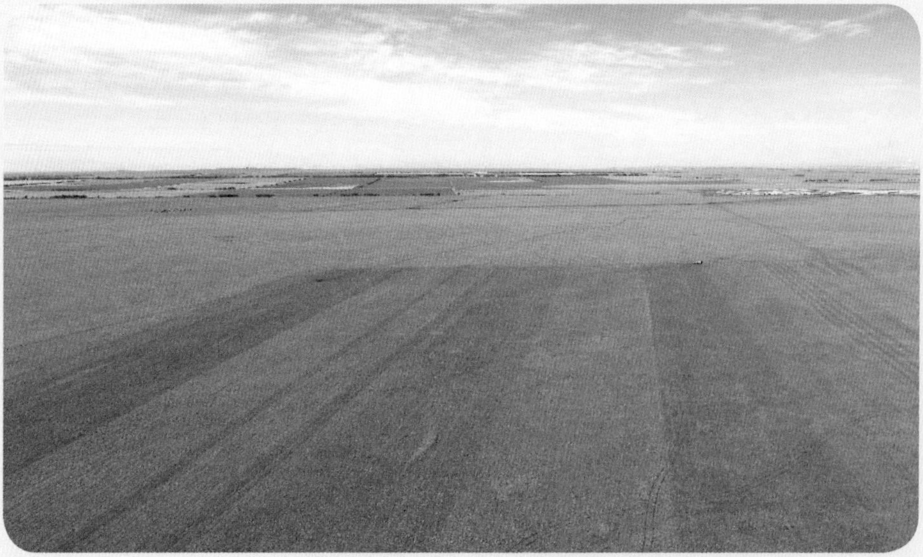

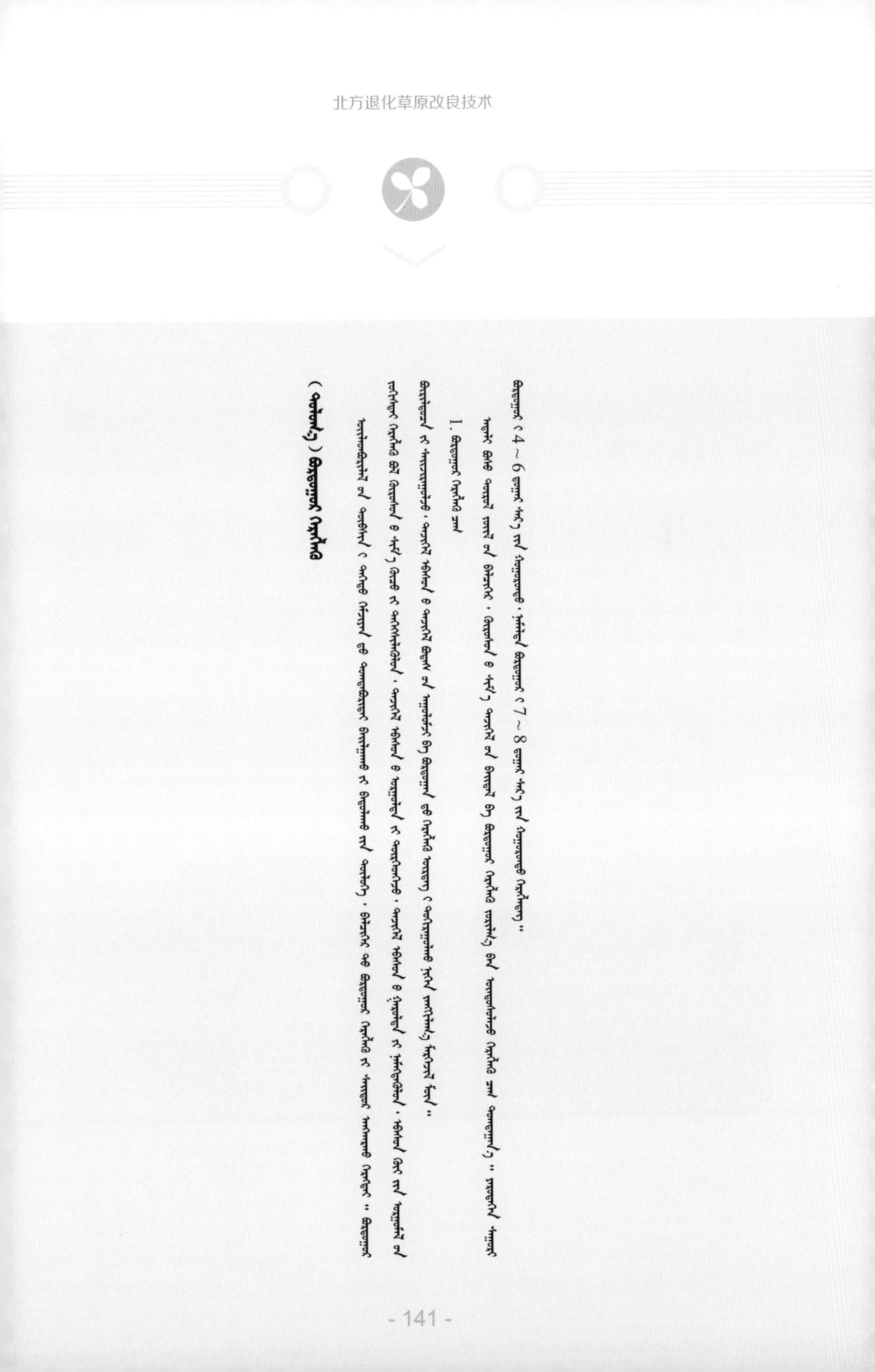

2. 肥料种类

依据不同草原类型、土壤营养状况和施肥目的确定施肥种类和施肥量，通常施用有机肥料和无机肥料。有机肥料主要作为基肥，无机肥料主要作为基肥和追肥。

（1）有机肥料：主要有厩肥、复合有机肥。

（2）无机肥料：氮肥主要有尿素、硫酸铵、硝酸铵和氨水；磷肥主要有过磷酸钙、磷灰石粉和骨粉；钾肥主要有硫酸钾、氯化钾；钙肥主要有石灰（用来改良酸性土壤）、石膏（用来改良碱性土壤）；复合肥主要有磷酸二铵、氮磷钾复合肥。

3. 施肥方法

草原施肥方法主要为表面撒施和机械条播施肥。

4. 施肥量

参考用量：厩肥为15 000 ～ 30 000 kg/hm^2；磷酸二铵为150 ～ 300 kg/hm^2；复合有机肥为450 ～ 1 500 kg/hm^2。

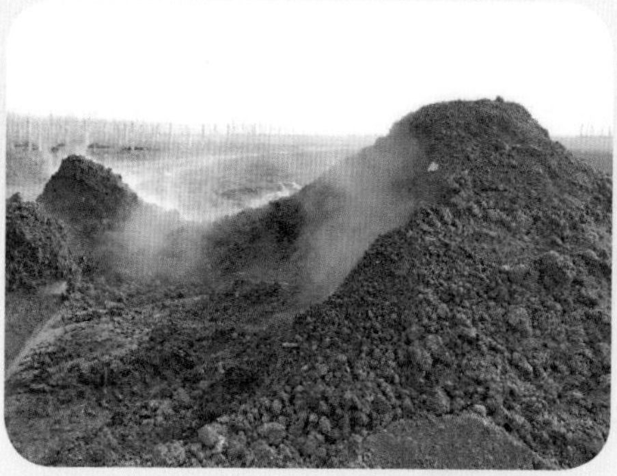

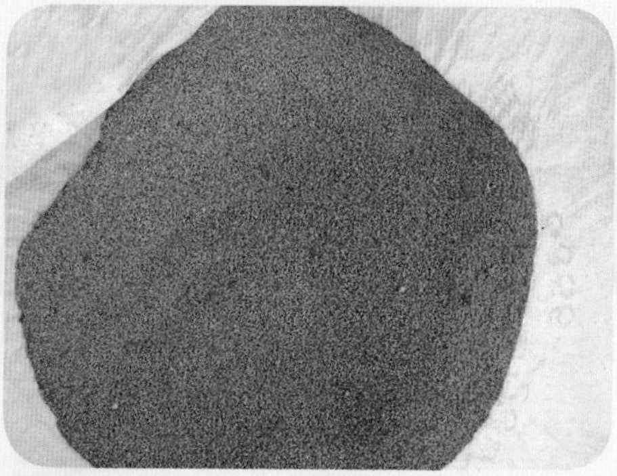

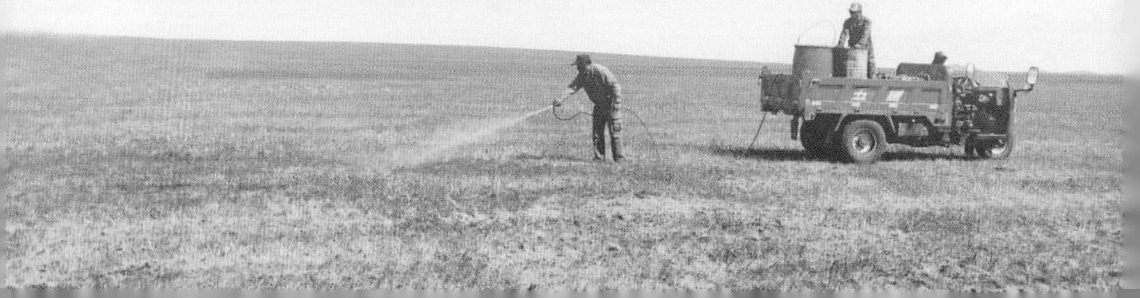

ᠪᠣᠷᠣᠳᠣᠭᠠᠨ ᠬᠡᠷᠡᠭᠯᠡᠬᠦ ᠠᠷᠭ᠎ᠠ ᠨᠢ ᠴᠠᠴᠤᠬᠤ : ᠠᠮᠢᠲᠠᠨ ᠪᠣᠷᠣᠳᠣᠭᠠᠨ 15 000 ~ 30 000 kg/hm² ᠂ ᠬᠢᠮᠢ ᠶᠢᠨ ᠪᠣᠷᠣᠳᠣᠭᠠᠨ 150 ~ 300 kg/hm² ᠂ ᠨᠣᠭᠣᠭᠠᠨ ᠪᠣᠷᠣᠳᠣᠭᠠᠨ 450 ~ 1 500 kg/hm² ᠬᠡᠷᠡᠭᠯᠡᠨ᠎ᠡ ᠃

5. 施肥原则

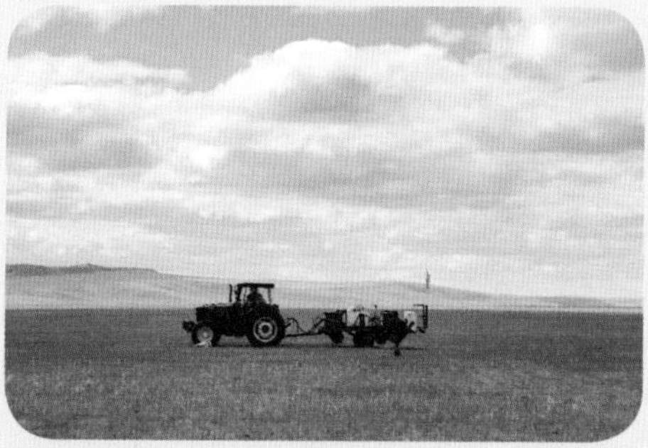

草原施肥遵循“四看”原则，即“看天”“看地”“看草”“看肥”。① 看天施肥是根据气象条件施肥，有机肥料须在有水条件下才能被吸收，降水少、土壤干燥时会造成养分流失。② 看地施肥是看土壤条件施肥，施肥前须测土配方，根据土壤养分情况决定施什么肥、施多少。③ 看草施肥是根据牧草的种类和需肥特点施肥：禾本科牧草多施加氮肥；豆科牧草有根瘤菌，能够固定空气中的氮元素，所以施用磷肥、钾肥效果更好。④ 看肥施肥就是看肥料的组成和养分形态进行施肥，迟效性肥料（厩肥、有机肥料、迟效化肥）应早施，速效性肥料应适时施用。

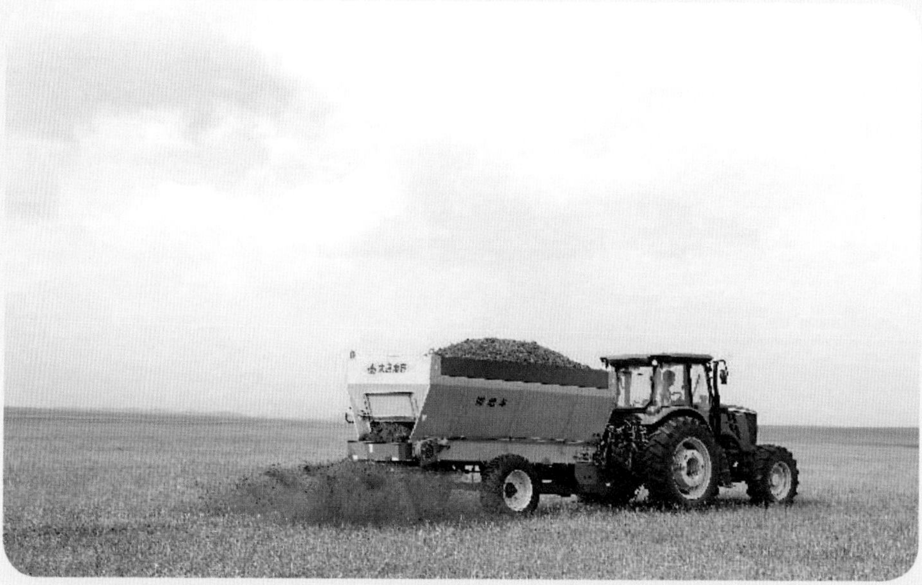

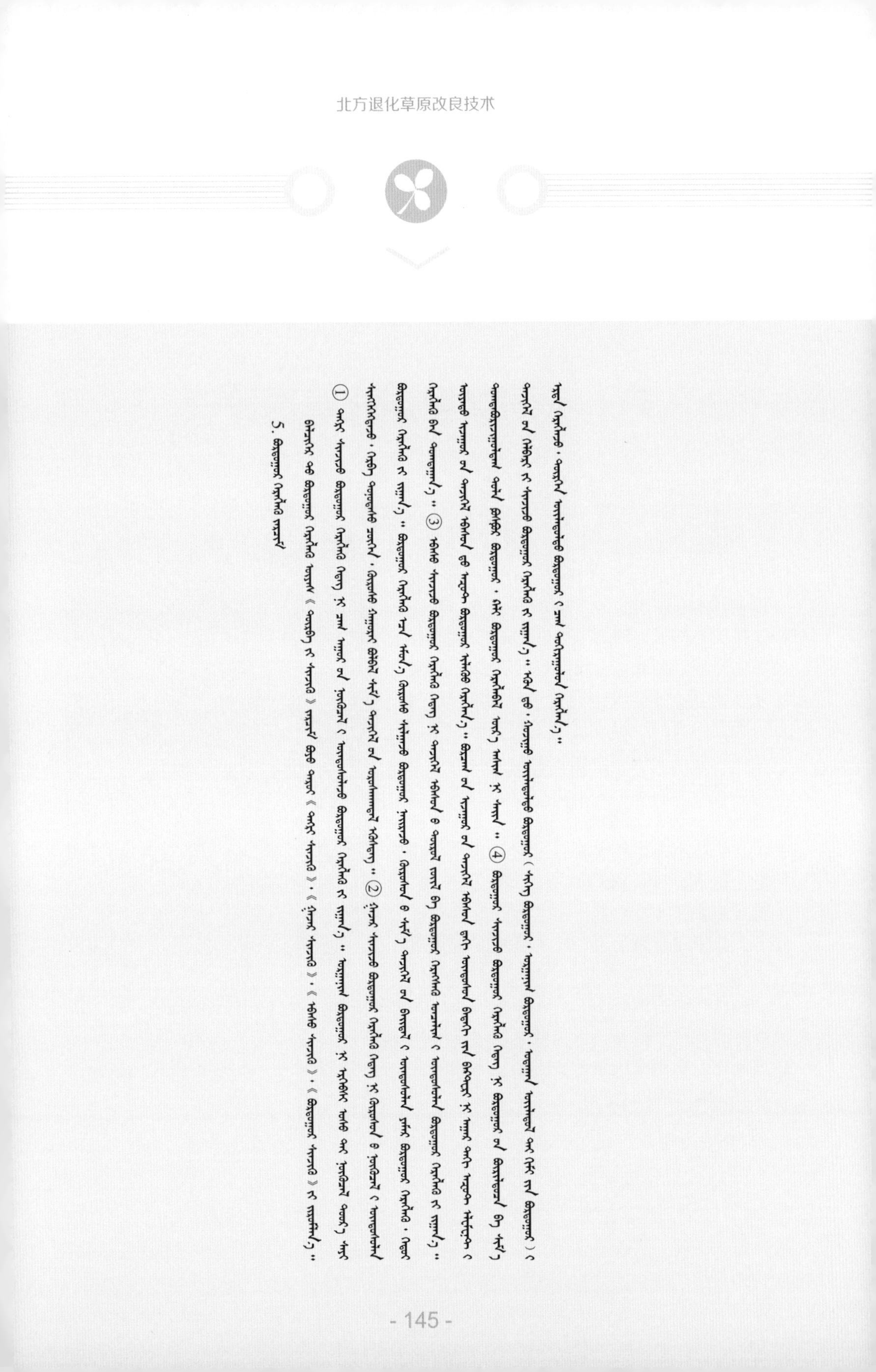

六、不同类型退化草原改良

（一）盐碱化草原的改良措施

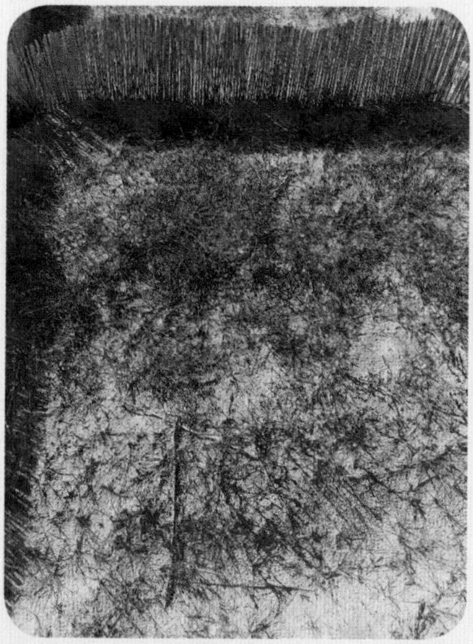

盐碱地的治理是一个世界性的难题。全球盐碱地的面积近10亿hm^2，相当于陆地耕地总面积的1/4，遍布五大洲。我国盐碱地的面积大约有4 000万hm^2，主要分布在华北、西北、东北及滨海地区。近年来，我国土壤盐碱化程度不断加剧，已经成为制约我国经济发展的重要因素。草原盐碱化的成因很多，但主要以人类的不合理开发利用为主，如过度放牧、开垦、石油开采，使草原退化、盐碱化，甚至沙化，造成草原生物多样性减少，生产力降低，防风固沙、调控水资源等功能下降，直接威胁到人类的生产和生活。

盐碱化草原治理，一方面应消除土壤表层有害的可溶性盐分，以及土壤胶体表面所吸附的钠离子，消除碱化层不良的物理特性，创造一个土壤疏松、肥力较高、通气透水性好、沃土较厚的表土层，有效防止盐分进一步积累；另一方面因地制宜，采用现代技术和实用技术相结合，进行综合改良和治理，促进植被快速恢复，提高草原生产力。

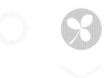

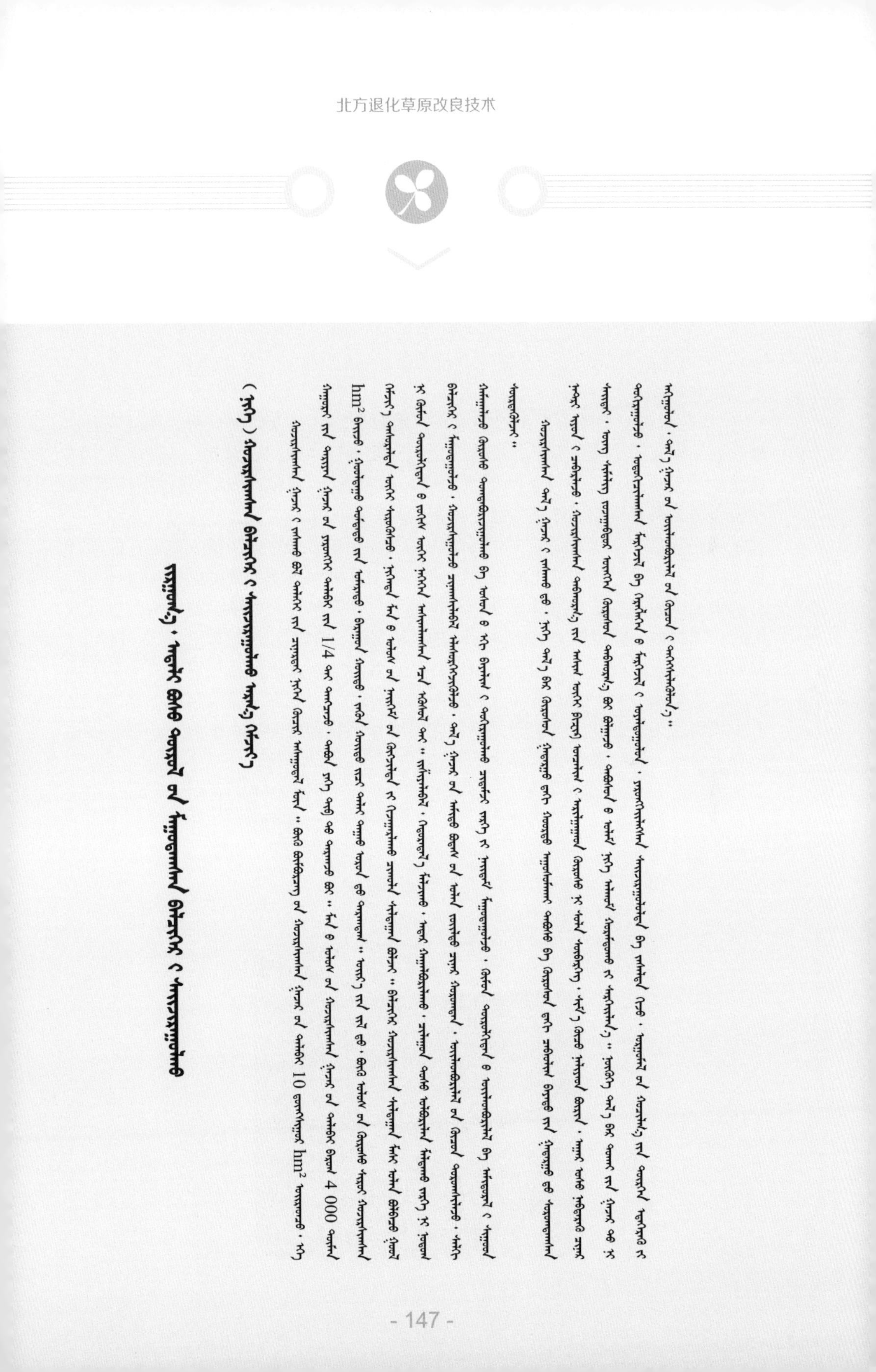

[illegible]

1. 水利措施

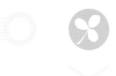

“盐随水来，盐随水去；盐随水来，水散盐留”是人们在长期治理过程中发现和总结出来的土壤盐分运行受水分运行支配的基本规律。因此，主要改良方向是减少地下水的蒸发和降低地下水水位，排灌结合，以水治碱，通过灌排配套、蓄淡压盐、灌水洗盐、地下排盐，再配备区域性的排水工程，使盐碱有出路，达到区域脱盐目的。水利措施主要有开沟排水、井灌井排：开沟排水主要在盐碱较重、地下水位浅、排水有出路的地区建立排水系统，排水沟深度应在1.5 m以上，有利于土壤脱盐和防止返盐；井灌井排是利用水泵从机井内抽吸地下水，以灌溉洗盐，同时也可降低地下水位，使机井达到灌溉、排水的双重作用。

水利措施虽被认为是治理盐碱地行之有效的方法，但是在旱地农业中是不经济的。这是因为，一方面要冲洗土壤中的盐分；另一方面还要控制地下水位的上升不致引起土壤返盐。这就必须具备充足的水源和良好的排水条件，做到灌排相结合。因此，建立水利措施的投资非常高昂，且维护费很高。

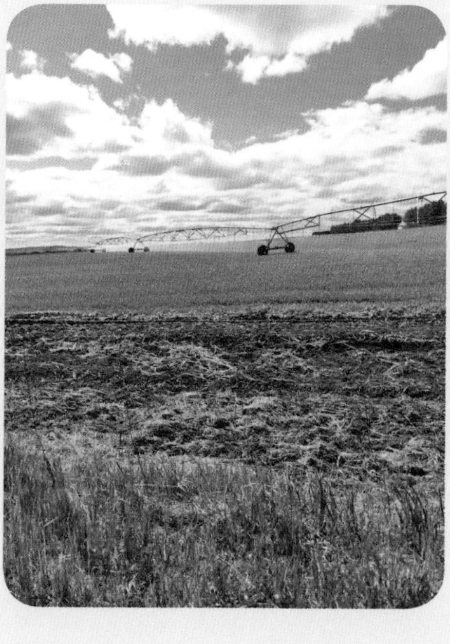

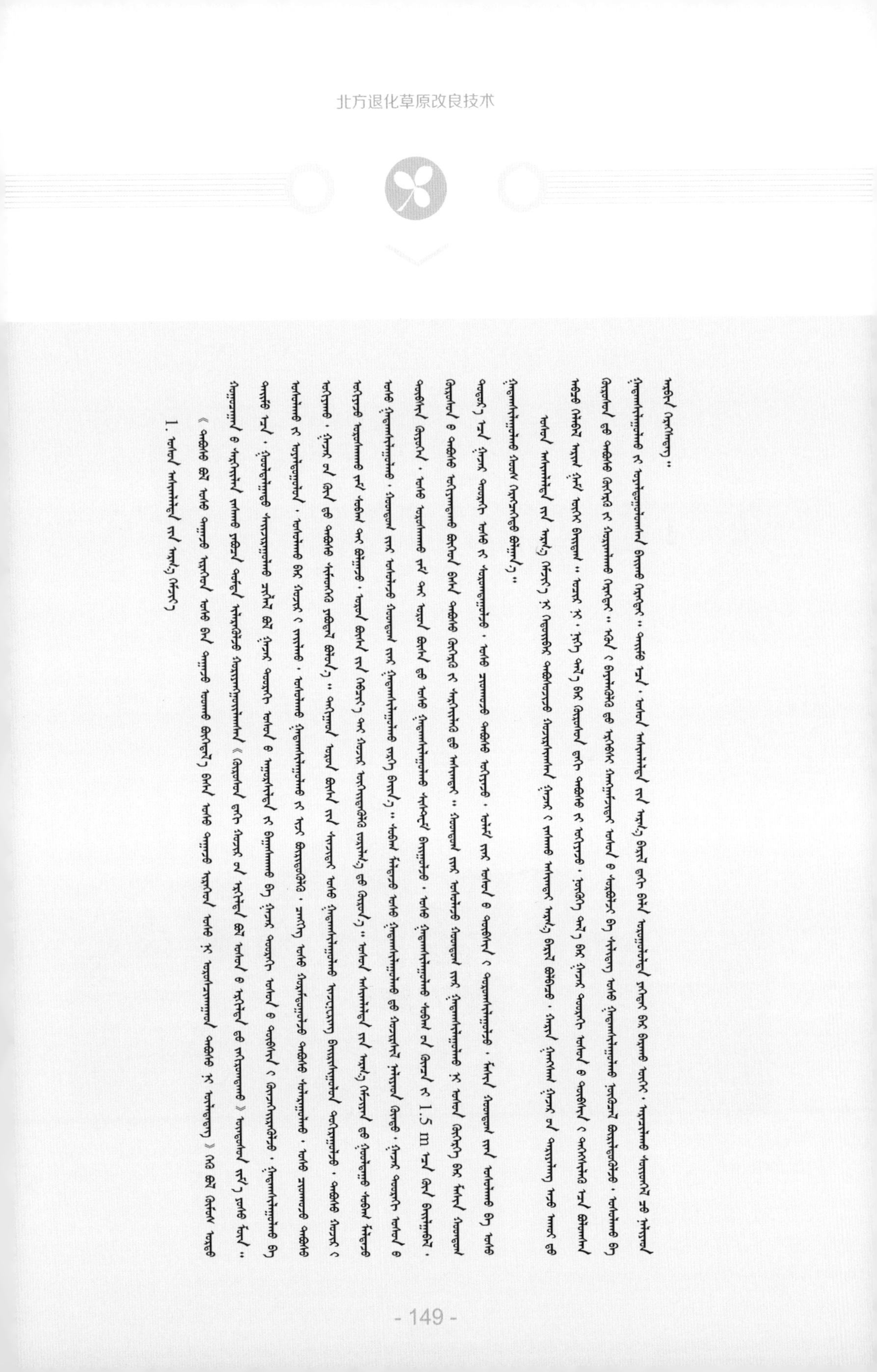

1.5 m

2. 物理措施

客土改良、深松土壤、秸秆覆盖、水旱轮作等措施，能不同程度地减轻土壤盐害。通过铺沙改碱、平整土地、深耕晒垡、及时松土、抬高地形、微区改土等物理措施，可降低土壤容重，增加孔隙度，调节土壤水、肥、气、热，减少土壤返盐，避免盐分向高处集中形成盐斑，抑制盐分上升。其中，铺沙压碱是改良盐碱地的一种主要手段。沙掺入盐碱后，改变了土壤结构，促进了团粒结构形成，使土壤空隙度增大，通透性增强，盐碱土水盐运动规律发生改变。

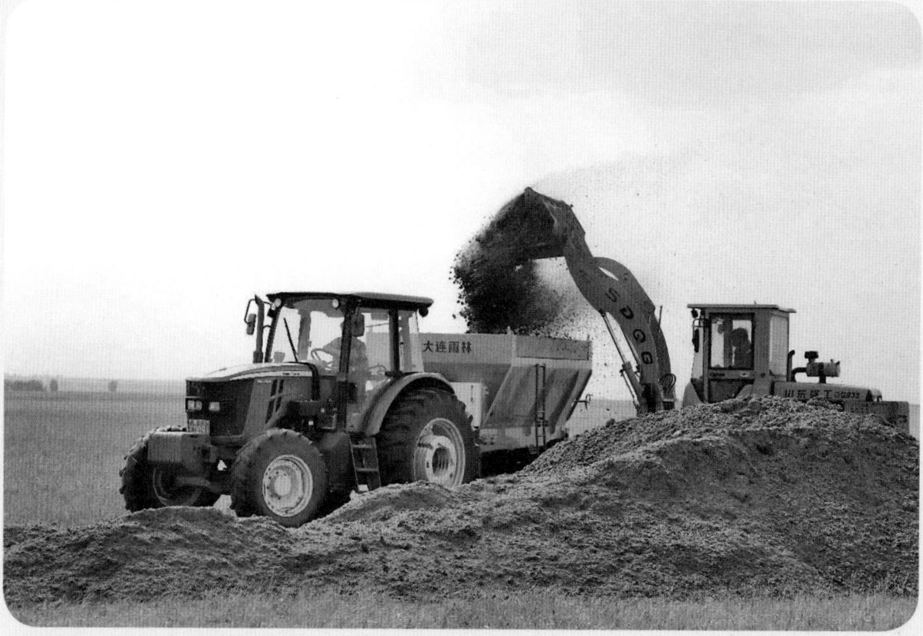

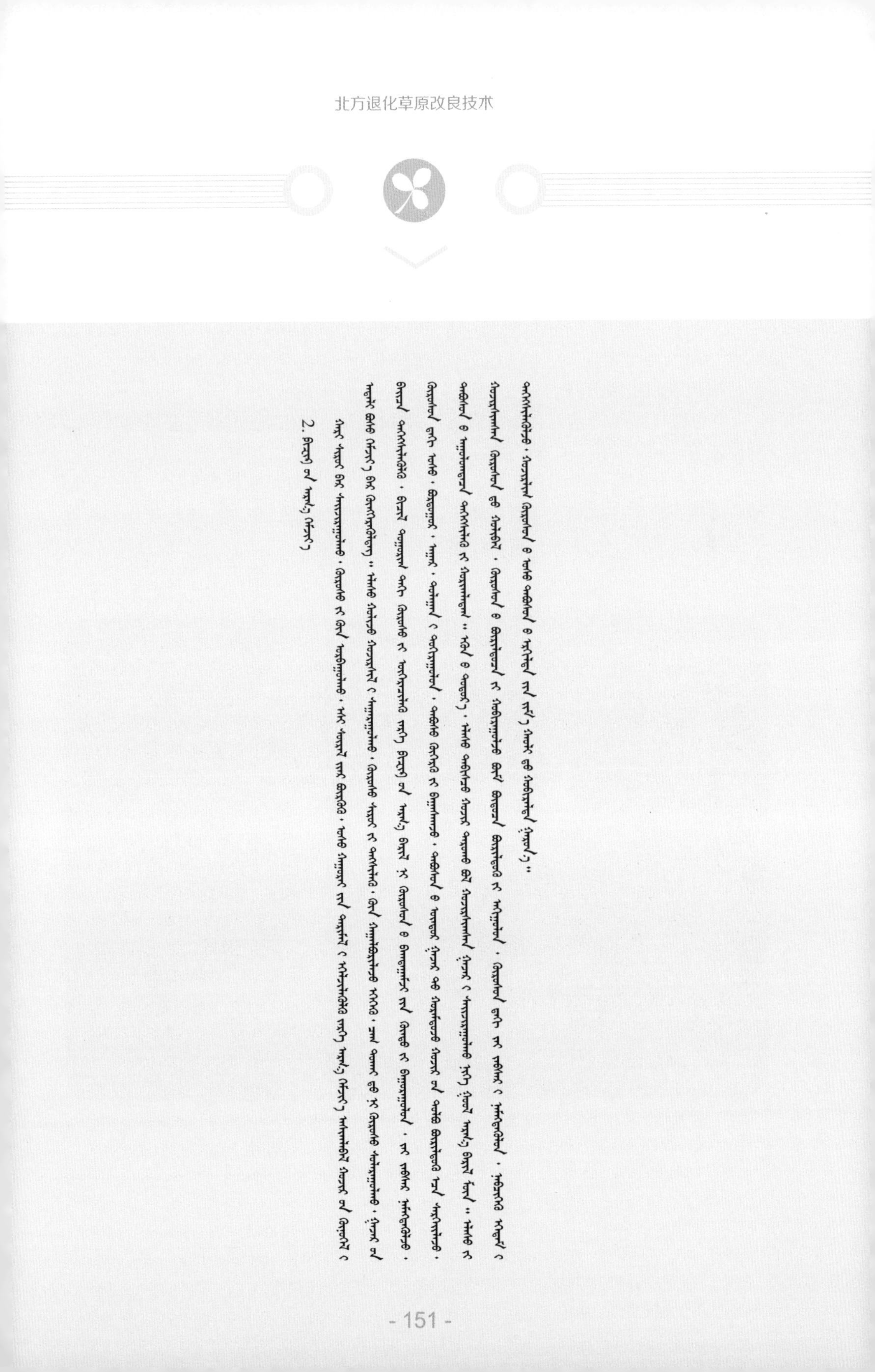

[illegible]

2. [illegible]

[illegible]

3. 化学和生物改良

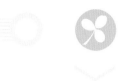

化学改良包括施用石膏、磷石膏、过磷酸钙、腐殖酸、泥炭、醋渣等物质改良盐碱地。

生物改良包括选择耐盐作物、有效微生物、生物有机肥料等方式，改良盐碱地。增施有机肥，增加土壤有机质。盐碱地施用化肥时，应避免施用氯化铵和碳铵生理碱性肥料，可施用硫铵和过磷酸钙。

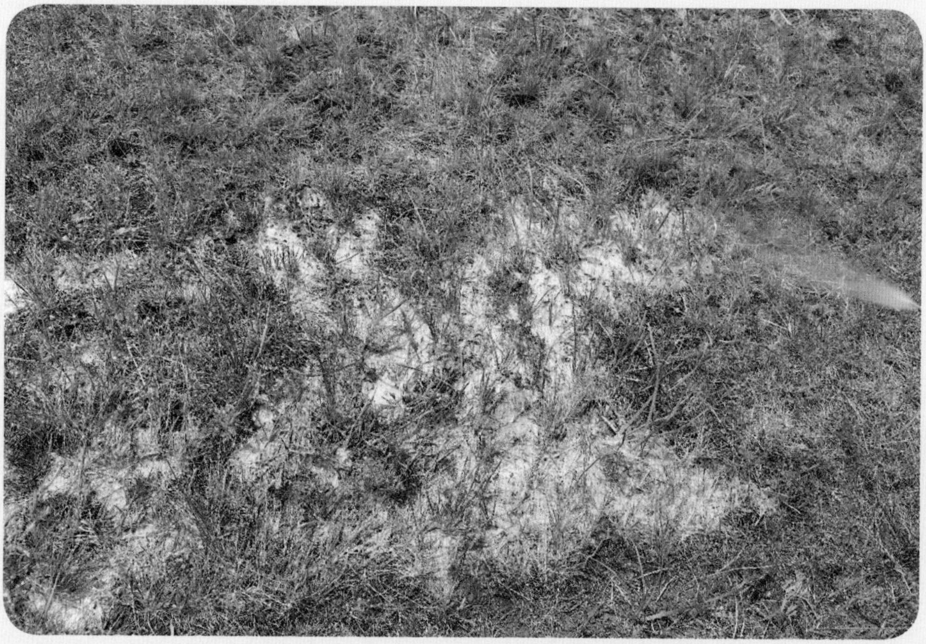

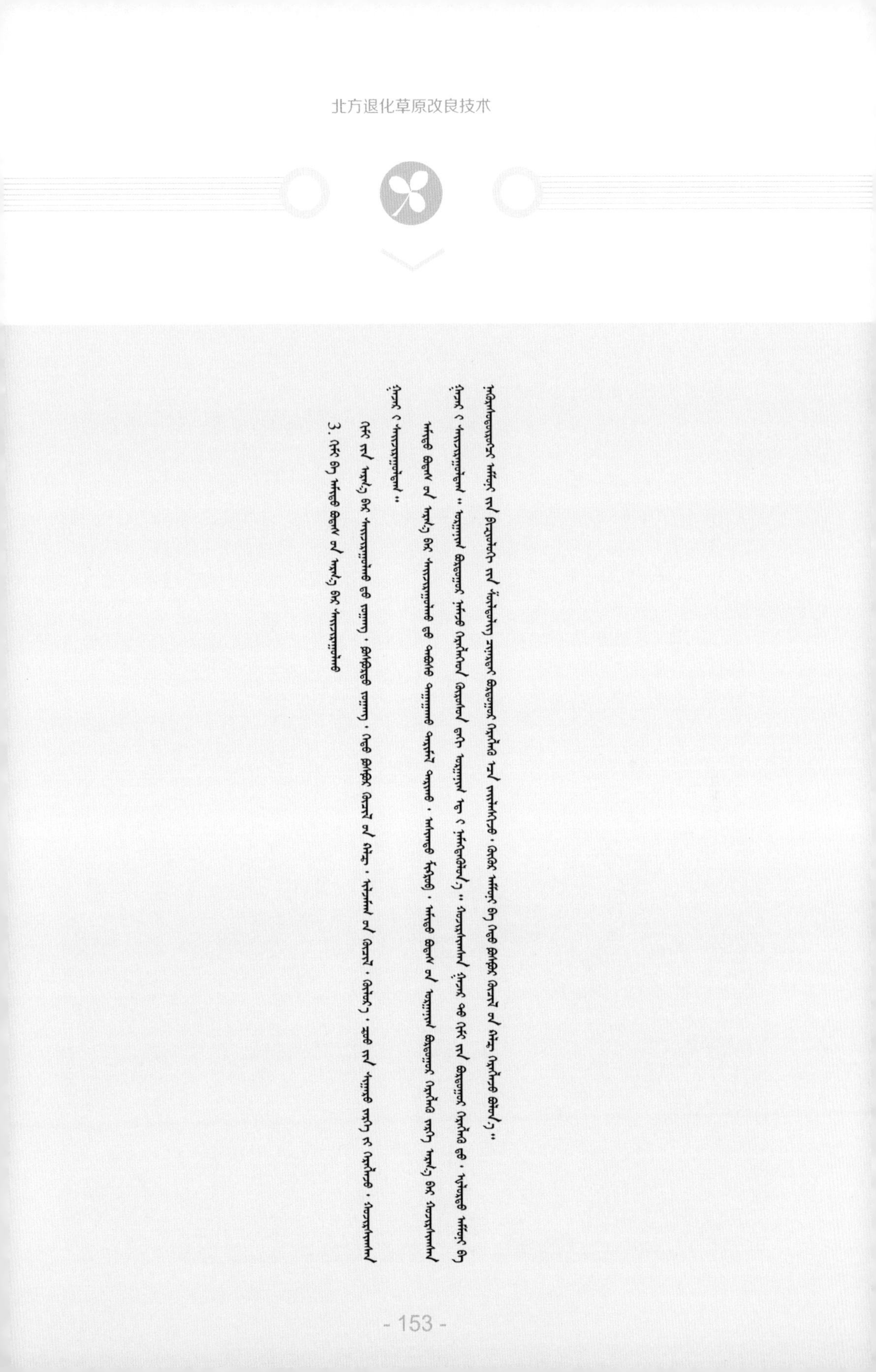

[illegible]

3. [illegible]

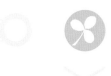

4. 不同盐碱化等级草原的改良方式

（1）轻度盐碱化草原改良：以封育为主，结合施用有机肥、灌溉进行综合改良。

（2）中度盐碱化草原改良：主要以封育、人工建植草地这两种方式并重改良。植被相对较好的草原，可进行封育；盐碱斑和植被较差的草原，则进行人工建植草地。人工重建植被应以禾本科和豆科牧草为主，草种选择紫花苜蓿、披碱草、野大麦、羊草和草木樨；结合机械深松整地、有机肥施用、补水等技术，改良效果更佳。

（3）重度盐碱化草原改良：以人工重建草地为主，封育辅助。人工重建植被应以移栽方式恢复本地耐盐碱植被为主，草种则优选碱茅、野大麦和羊草；结合机械深松整地、有机肥施用、补水等技术，改良效果更佳。

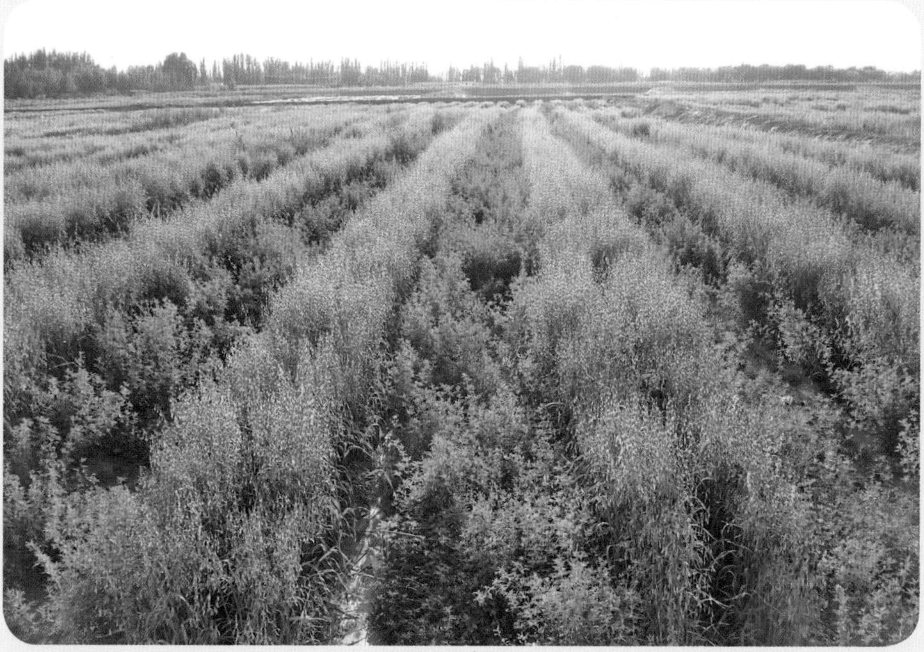

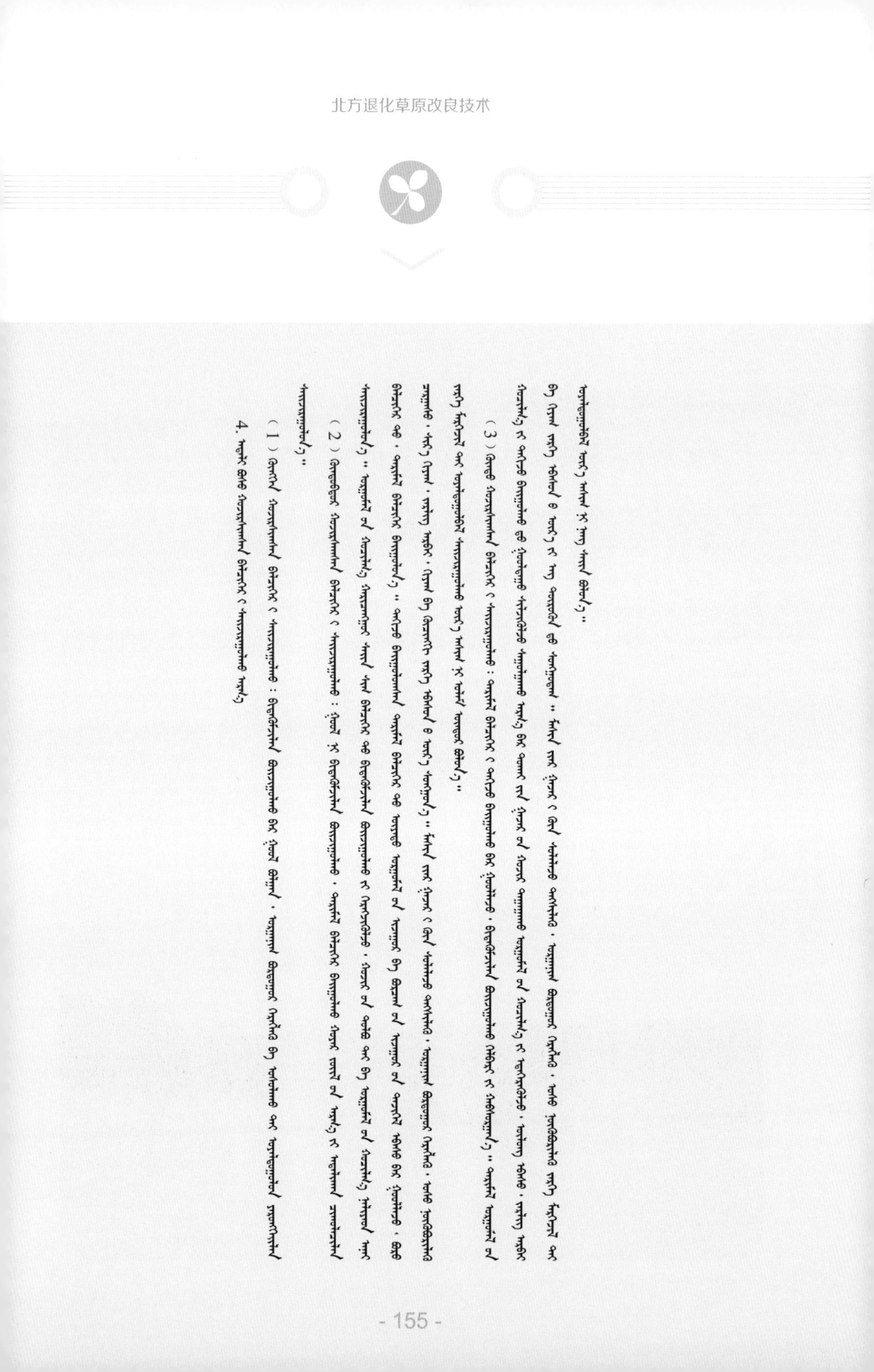

4. [illegible]

（1）[illegible]

（2）[illegible]

（3）[illegible]

（二）沙化草原的改良措施

根据联合国资料显示，目前沙化已成为世界性灾难，全球有100多个国家的35%的陆地面积受其影响，并且全世界每年新增沙化面积达5万～7万km^2。我国是世界上沙化危害非常严重的国家之一，沙化土地东起黑龙江，西至新疆，长达5.5×10^3 km，主要分布在黑龙江、吉林、辽宁、河北、山西、内蒙古、陕西、宁夏、甘肃、青海和新疆共11个省区212个旗县，形成万里风沙线，近1/3的国土面积受到风沙威胁。我国北方草原沙化情况很严重，仅在干旱、半干旱地带就有1.76万km^2已经沙化，有潜在沙化危险的土地达15.8万km^2，占我国北方总面积的10.3%。

草原沙化治理关键是控制沙质地表被风蚀的过程和削弱风沙流动的强度，固定沙丘。一般采用工程治理、化学治理、生物治理等措施，改变草原植被状况，恢复草原生产力和生态功能，改善和提高草原等级。

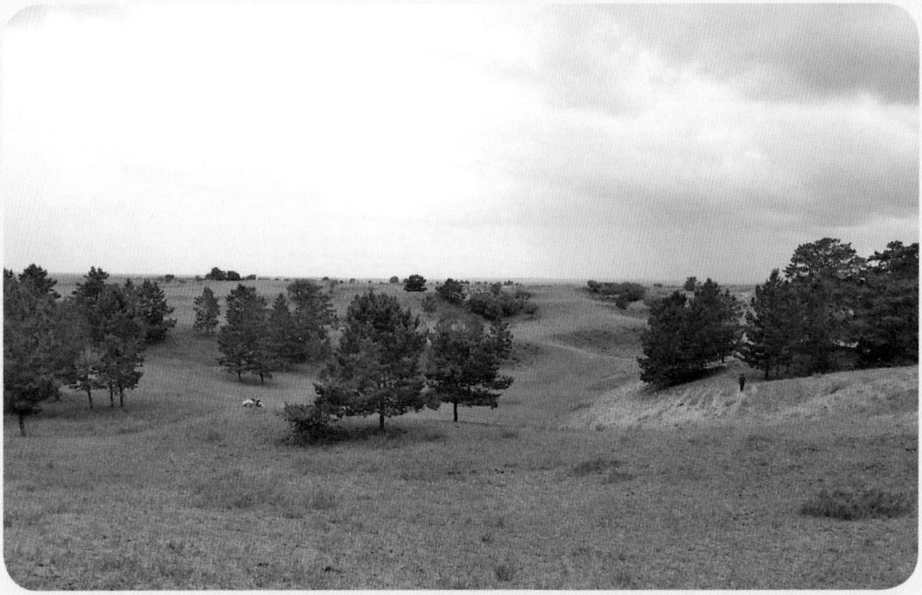

ᠬᠠᠮᠠᠭᠠᠯᠠᠭᠳᠠᠬᠤ ᠶᠢᠨ ᠪᠠᠶᠢᠳᠠᠯ ᠪᠣᠯ ᠮᠠᠰᠢ ᠴᠢᠩ ᠦᠨ ᠬᠦᠷᠲᠡᠯ᠎ᠡ ᠶᠢ ᠬᠦᠷᠴᠡᠢ᠂ ᠪᠠᠶᠢᠳᠠᠯ ᠶᠢᠨ ᠬᠦᠨᠳᠦ ᠪᠠᠢᠭ᠎ᠠ ᠶᠢ ᠠᠷᠭᠠᠴᠢᠯᠠᠨ ᠵᠠᠰᠠᠬᠤ ᠶᠠᠷᠠᠯᠲᠠᠢ᠃

ᠴᠥᠯᠵᠢᠷᠡᠯᠲᠡ ᠪᠣᠯᠤᠨ ᠤᠰᠤᠷᠬᠠᠭᠵᠢᠯᠲᠠ ᠶᠢᠨ ᠠᠰᠠᠭᠤᠳᠠᠯ ᠨᠢ ᠴᠥᠯᠵᠢᠷᠡᠯᠲᠡ ᠶᠢᠨ ᠭᠠᠵᠠᠷ ᠤᠨ ᠲᠠᠯᠠᠪᠠᠢ ᠵᠢᠯ ᠪᠦᠷᠢ ᠳᠤᠮᠳᠠᠭᠠᠵᠢᠪᠠᠷ 1.76 ᠲᠦᠮᠡᠨ km² ᠴᠥᠯᠵᠢᠷᠡᠵᠦ᠂ ᠴᠥᠯᠵᠢᠷᠡᠭᠰᠡᠨ ᠭᠠᠵᠠᠷ ᠤᠨ ᠨᠡᠢᠲᠡ ᠲᠠᠯᠠᠪᠠᠢ 15.8 ᠲᠦᠮᠡᠨ km² ᠬᠦᠷᠴᠡᠢ᠂ ᠡᠨᠡ ᠨᠢ ᠲᠣᠬᠢᠶᠠᠨ ᠤ ᠨᠡᠢᠲᠡ ᠭᠠᠵᠠᠷ ᠤᠨ ᠲᠠᠯᠠᠪᠠᠢ ᠶᠢᠨ 10.3% ᠢ ᠡᠵᠡᠯᠡᠵᠡᠢ᠃ ᠡᠨᠡ ᠨᠢ ᠲᠣᠬᠢᠶᠠᠨ ᠤ ᠨᠡᠢᠲᠡ ᠭᠠᠵᠠᠷ ᠤᠨ ᠲᠠᠯᠠᠪᠠᠢ ᠶᠢᠨ ᠭᠤᠷᠪᠠᠨ ᠤ ᠨᠢᠭᠡ ᠬᠡᠰᠡᠭ ᠢ ᠡᠵᠡᠯᠡᠭᠰᠡᠨ ᠬᠤᠲᠠᠭ ᠤᠨ ᠪᠦᠰᠡ᠂ ᠬᠣᠢᠲᠤ ᠭᠠᠵᠠᠷ ᠤᠨ ᠴᠥᠯᠵᠢᠷᠡᠯᠲᠡ ᠪᠣᠯ ᠲᠦᠷᠭᠡᠨ ᠡᠷᠴᠢᠮᠳᠡᠢ ᠪᠣᠯᠵᠤ ᠪᠠᠶᠢᠨ᠎ᠠ᠃ ᠡᠨᠡ ᠨᠢ ᠲᠣᠬᠢᠶᠠᠨ ᠤ 212 ᠰᠢᠶᠠᠨ ᠬᠣᠰᠢᠭᠤ ᠪᠠᠷ ᠬᠠᠮᠤᠷᠤᠭᠳᠠᠵᠤ᠂ ᠲᠦᠮᠡᠨ ᠭᠠᠵᠠᠷ ᠤᠨ ᠲᠠᠷᠢᠮᠠᠯ ᠨᠤᠲᠤᠭ ᠤᠨ ᠨᠢᠭᠡ ᠭᠤᠷᠪᠠ ᠶᠢᠨ ᠨᠢᠭᠡ ᠬᠡᠰᠡᠭ ᠢ ᠡᠵᠡᠯᠡᠵᠦ᠂ ᠲᠡᠮᠦᠷ ᠵᠠᠮ ᠤᠨ 5.5×10³ km ᠤᠷᠲᠤ ᠬᠡᠰᠡᠭ ᠢ ᠬᠣᠬᠢᠷᠠᠭᠤᠯᠵᠤ᠂ ᠭᠣᠣᠯ᠂ ᠬᠣᠷᠢᠶᠠᠯᠠᠩ᠂ ᠤᠰᠤᠨ ᠰᠠᠩ᠂ ᠬᠣᠲᠠ ᠪᠠᠯᠭᠠᠰᠤ᠂ ᠲᠠᠷᠢᠶᠠᠯᠠᠩ ᠤᠨ ᠭᠠᠵᠠᠷ᠂ ᠪᠡᠯᠴᠢᠭᠡᠷ ᠢ ᠪᠤᠯᠠᠵᠤ ᠳᠠᠷᠤᠭᠳᠠᠭᠰᠠᠨ ᠨᠢ 11 ᠬᠣᠲᠠ ᠪᠠᠶᠢᠳᠠᠭ᠃ ᠡᠨᠡ ᠨᠢ ᠲᠣᠬᠢᠶᠠᠨ ᠤ ᠵᠢᠯ ᠪᠦᠷᠢ ᠴᠥᠯᠵᠢᠷᠡᠯᠲᠡ ᠶᠢᠨ ᠬᠣᠬᠢᠷᠠᠯ ᠤᠨ ᠡᠳ ᠡᠳᠯᠡᠯ ᠦᠨ ᠬᠣᠬᠢᠷᠠᠯ ᠬᠡᠮᠵᠢᠶ᠎ᠡ ᠶᠢ ᠪᠠᠭᠤᠷᠠᠭᠤᠯᠬᠤ ᠴᠥᠯᠵᠢᠷᠡᠯᠲᠡ ᠶᠢᠨ ᠲᠠᠯᠠᠪᠠᠢ 5 ᠲᠦᠮᠡᠨ ～ 7 ᠲᠦᠮᠡᠨ km² 35% ᠢᠶᠠᠷ ᠨᠡᠮᠡᠭ᠍ᠳᠡᠵᠦ᠂ ᠲᠠᠷᠢᠮᠠᠯ ᠤᠨ ᠭᠠᠵᠠᠷ ᠤᠨ ᠬᠣᠬᠢᠷᠠᠯ ᠳᠤ ᠴᠥᠯᠵᠢᠷᠡᠯᠲᠡ ᠶᠢᠨ ᠲᠠᠯᠠᠪᠠᠢ ᠶᠢᠨ ᠪᠣᠳᠣᠯᠭ᠎ᠠ ᠪᠠᠷ ᠨᠢᠭᠡ ᠵᠢᠯ ᠳᠤ 100 ᠭᠠᠷᠤᠢ ᠬᠣᠬᠢᠷᠠᠯ ᠤᠨ

(ᠭᠤᠷᠪᠠ) ᠴᠥᠯᠵᠢᠷᠡᠯᠲᠡ ᠪᠣᠯᠣᠨ ᠬᠤᠵᠢᠷᠵᠢᠯᠲᠠ ᠶᠢᠨ ᠬᠣᠣᠷ ᠬᠣᠬᠢᠷᠠᠯ

1. 工程治理措施

（1）适宜的地形地貌：选择平坦开阔或缓坡起伏的草原，以便架设围栏，并避免围栏因在下风向被沙埋。对于沙丘比较低矮的半流动半固定沙质草原可以进行围封，但应该注意围栏最好沿丘间的低地拉线。

（2）草原的选择：围栏封育重点在半固定半流动或中度沙化的草原，封育后会使植被覆盖度和牧草产量在短期内大幅度增加，效果明显。对轻度沙化的草原要注重利用合理，降低放牧强度，既可改善植被状况，又不需围栏封育。

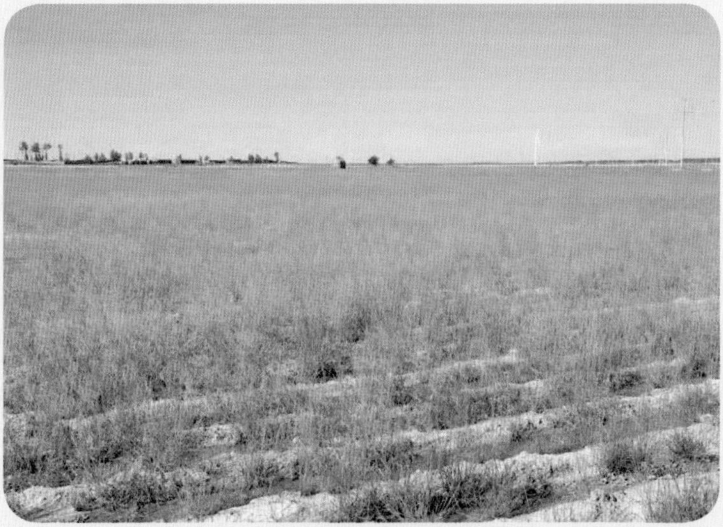

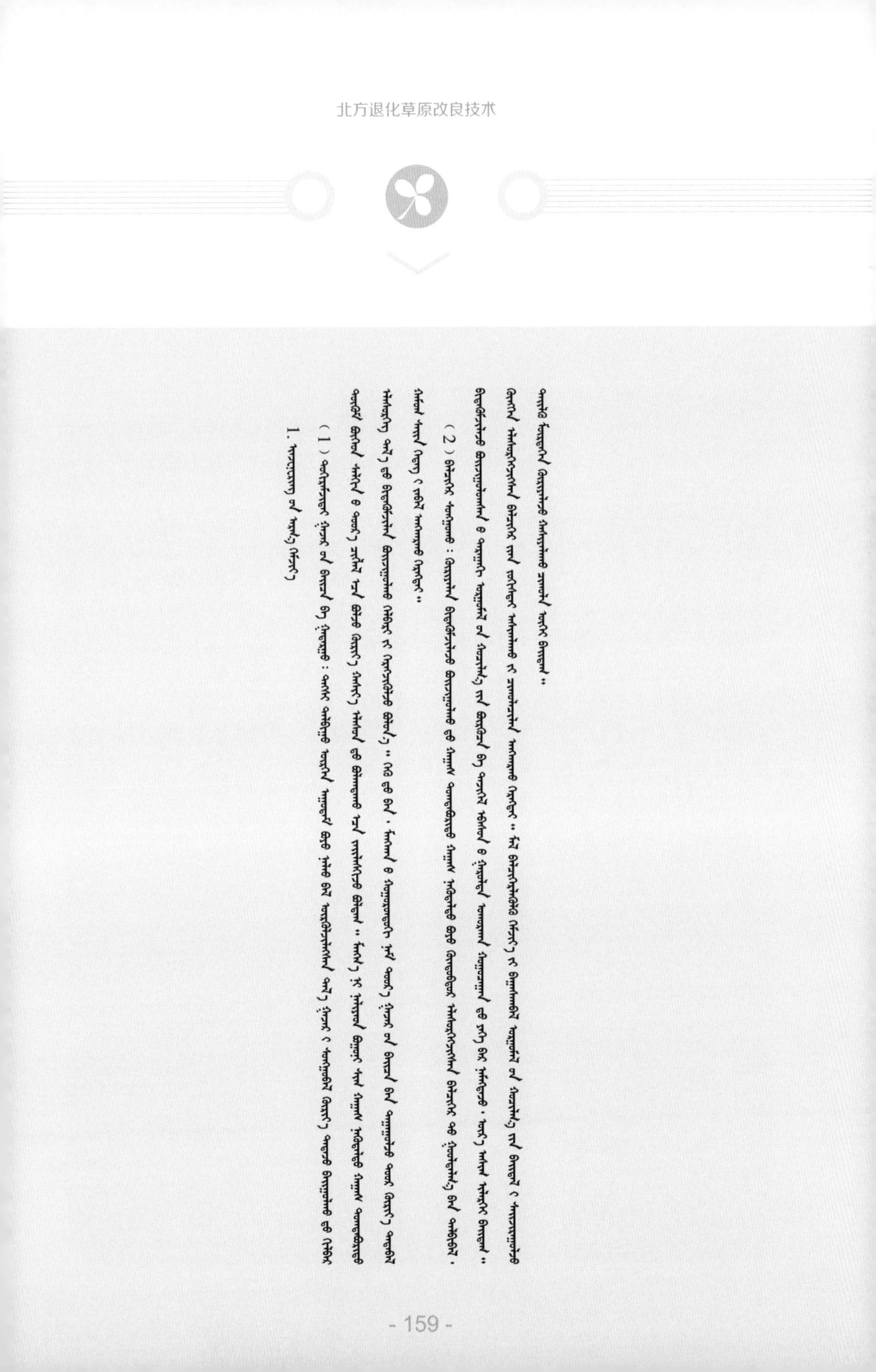

1. [illegible]

(1) [illegible]

(2) [illegible]

（3）封育方式：围栏效果好、生态效益及经济效益高的沙地应进行围栏封育，反之则采用封而不围的方式。封育区周围地形陡峭或有障碍物，能达到禁牧目的，可封而不围；无法利用障碍物，只能围封。管理难度大的地区要进行围栏封育，而且要加强管理；经济条件比较好的地区也要多建围栏，以便草原管理和保护。

（4）利用方式：利用方式取决于草原类型及草群的植物学成分。如果植物恢复到一定程度，高大牧草占优势，可刈割利用；低矮的杂类草占优势，可放牧利用。至于利用强度，要根据草原恢复情况而定，总原则是不能使地表和植被再度遭受破坏。封育草原的利用也要考虑休闲问题。

（5）水利工程措施：沙化草原在治理过程中，水利工程配套至关重要。必须科学地利用地下和地上水资源，对治理的草原进行节水灌溉，以喷灌为主，并按面积确定合理的水利设施。灌溉可以有效促进沙化草原植被的生长和发育，显著提高草层高度、枝条密度、植被覆盖度以及草原生产力。

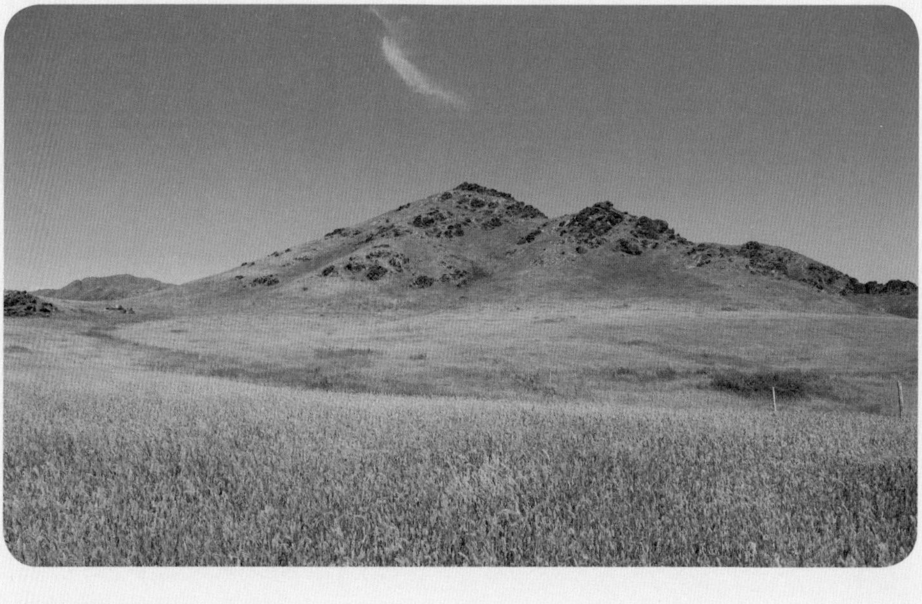

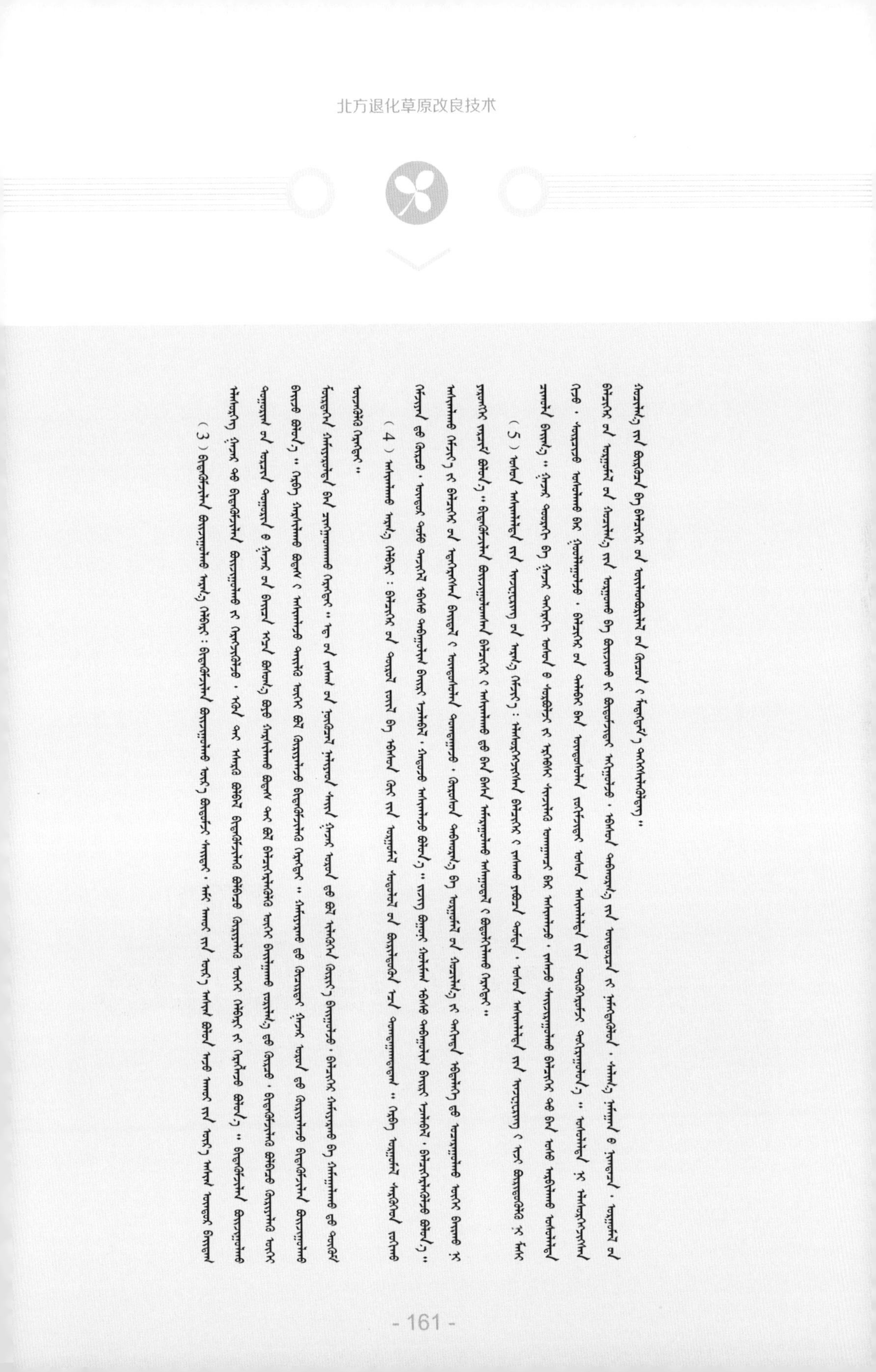

(3) [illegible]

(4) [illegible]

(5) [illegible]

2. 化学治理措施

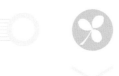

（1）化学固沙：是在风沙危害地区，利用化学材料与工艺，对易产生沙害的沙丘或沙质地表建造一层能够防止风力吹扬，又具有保持水分和改良沙地性质的固结层，以达到控制和改善沙害环境，提高沙地草原生产力的技术措施。

常用的化学固沙技术有沥青乳液、高树脂石油、橡胶乳液等。其中，沥青乳液用得最广泛，因为它在常温下具有流动性，便于使用，而且价格较低廉，保水性好。在喷洒沥青乳液的沙丘上栽植和直播柠条锦鸡儿、沙蒿、沙拐枣等植物，基本上可以使沙丘固定起来。

（2）施肥措施：沙化草原自身肥力严重不足，宜采用有机肥或复合肥来改善土壤结构，以此提高土壤肥力和保水能力，促进牧草生长。施肥时应注意草原沙漠化程度不同，对各种营养成分的要求也不同，必须执行“四看”草原施肥原则。

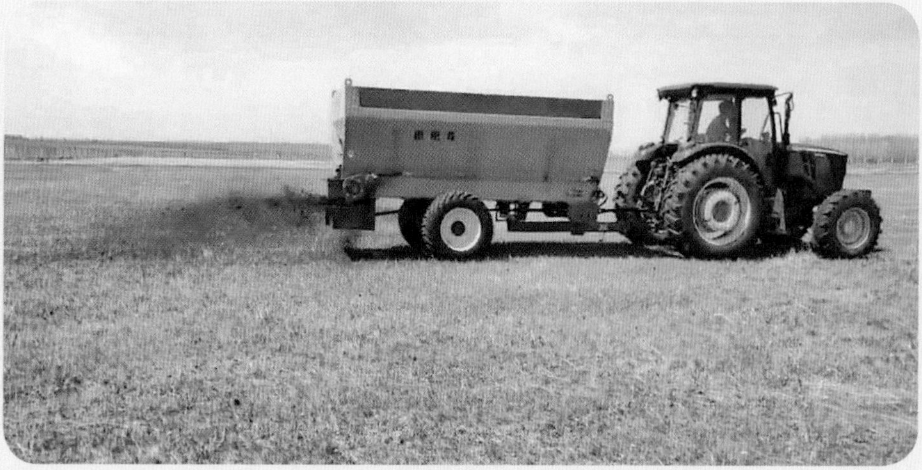

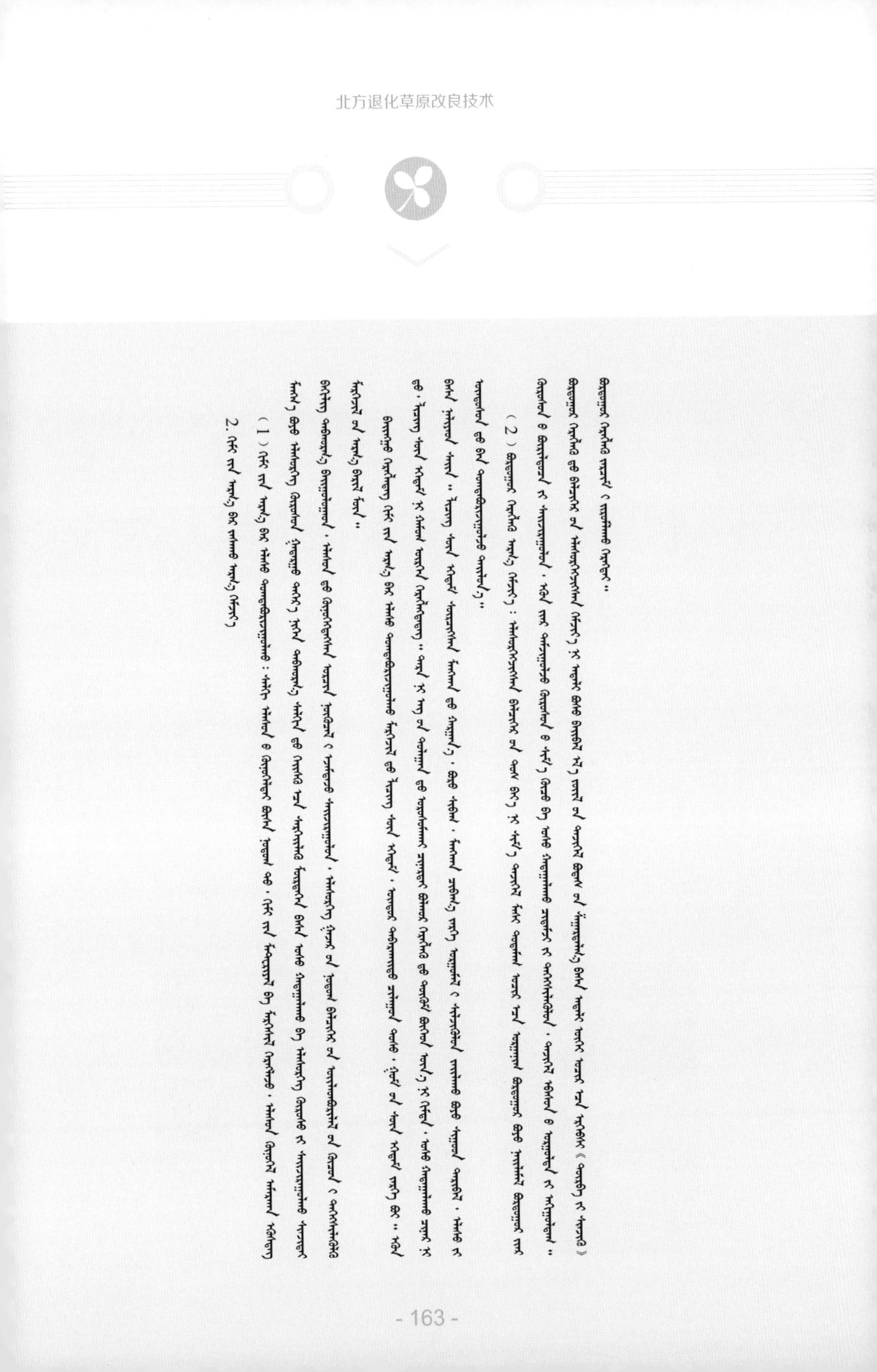

3. 生物治理措施

沙化草原可通过移栽抗风沙、耐干旱、生长能力强的草种，建立人工草地植被，提高沙化草原生产力。

4. 不同沙化等级草原的改良方式

（1）轻度沙化草原的改良：补播改良。选择立地条件、水分条件较好的地块，补播宜选择沙打旺、草木樨、无芒雀麦、小叶锦鸡儿等优良牧草，建立人工草地，彻底改善沙化草原的植被，改善土壤的理化性状，提高草原生产力。

（2）中度沙化草原的改良：围封+补播模式改良。选择抗风沙、耐旱能力强的优质牧草，如草木樨、沙打旺、紫花苜蓿、沙生冰草。如果与抗风沙能力较强的树种，如樟子松、杨柳、沙棘，按照一定的比例进行林地配套，建立人工植被，其改良效果更佳。

（3）重度沙化草原的改良：围封+补播模式改良。在封育的基础上，补播流沙先锋植物，如沙蒿、沙蓬、蒙古岩黄芪、花棒、沙木蓼。必要时，应设置沙障或草方格，确保种子能出苗和定居。

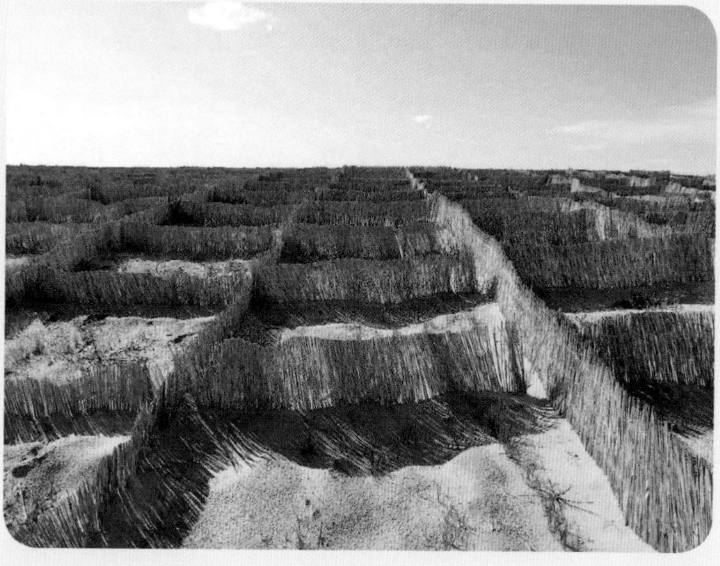

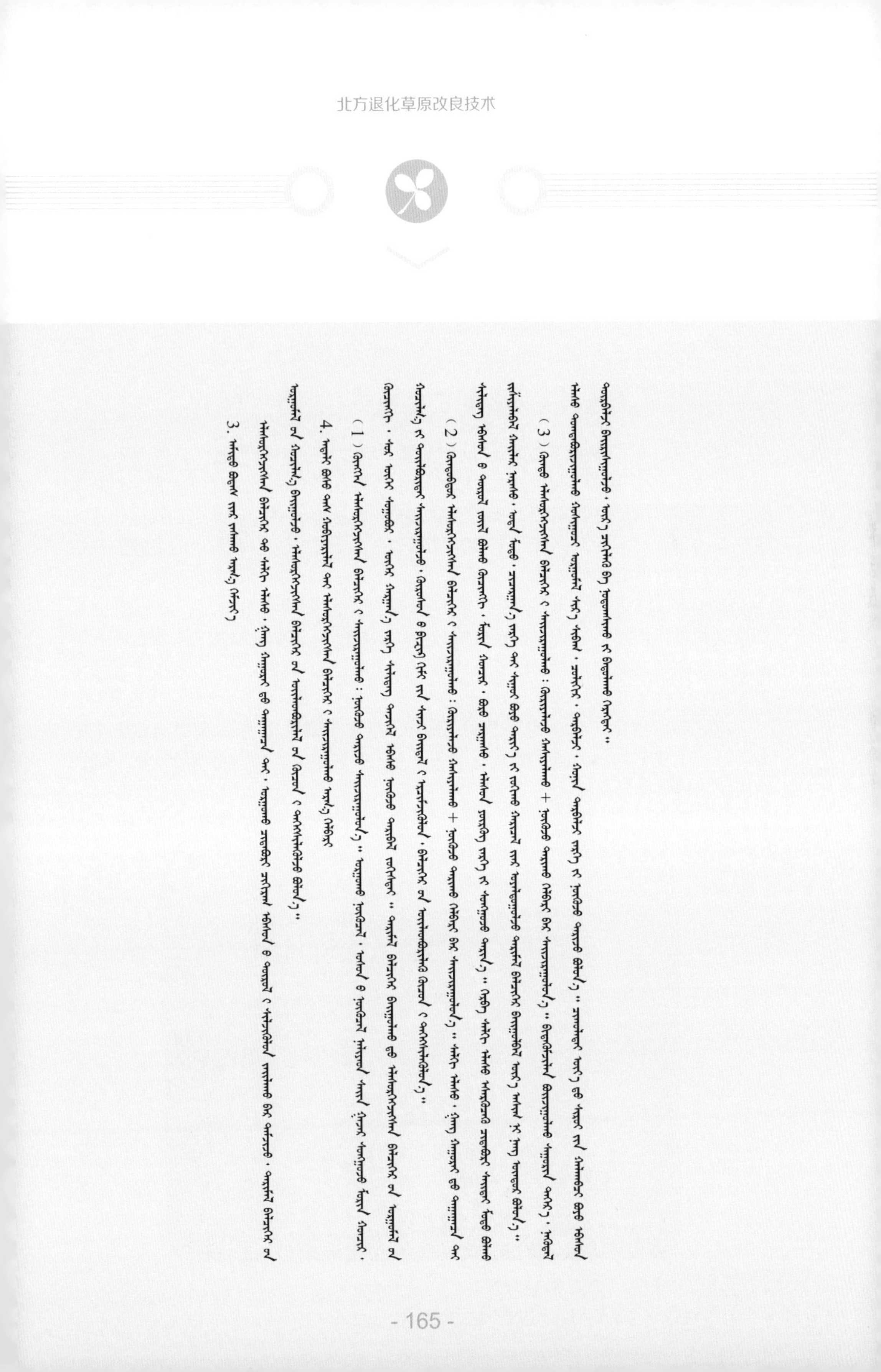

3. [illegible]

[illegible]

4. [illegible]

(1) [illegible]

[illegible]

(2) [illegible]

[illegible]

(3) [illegible]

[illegible]

（三）退化羊草草甸草原割草地土壤通气性改良技术

我国牧区草原总面积236万km^2，其中50.8%位于半干旱牧区。割草利用是半干旱牧区草原传统的利用方式之一，与放牧利用相辅相成，保障家畜的饲草供给。羊草草甸草原是我国半干旱牧区草原资源的重要组成部分，也是我国保存比较完整的草原之一。草原资源丰富，牧草产量高、品质好，成为当地畜牧业赖以生存、发展的重要物种基础。

近年来，人口增加与经济利益的驱使，家畜头数不断增加，草原退化加剧，物种多样性降低，牧草产量减少、品质降低，有毒植物增加，土壤贫瘠。因此，天然割草地退化及其改良是当前草原生态恢复和畜牧业生产发展的重要技术瓶颈。

通过制定退化羊草草甸草原割草地土壤通气性改良技术，为提高草原生产力、改善土壤养分、平衡牧区草畜供求关系、促进草原畜牧业可持续发展、增加牧民收入提供技术支撑。

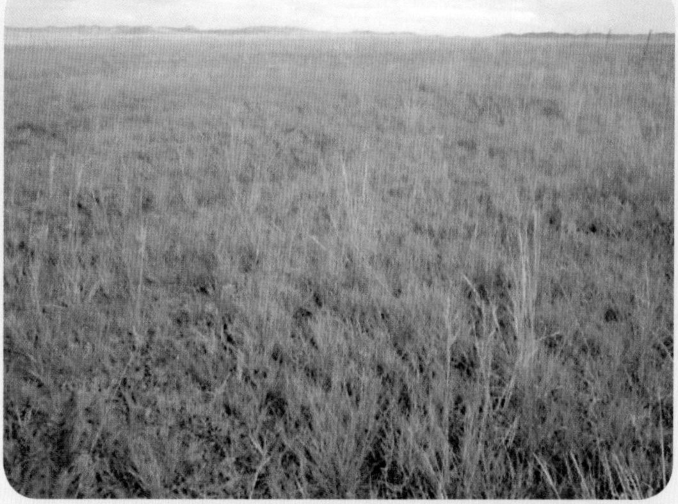

ᠨᠢᠭᠡ ᠤ ᠬᠣᠰᠢᠭᠤ ᠶᠢᠨ ᠨᠢᠭᠡᠳᠦᠭᠡᠷ ᠪᠠᠶᠢᠳᠠᠯ ᠤ ᠮᠠᠯᠵᠢᠯ ᠤ᠋ᠨ ᠳᠡᠯᠭᠡᠷᠡᠩ ᠨᠢᠭᠡᠳᠦᠭᠡᠷ 236 ᠮᠢᠩᠭᠠᠨ km²，ᠨᠡᠶᠢᠲᠡ ᠶᠢᠨ 50.8% ᠢ ᠡᠵᠡᠯᠡᠨ ᠪᠠᠶᠢᠭᠠ ᠡᠭᠦᠨ ᠦ ᠨᠢᠭᠡᠳᠦᠭᠡᠷ ᠪᠠᠶᠢᠳᠠᠯ ᠳᠤ ᠪᠣᠯᠤᠨ᠎ᠠ ᠃ ᠬᠡᠪᠡᠢ ᠮᠠᠯᠵᠢᠯ ᠤᠨ ᠲᠦᠯᠬᠢᠭᠦᠷ ᠪᠠᠷ ᠡᠬᠢᠯᠡᠭᠦᠯᠦᠨ ᠬᠦᠷᠦᠯᠴᠡᠭᠡ ᠶᠢᠨ ᠰᠠᠶᠢᠵᠢᠷᠠᠭᠤᠯᠬᠤ ᠪᠣᠳᠣᠯᠭ᠎ᠠ ᠶᠢ ᠬᠡᠷᠡᠭᠵᠢᠭᠦᠯᠵᠦ，ᠨᠢᠭᠡ ᠬᠢᠯᠪᠠᠷ ᠤᠨ ᠲᠠᠯᠠ ᠶᠢᠨ

1. 打孔技术

（1）地段选择：轻度退化的根茎型羊草草甸草原割草地。

（2）机械选择：选择随进式草坪打孔通气机。

（3）作业方法：打孔时间在土层解冻10 ～ 15 cm，且墒情较好或雨季前期进行。一般选择在5月中下旬至6月中旬，若春季土壤墒情较好，可在5月初至5月中旬进行作业；若春季干旱，土壤墒情不好，可在5月下旬至6月中旬雨季来临时进行作业。

（4）打孔深度：打孔深度8 ～ 15 cm，幅宽5 cm，打孔针直径为20 mm空心打孔针，单位面积孔数76/m^2。打孔机要匀速直线沿等高线的方向行驶，前进速度要符合机器性能要求，行进速度保持0.2 m/s。

（5）打孔综合改良：打孔与草地施肥同时进行效果更好。施用氮、磷、钾肥。氮肥为尿素（46%，N），磷肥为过磷酸钙（12%，P_2O_5），钾肥为硫酸钾（51%，K_2O）。合理的施肥配方为尿素183 kg/hm^2、过磷酸钙175 kg/hm^{2}和硫酸钾28 kg/hm^2。连续施肥1 ～ 2年，待植被完全恢复后可停止施肥。

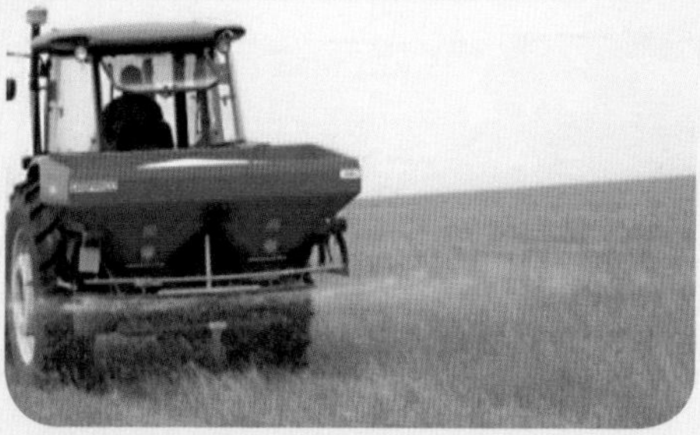

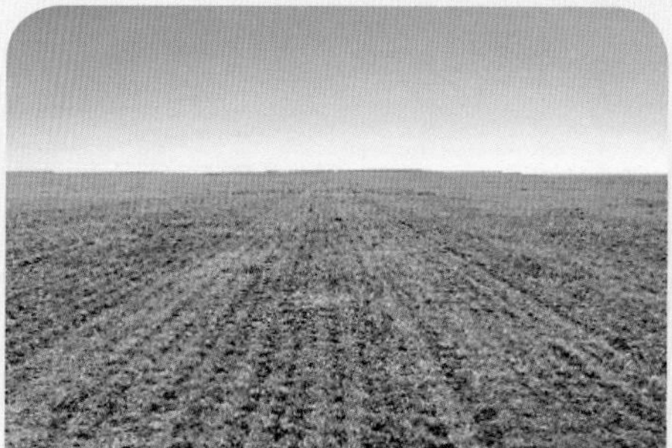

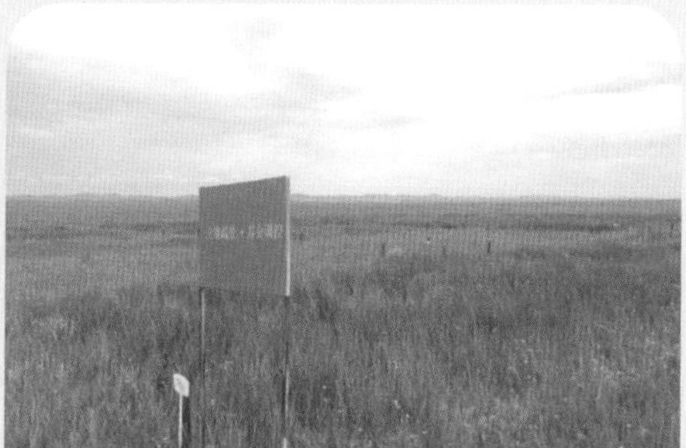

1. ᠲᠠᠷᠢᠯᠭ᠎ᠠ ᠶᠢᠨ ᠠᠷᠭ᠎ᠠ

(1) ᠲᠠᠷᠢᠬᠤ ᠬᠤᠭᠤᠴᠠᠭ᠎ᠠ : ᠬᠠᠪᠤᠷ ᠤᠨ ᠲᠠᠷᠢᠯᠭ᠎ᠠ ᠶᠢ ᠲᠠᠪᠤᠨ ᠰᠠᠷ᠎ᠠ ᠶᠢᠨ ᠳᠤᠮᠳᠠ ᠡᠴᠡ ᠵᠢᠷᠭᠤᠭᠠᠨ ᠰᠠᠷ᠎ᠠ ᠶᠢᠨ ᠡᠬᠢᠨ ᠳᠦ ᠬᠢᠨ᠎ᠡ᠃

(2) ᠲᠠᠷᠢᠬᠤ ᠠᠷᠭ᠎ᠠ : ᠮᠠᠰᠢᠨ ᠢᠶᠠᠷ ᠮᠥᠷ ᠲᠠᠷᠢᠯᠭ᠎ᠠ ᠬᠢᠬᠦ ᠠᠷᠭ᠎ᠠ ᠶᠢ ᠬᠡᠷᠡᠭᠯᠡᠨ᠎ᠡ᠃

(3) ᠲᠠᠷᠢᠬᠤ ᠭᠦᠨ : ᠬᠥᠷᠥᠰᠥ ᠶᠢ 10 ~ 15 cm ᠭᠦᠨ ᠢᠶᠡᠷ ᠬᠠᠭᠤᠯᠵᠤ ᠂ ᠲᠠᠷᠢᠶ᠎ᠠ ᠶᠢᠨ ᠲᠠᠯ᠎ᠠ ᠶᠢ ᠲᠡᠭᠰᠢᠯᠡᠨ᠎ᠡ᠃ ᠲᠠᠷᠢᠬᠤ ᠡᠳ᠋ ᠦᠨ ᠬᠤᠪᠢᠶᠠᠷᠢ ᠶᠢ 5 ᠳᠤᠭᠠᠷ ᠰᠠᠷ᠎ᠠ ᠶᠢᠨ ᠳᠤᠮᠳᠠ ᠡᠴᠡ 6 ᠳᠤᠭᠠᠷ ᠰᠠᠷ᠎ᠠ ᠶᠢᠨ ᠳᠤᠮᠳᠠ ᠬᠦᠷᠲᠡᠯ᠎ᠡ ᠂ ᠮᠥᠷ ᠬᠣᠭᠣᠷᠣᠨᠳᠤ ᠶᠢᠨ ᠵᠠᠢ ᠶᠢ 5 ᠳᠤᠭᠠᠷ ᠰᠠᠷ᠎ᠠ ᠶᠢᠨ ᠳᠤᠮᠳᠠ ᠡᠴᠡ 6 ᠳᠤᠭᠠᠷ ᠰᠠᠷ᠎ᠠ ᠶᠢᠨ ᠳᠤᠮᠳᠠ ᠬᠦᠷᠲᠡᠯ᠎ᠡ ᠂ ᠬᠥᠷᠥᠰᠥ ᠶᠢᠨ ᠲᠠᠯ᠎ᠠ ᠶᠢᠨ ᠴᠢᠢᠭ ᠢ 5 ᠳᠤᠭᠠᠷ ᠰᠠᠷ᠎ᠠ ᠶᠢᠨ ᠡᠬᠢᠨ ᠡᠴᠡ 5 ᠳᠤᠭᠠᠷ ᠰᠠᠷ᠎ᠠ ᠶᠢᠨ ᠰᠡᠭᠦᠯ ᠬᠦᠷᠲᠡᠯ᠎ᠡ ᠬᠢᠨ᠎ᠡ᠃

(4) ᠲᠠᠷᠢᠬᠤ ᠨᠢᠭᠲᠠ : ᠮᠥᠷ ᠦᠨ ᠵᠠᠢ 8 ~ 15 cm ᠂ ᠰᠢᠷᠬᠡᠭ ᠦᠨ ᠵᠠᠢ 5 cm ᠂ ᠲᠠᠷᠢᠬᠤ ᠭᠦᠨ 20 mm ᠪᠠᠢᠬᠤ ᠲᠠᠷᠢᠯᠭ᠎ᠠ ᠶᠢᠨ ᠨᠢᠭᠲᠠ ᠂ ᠨᠢᠭᠡ ᠬᠠᠪᠲᠠᠭᠠᠢ ᠳᠤ ᠮᠥᠷ ᠦᠨ ᠲᠣᠭ᠎ᠠ 76/m^2 ᠪᠠᠢᠬᠤ ᠪᠠᠷ ᠲᠣᠭᠲᠠᠭᠠᠨ᠎ᠠ᠃

(5) ᠲᠠᠷᠢᠯᠭ᠎ᠠ ᠶᠢᠨ ᠳᠠᠷᠠᠭᠠᠬᠢ ᠮᠠᠯᠵᠢᠯᠭ᠎ᠠ : ᠲᠠᠷᠢᠯᠭ᠎ᠠ ᠶᠢᠨ ᠤᠰᠤᠯᠠᠯᠭ᠎ᠠ ᠶᠢ ᠵᠢᠯ ᠳᠦ 1 ᠤᠳᠠᠭ᠎ᠠ ᠬᠢᠬᠦ ᠪᠠᠢᠵᠤ ᠂ ᠬᠤᠷ᠎ᠠ ᠪᠣᠷᠤᠭᠠᠨ ᠪᠠᠭ᠎ᠠ ᠪᠠᠢᠬᠤ ᠂ ᠰᠠᠯᠬᠢ ᠶᠢᠨ ᠬᠤᠷᠳᠤᠴᠠ 0.2m/s ᠡᠴᠡ ᠪᠠᠭ᠎ᠠ ᠪᠠᠢᠬᠤ ᠴᠠᠭ ᠲᠤ ᠬᠢᠨ᠎ᠡ᠃ ᠲᠠᠷᠢᠯᠭ᠎ᠠ ᠶᠢᠨ ᠤᠰᠤ ᠶᠢᠨ ᠬᠡᠮᠵᠢᠶ᠎ᠡ ᠪᠠ ᠬᠥᠷᠥᠰᠥ ᠶᠢᠨ ᠴᠢᠢᠭ ᠦᠨ ᠪᠠᠢᠳᠠᠯ ᠢ ᠬᠠᠷᠭᠠᠯᠵᠠᠨ ᠤᠰᠤᠯᠠᠯᠭ᠎ᠠ ᠶᠢᠨ ᠬᠡᠮᠵᠢᠶ᠎ᠡ ᠶᠢ ᠲᠣᠭᠲᠠᠭᠠᠨ᠎ᠠ᠃ ᠪᠣᠷᠣᠭᠣ ᠪᠣᠷᠣᠭᠣ ᠶᠢᠨ ᠳᠠᠷᠠᠭ᠎ᠠ ᠪᠣᠳᠣᠰ ᠣᠷᠣᠭᠤᠯᠬᠤ ᠪᠠᠷ ᠮᠡᠳᠡᠭᠡᠯᠡᠨ᠎ᠡ᠃ ᠮᠣᠴᠡᠸᠢᠨ᠎ᠠ ᠪᠣᠳᠣᠰ ᠤᠨ ᠬᠡᠮᠵᠢᠶ᠎ᠡ ᠨᠢ (46% · N) ᠂ ᠹᠣᠰᠹᠣᠷ ᠪᠣᠳᠣᠰ ᠤᠨ ᠬᠡᠮᠵᠢᠶ᠎ᠡ ᠨᠢ (12% · P_2O_5) ᠂ ᠺᠠᠯᠢ ᠪᠣᠳᠣᠰ ᠤᠨ ᠬᠡᠮᠵᠢᠶ᠎ᠡ ᠨᠢ (51% · K_2O) ᠪᠠᠢᠬᠤ ᠂ ᠡᠳᠡᠭᠡᠷ ᠪᠣᠳᠣᠰ ᠤᠨ ᠣᠷᠣᠭᠤᠯᠬᠤ ᠬᠡᠮᠵᠢᠶ᠎ᠡ ᠨᠢ 183 kg/hm^2 ᠂ ᠹᠣᠰᠹᠣᠷ ᠪᠣᠳᠣᠰ ᠤᠨ ᠬᠡᠮᠵᠢᠶ᠎ᠡ 175 kg/hm^2 ᠂ ᠺᠠᠯᠢ ᠪᠣᠳᠣᠰ ᠤᠨ ᠬᠡᠮᠵᠢᠶ᠎ᠡ 28 kg/hm^2 ᠪᠠᠢᠨ᠎ᠠ᠃ ᠡᠬᠦᠯᠡᠭᠰᠡᠨ ᠡᠴᠡ 1 ~ 2 ᠵᠢᠯ ᠦᠨ ᠳᠠᠷᠠᠭ᠎ᠠ ᠂ ᠲᠠᠷᠢᠶᠠᠨ ᠤ ᠰᠠᠢᠵᠢᠷᠠᠯ ᠲᠠᠭᠠᠷᠠᠭᠰᠠᠨ ᠪᠠᠢᠳᠠᠯ ᠢ ᠬᠠᠷᠭᠠᠯᠵᠠᠨ ᠨᠥᠬᠥᠨ ᠲᠠᠷᠢᠯᠭ᠎ᠠ ᠬᠢᠨ᠎ᠡ᠃

2. 切根技术

（1）地段选择：中度和重度退化的根茎型羊草草甸草原割草地。

（2）机械选择：利用农用圆耙或缺口重耙进行耙切、草地破土切根机或配套65 kW拖拉机。

（3）作业方法：切根时间为5月中下旬。

（4）切根深度：切根深度8 ～ 15 cm，宽度20 ～ 40 cm，呈“井”字形。切根机要匀速直线行驶，前进速度要符合机器性能要求，切刀旋转速度选择254 r/min，行进速度保持在1.2 m/s。

（5）切根综合改良：切根与草地施肥改良措施同时进行效果更好。施用有机肥12 000 ～ 15 000 kg/hm^{2}或尿素150 ～ 225 kg/hm^{2}与磷酸二铵90 ～ 135 kg/hm^{2}肥料组合，连续施肥1 ～ 2年，待植被完全恢复后可停止施肥。

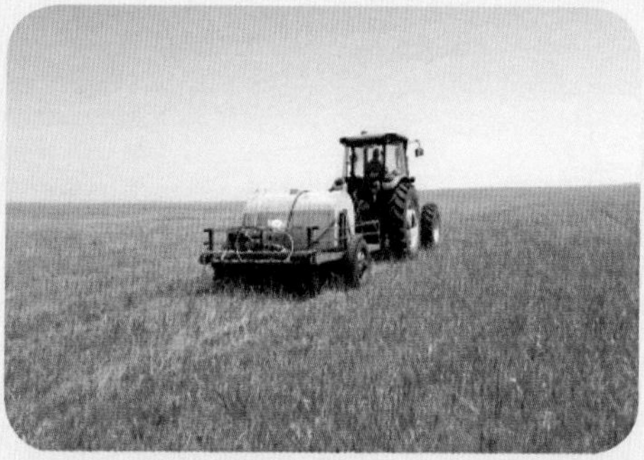

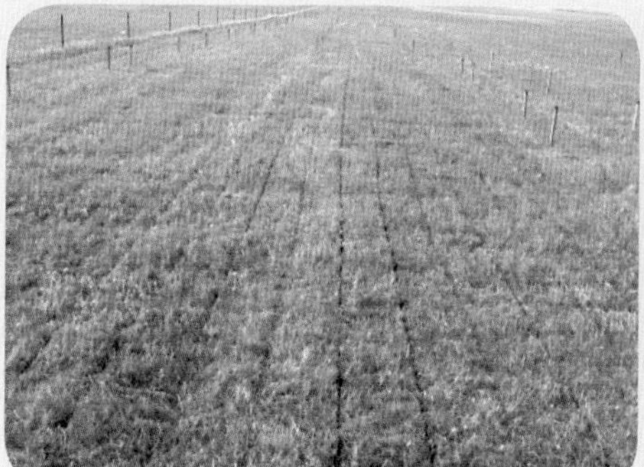

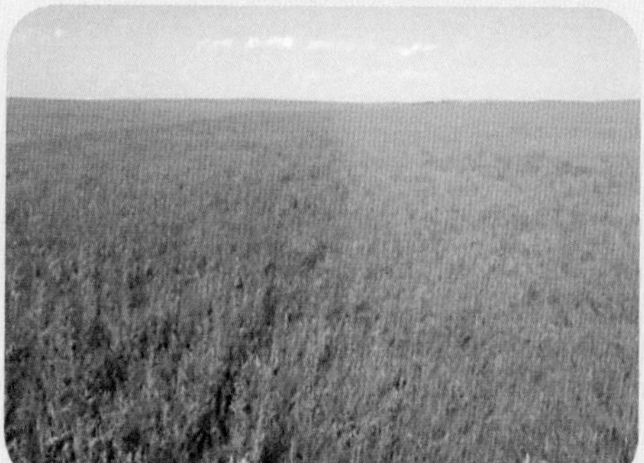

（2）ᠬᠦᠴᠦᠨ ᠲᠣᠬᠢᠷᠠᠯᠴᠠᠭ᠎ᠠ: ᠳᠦᠷᠪᠡᠨ ᠳᠤᠭᠤᠢ ᠲᠠᠢ ᠲᠡᠷᠭᠡ ᠪᠠ ᠲᠠᠷᠠᠭᠠᠴᠢ ᠬᠦᠴᠦᠨ ᠤ ᠮᠠᠰᠢᠨ ᠪᠣᠯᠤᠨ ᠬᠣᠶᠠᠷ ᠲᠡᠩᠭᠡᠯᠢᠭ ᠲᠦ ᠴᠢᠷᠭᠠᠭᠴᠢ ᠮᠠᠰᠢᠨ᠂ ᠪᠡᠯᠡᠳᠬᠡᠯ ᠦᠨ ᠪᠠᠶᠢᠷᠢ ᠰᠤᠯᠠᠯᠠᠬᠤ ᠮᠠᠰᠢᠨ ᠤ ᠬᠦᠴᠦᠨ ᠲᠡᠷᠭᠡ ᠪᠣᠯᠤ 65kW ᠡᠴᠡ ᠳᠡᠭᠡᠭᠰᠢ ᠪᠠᠶᠢᠨ᠎ᠠ᠃

（4）ᠰᠤᠯᠠᠯᠠᠬᠤ ᠭᠦᠨ: ᠰᠤᠯᠠᠯᠠᠬᠤ ᠮᠠᠰᠢᠨ ᠤ ᠭᠦᠨ ᠢ 8 ~ 15 cm᠂ ᠵᠠᠢ ᠢ 20 ~ 40 cm᠂ ᠲᠡᠭᠡᠳ《 井 》ᠬᠡᠯᠪᠡᠷᠢ ᠪᠡᠷ ᠰᠤᠯᠠᠯᠠᠨ᠎ᠠ᠃ ᠰᠤᠯᠠᠯᠠᠬᠤ ᠮᠠᠰᠢᠨ ᠤ ᠬᠦᠴᠦᠨ ᠲᠡᠷᠭᠡ ᠶᠢᠨ ᠬᠥᠳᠡᠯᠭᠡᠬᠦ ᠬᠤᠷᠳᠤᠴᠠ ᠶᠢ ᠲᠣᠬᠢᠷᠠᠭᠤᠯᠬᠤ᠂ ᠬᠥᠳᠡᠯᠭᠡᠬᠦ ᠬᠤᠷᠳᠤᠴᠠ ᠶᠢ ᠬᠦᠴᠦᠨ ᠦ ᠲᠡᠨᠭᠡᠯᠢᠭ ᠦᠨ ᠡᠷᠭᠢᠯᠲᠡ ᠶᠢᠨ ᠬᠤᠷᠳᠤᠴᠠ ᠪᠣᠯᠤᠨ ᠬᠤᠷᠳᠤᠴᠠ ᠶᠢ
254 r/min ᠪᠣᠯᠭᠠᠬᠤ᠂ ᠬᠥᠳᠡᠯᠭᠡᠬᠦ ᠬᠤᠷᠳᠤᠴᠠ ᠶᠢ 1.2 m/s ᠣᠷᠴᠢᠮ ᠪᠣᠯᠭᠠᠨ᠎ᠠ᠃

12 000 ~ 15 000 kg/hm² ᠲᠠᠷᠢᠮᠠᠯ ᠪᠣᠯᠬᠤ ᠪᠣᠯᠤ 150 ~ 225 kg/hm² ᠨᠡᠮᠡᠭᠳᠡᠬᠦ ᠪᠣᠯᠤᠨ 90 ~ 135 kg/hm² ᠪᠣᠷᠣᠭ᠎ᠠ ᠪᠠᠷᠢᠬᠤ ᠶᠢᠨ ᠡᠭᠦᠰᠭᠡᠬᠦ ᠬᠡᠮᠵᠢᠶ᠎ᠡ ᠲᠠᠢ᠂